FMEA – Einführung und Moderation

Martin Werdich (Hrsg.)

FMEA – Einführung und Moderation

Durch systematische Entwicklung zur übersichtlichen Risikominimierung (inkl. Methoden im Umfeld)

2., überarbeitete und verbesserte Auflage

Mit 114 Abbildungen

 Springer Vieweg

Herausgeber
Dipl.-Ing. Martin Werdich
Wangen
Deutschland

ISBN 978-3-8348-1787-7   ISBN 978-3-8348-2217-8 (eBook)
DOI 10.1007/978-3-8348-2217-8

Die Deutsche Nationalbibliothek verzeichnet diese Publikation in der Deutschen Nationalbibliografie; detaillierte bibliografische Daten sind im Internet über http://dnb.d-nb.de abrufbar.

Springer Vieweg
© Vieweg+Teubner Verlag | Springer Fachmedien Wiesbaden 2011, 2012

Gedruckt auf säurefreiem und chlorfrei gebleichtem Papier

Springer Vieweg ist eine Marke von Springer DE.
Springer DE ist Teil der Fachverlagsgruppe Springer Science+Business Media
www.springer-vieweg.de

Vorwort

Dieses Buch wurde in den allgemeinverständlichen Worten derjenigen verfasst, die diese Methode hauptsächlich verwenden wollen, müssen und dürfen. Diese sind verantwortungsvolle Gestalter unserer Zukunft. Sie sind zuständig für Entwicklung oder Verbesserung von Systemen, Produkten oder Prozessen.

Dieses Buch hilft ihnen, die allgemeine Methodik FMEA sowie die angrenzenden Themen in der ganzen Vollkommenheit zu verstehen und anzuwenden. Es soll mit dem Vorurteil aufräumen, FMEA wäre „nur" ein Qualitätstool, das von Qualitätsspezialisten durchgeführt wird. Vielmehr kann die FMEA unter anderem als universeller Werkzeugkasten in jeglicher Entwicklung im Risikomanagement in jeder Branche benutzt werden. Damit werden Produkte und Dienstleistungen nachhaltig verbessert sowie – bei richtiger Anwendung – Zeit, Geld und Kapazität gespart.

Dieses Buch orientiert sich soweit möglich an dem Stand der Technik und den aktuellen Schriften vom Bereich Automotive (VDA Bd. 4 Teil 3 Ausgabe 2006 (2010 wurde nichts geändert), AIAG 4th Ed. und ISO/TS 16949 sowie dem allgemeinen Bereich DGQ Bd. 13–11 2008, EN 60812 und der Medizintechnik DIN EN 60601-1.

Für diese zweite überarbeitete Auflage 2012 wurden einige Optimierungen eingebracht. Herauszuheben sind weitere und aktualisierte Methodenbeschreibungen, neue Gedanken (EFN) in den Visionen sowie der Methodenbaukasten im Anhang. Die Inhalte wurden auf den Stand 2012 gebracht.

Danksagung

Folgenden Experten danke ich herzlich für ihre Mitwirkung. Sie haben es möglich gemacht, mit ihrem Erfahrungsschatz dieses Thema mit einer großen fachlichen Tiefe und aus vielen Winkeln zu beleuchten.

Dr.-Ing. Volker Ovi Bachmann – SPICE Spezialist
Ralf Baßler – FMEA Spezialist
Stefan Dapper – FMEA Spezialist
Dr. Otto Eberhardt – Spezialist Gefährdungsanalyse
Dr. Frank Edler – Funktionale Sicherheit Spezialist
Marcus Heine – FMEDA Spezialist
Edwin Herter – FMEA Spezialist
Siegfried Loos – FMEA Pionier (5 Schritte), Mitautor DGQ und VDA
Andreas Reuter/Bosch – Rechtsanwalt und Produkthaftungsspezialist
Dr. Alexander Schloske/Fraunhofer Institut – FMEA Vordenker
Adam Schnellbach – Funktionale Sicherheit Spezialist – Vordenker
Paul Thieme/Fraunhofer Institut – Prozessleistungsmessung Spezialist
Karl-Heinz Wagner – Supervisor und Trainer

Einschränkung der Gewährleistung

Martin Werdich übernimmt keine Gewähr für die Vollständigkeit und Richtigkeit des Inhalts und die Leistungen der erwähnten Software. Herausgeber und Autoren können für fehlerhafte Angaben und deren Folgen weder eine juristische Verantwortung noch irgendeine Haftung übernehmen.

Martin Werdich, Wangen im Allgäu 2012
(URL: www.werdichengineering.de)

Inhaltsverzeichnis

Autorenverzeichnis

Dr. Bachmann, Ovi

- SPICE

Dr. Volker Ovi Bachmann ist zertifizierter Competent Assessor und ausgebildeter FMEA-Moderator. Er ist seit 2008 Geschäftsführer der Sibac GmbH und hat 10 Jahre Industrieerfahrung als Entwickler und Qualitätsmanager im Automotive-Umfeld. Als Berater war er unter anderem bei Magna Powertrain, ZF Lenksysteme, ZF Lemförde, Daimler AG und mehreren mittelständischen Unternehmen tätig. Die Beratungstätigkeit umfasst die Themen Qualitäts-management, die Durchführung von Assessments nach DIN/ISO 15504 (SPICE), Entwicklungsprozess-Beratung und die Moderation von FMEAs und Risikoanalysen sowie die Ver-bindung der Sicherheitsnorm IEC 61508 zu den genannten Methoden. Er ist ein Spezialist für mechatronische Gesamtsystem-Betrachtungen und Plattform-Strategien.

Baßler, Ralf

- Stolpersteine in der Praxis

Ralf Baßler war über 10 Jahre bei der Robert Bosch GmbH in Bühl als FMEA-Trainer für Methode und IQ-FMEA Software sowie als Moderator tätig. Schulungen und Moderationen wurden von ihm in Deutschland, China, Korea, USA, Frankreich, Belgien und Spanien durch-geführt.

Im Produktbereich Bühl war er mitverantwortlich bei der Implementierung der Methode in den Produktentstehungsprozess. Zudem war er Mitglied des Expertenkreises zur Erstellung der FMEA-Schulungsunterlagen im Verantwortungsbereich der Zentralstelle Feuerbach. Seit 2008 ist er mit TOP-FMEA selbstständig

Dapper, Stefan

- Mitautor Kapitel 2
- Nachhaltige Einführung im Betrieb
- Kriterienmethode
- Kleine Risikoanalyse

Seit 1999 Inhaber der Firma DAS INGENIEURBÜRO. Spezialist für Schulungen, Beratungen und Moderationen in ausgewählten Gebieten des Qualitätsmanagements.

Schwerpunkte sind FMEA-Methodentraining, FMEA-Anwendungsberatung und -Moderation, 8D und Global 8D Methodentraining und Moderation sowie PPAP/PPF und DoE Training.

Dr. Eberhardt, Otto

- Gefährdungsanalyse

Autor des Buches „Gefährdungsanalyse mit FMEA"

Dr. Frank Edler

- G&R

Inhaber der Firma elbon. Sicherheitsexperte innovativer Systeme und Technologien.

Heine, Marcus

- FMEDA

Herr Marcus Heine, Jahrgang 1974, studierte in Bremen Maschinenbau. Nach dem Studium war er in den Unternehmen Recaro Aircraft Seating, Bosch Engineering sowie Airbus als interner Qualitätsberater tätig. 2007 gründete Herr Heine das Unternehmen Engineers Consul-ting mit welchem er sich auf die Methoden und Prozessberatung im Bereich der funktionalen Sicherheit spezialisierte.

Henke, Jürgen

- FPM

Dipl.-Ing. Jürgen Henke ist Jahrgang 1958 und hat an der Universität Stuttgart Luft- und Raumfahrttechnik studiert. Seit 1988 ist er am Fraunhofer-Institut für Produktionstechnik und Automatisierung (IPA) in Stuttgart beschäftigt. Seine beruflichen Schwerpunkte liegen im Bereich der Anwendung von Methoden des Qualitätsmanagements und der Unterstützung des Qualitätsmanagements durch Computeranwendungen wie z.B. der Rückführung von FMEA-Informationen in die Entwicklung oder der durchgängigen Reklamationsbearbeitung.

Herter, Edwin

- Mithilfe bei einigen Artikeln wie Software, Methodik und Tipps und Tricks

Herr Edwin Herter ist Jahrgang 1959. Nach dem Studium zum Dipl.-Ing. (FH) Physikalische Technik ist er in die Qualitätssicherung von Halbleiterbauelementen bei der Fa. Siemens eingestiegen. Danach hat er über die Qualitätsplanung, Abteilungsleitung QS Teileproduktion die Bereichsleitung Qualitätssicherung von elektromechanischen Bauelementen eines mittelständischen Unternehmens der Elektrotechnikbranche übernommen.

2001 wurde von ihm das Ingenieurbüro Herter mit den Schwerpunkten FMEA, Risikoanalysen und Qualitätsmanagement gegründet. Branchen sind: Automotive, Medizinprodukte, Luftfahrt, Hausgeräte, Windräder und allgemeiner Maschinenbau.

Er ist eingetragener Berater des K.I.B. (Kunststoff-Ingenieur-Berater e.V.) Als Mitglied des AK „Managementsysteme" im GKV (TecPart) hat er einige Publikationen zum Thema „Qualitätssicherung in Kunststoff verarbeitenden Firmen" verfasst bzw. mitverfasst.

Loos, Siegfried

• Mithilfe bei vielen Artikeln wie Einführung, Vorbereitung, besondere Merkmale, Software. Siegfried Loss hat als FMEA Methodenexperte und Inputgeber direkt und indirekt mitge-wirkt

Siegfried Loss war als Entwicklungsingenieur Elektronik von 1973 bis 2006 bei Daimler für folgende Projekte verantwortlich: Entwicklung von KFZ-Elektroniken und Prüfeinrichtungen, Entwicklung Prüfkonzepte für den Kundendienst, Leiter für Sicherheitskonzepte, Risikoanaly-sen und FMEA, FMEA-Methodenvertreter für Daimler, FMEA-Dozentätigkeit seit 1993 und Mitarbeit in Verbundprojekten von DGQ, FQS, VDA, VDI. Er gründete 2007 SL-Qualitätsmanagement GmbH und ist seit dem als FMEA Experte und Referent für den Verband der Automobilindustrie (VDA), den Verein Deutscher Ingenieure (VDI) und die Deutsche Gesell-schaft für Qualität (DGQ) tätig

Reuter, Andreas

• Produkthaftung in Deutschland

Andreas Reuter ist Rechtsanwalt und als Syndikus in der Zentralabteilung Recht der Robert Bosch GmbH, Stuttgart, zuständig für die Betreuung des Geschäftsbereichs Automotive Elect-ronics und für die Koordination von Produktrisikofällen sowie von Meldungen an Behörden nach dem GPSG bzw. TREAD Act.

Andreas Reuter studierte Rechtswissenschaften in Freiburg und Genf. Nach seiner Zulassung als Rechtsanwalt 1981 war er für die EVT Energie- und Verfahrenstechnik GmbH, Stuttgart, tätig, die internationale Großprojekte im Bereich der Energie- und Versorgungstechnik abwickelt. 1985 trat er in die Zentralabteilung Recht der Robert Bosch GmbH ein. 1990 war Andreas Reuter für sechs Monate bei der Robert Bosch Corporation, Chicago, USA. Von 1990 bis 1993 war er für die Vertriebskoordination des Bosch-Geschäftsbereichs Hydraulik und Pneumatik verantwortlich. Von 2007 bis 2010 hat er eine weltweite, dezentrale Compliance-Organisation für die Bosch-Gruppe entwickelt und deren Aufbau koordiniert.

Schandl, Gerold

• QFD

Herr Dipl.-Wirtsch.-Ing. (FH) Gerold Schandl ist Jahrgang 1966. Nach seiner technischen Berufsausbildung hat er 1992 sein Studium zum Diplom-Wirtschafts-ingenieur an der FHT Esslingen abgeschlossen. Herr Schandl ist seit dieser Zeit im Bereich Elektrowerkzeuge tätig, wobei er seit 1998 bei Atlas Copco Electric Tools beschäftigt ist. Er ist dort Bereichsleiter Produktmarketing, zu dem Produktmanagement, Marktforschung, Produktschulung sowie Anwendungstechnik gehören. Seine mehrjährige Erfahrung im Vertrieb von Elektrowerkzeugen unterstützt ihn bei der Ausübung seiner internationalen Marketingtätigkeit. Neben seinen beruflichen Aktivitäten ist er Lehrbeauftragter an der Fachhochschule für Technik in Esslingen.

Dr. Schloske, Alexander

- Besondere Merkmale
- Funktionale Sicherheit
- QFD
- Fehlerprozessmatrix
- FPM

Dr. Alexander Schloske ist Jahrgang 1959. Er hat an der Universität Stuttgart Maschinen-bau studiert und ist seit 15 Jahren als wissenschaftlicher Mitarbeiter am Fraunhofer-Insti-tut für Produktionstechnik und Automatisierung (IPA) in Stuttgart beschäftigt. Dort ist er stellvertretender Abteilungsleiter der Abteilung „Produkt- und Qualitätsmanagement" und leitet die Fachgruppe „Produktentwicklung und Produktoptimierung". Herr Dr. Schloske ist Qualitätsmanager DGQ/EOQ und besitzt 15 Jahre Projekterfahrung auf den Gebieten des Produkt- und Qualitätsmanagements in den unterschiedlichsten Branchen. Seine beruflichen Schwerpunkte liegen auf der methodischen Produktentwicklung und -optimierung (z.B. mit QFD, FMEA) sowie auf der Auswahl und Einführung von CAQ-/ LIMS-Systemen. In seiner Promotion untersuchte er die Potentiale, die sich durch eine EDV-Integration der FMEA ergeben. Neben seiner beruflichen Tätigkeit hält er Vorlesun-gen zum Thema Qualitätsmanagement und Informationsverarbeitung an der Universität Stuttgart sowie der Berufsakademie Stuttgart und ist als Referent für verschiedene Bil-dungseinrichtung wie z.B. der Deutschen Gesellschaft für Qualität (DGQ) tätig. Darüber hinaus hat er diverse Veröffentlichung zum Thema Produkt- und Qualitätsmanagement verfasst.

Schnellbach, Adam

- Funktionale Sicherheit
- FTA

Adam Schnellbach ist Jahrgang 1984 und hat an der Technischen Universität Budapest Kraftfahrzeugtechnik studiert. Er war bis Ende 2009 bei Thyssenkrupp Presta Steering tätig als System Engineer, FMEA-Moderator und Functional Safety Manager und Engi-neer. Seit 2010 ist er zuständig für Funktionale Sicherheit im Magna Project House Europe. In dieser Funktion leitet er die FuSi-Aktivitäten in der Vorentwicklung von innovativen mechatronischen Antriebs- und Fahrwerksprodukten.

Schulz, Torsten

- FPM

Dipl.-Ing. Torsten Schulz ist Jahrgang 1962 und hat an der Fachhochschule Koblenz Ele-ktrotechnik/Nachrichtentechnik studiert. Seit 1992 ist er bei der IBS AG in Höhr-Gren-zhausen beschäftigt. Nach jahrelanger Leitung des Entwicklungsbereiches der IBS AG leitet er nunmehr den Bereich Produktmanagement bei der IBS AG. Die IBS AG liefert ihren Kunden ganzheitliche Lösungen für das Produktions- und Qualitätsmanagement mit dem Branchenschwerpunkt Automotive.

Thieme, Paul

- Prozessleistungsmessung PE²

Paul Thieme arbeitet in Beratungs- und Forschungsprojekten im Bereich Entwicklungs- und Qualitätsmanagement. Als EOQ Auditor unterstürzt er bei der Auditierung von Managementsystemen, Prozessen und Produkten.

Wagner, Karl-Heinz

- Moderationstechnik

Supervisor, Coach und Trainer für Vertriebscoaching und -training. Tätigkeiten als Führungs-kraft und im Vertrieb sowie seine Ausbildungen – Moderation, BWL für Key-Account Manager, Ausbildung zum Supervisor (zertifizierte DGSV Ausbildung), LIFO® Analyst, Führen von Beurteilungsgesprächen, NLP-Master, Management-/Vertriebstraining für Führungskräfte, AC-Leitung, und WIN-WIN Strategisches Verkaufen – sind die Basis für seine aktuelle Tätig-keit.

Spezialgebiete sind: Beratung, und Entwicklung von Führungskräften, Mitarbeitern und ganzen Teams im Vertrieb. Supervision und Coaching zur Entwicklung und Förderung der in den Führungskräften und Mitarbeitern schlummernden Potentiale, um die Unternehmensziele zu erreichen und zu übertreffen.

Werdich, Martin

- Der ganze Rest und noch vieles mehr

Dipl.-Ing. (FH) Martin Werdich, Jahrgang 1963, studierte – nach einem mehrmonatigen Aufenthalt in den USA und nach seiner Ausbildung zum Maschinenschlosser bei der MTU Friedrichshafen – Maschinenbau an der Fachhochschule in Weingarten. Neben allgemeinen Ingenieurtätigkeiten bei diversen Arbeitgebern in seinen ersten Berufsjahren setzte er seinen Fokus auf Projektmanagement und Energietechnik. Von 2001 bis 2006 war er als Entwicklungsingenieur und Projektleiter von Dieselmotoren und Lenksystemen bei DaimlerChrysler und ThyssenKrupp tätig.

Im Jahr 2006 gründete er erfolgreich die Werdich Engineering GmbH (www.werdichengineering.de). FMEA-Training und Moderation sind seine Spezialgebiete, internationale Kundenprojekte führen ihn häufig nach Dänemark, Ungarn, Österreich und die Schweiz.

Dieses Buch entstand aus der Erfahrung der Trainings und Moderationen sowie ständiger und intensiver Fortbildung im Bereich FMEA. Sein Ziel ist die Etablierung und Weiterentwicklung der FMEA-Methode, um Produkte und Produktivitäten zu optimieren.

Einführung in das Thema

1

Martin Werdich

FMEA	Failure Mode and Effects Analysis Fehler-Möglichkeiten und Einfluss Analyse „Ausfallarten- und Auswirkungsanalyse" (ISO61508 C1a) „Fehler Machen Eigentlich Alle" oder „Für mich eine Absicherung"
Failure Mode	Ausfall, Fehler, Fehlfunktion, Störung, Unterbrechung. Beste Übersetzung: „potenzieller Fehler"
Effects	Folge, Ergebnis, Wirkung. Plural bedeutet, dass mehrere Folgen möglich sind. Beste Übersetzung: „potenzielle Fehlerfolgen"
Analysis	Analyse, Auswertung, Darlegung, Gliederung, Untersuchung, Zerlegung. Ganzheitliche Untersuchung bei der das zu betrachtende Objekt soweit in seine Bestandteile zerlegt wird bis ein sicherer Zustand erreicht wird. Diese Ebene wird dann systematisch geordnet, untersucht und ausgewertet.

Um was geht es hier? Die FMEA ist eine Methode, die einen Entwickler bzw. einen im Voraus planenden Menschen durch eine Analyse unterstützen kann. Die FMEA hilft, das Produkt bzw. die Aufgabe äußerst planbar, nachvollziehbar und zielorientiert umzusetzen. Das strukturierte Vorgehen unterstützt Problemlösungen und schafft somit neue Denkansätze (präventive Qualitätssicherungsmethodik und Risikoanalyse).

Was ist an der FMEA anders als an der bisherigen Entwicklungsarbeit? Nichts, außer, dass der normale Denkprozess in strukturierter Form transparent dokumentiert wird und somit mithilft, dass mögliche Fehler früher gefunden werden können.

M. Werdich (✉)
Wangen im Allgäu
E-Mail: martin.werdich@fmeaplus.de

M. Werdich (Hrsg.), *FMEA – Einführung und Moderation*, DOI 10.1007/978-3-8348-2217-8_1,
© Vieweg+Teubner Verlag | Springer Fachmedien Wiesbaden 2012

Was kann ich mit der FMEA besser machen als mit dem bisherigen Entwicklungsvorgehen?

- Der Entwicklungsprozess ist besser strukturiert.
- Durch die Erzeugung einer technischen Risikoanalyse werden Fehler, Folgen und Ursachen früher erkannt und Maßnahmen werden rechtzeitiger ermittelt.
- Die FMEA ist eine Möglichkeit, nahe an die Vollständigkeit der Funktionen und Fehler zu kommen.
- Der gesamte Entwicklungsprozess wird dokumentiert und ist somit für Kunden, Vorgesetze und Gutachter (z. B. bei einem Rechtsstreit) bewertbar und transparent.
- Firmenerfahrung, Know-how der Mitarbeiter und Lessons Learned werden rechtzeitiger gesehen und können somit von Anfang an in die Entwicklung über die FMEA einfließen.
- Zeit und Kosten können eingespart werden, vorausgesetzt, dass die FMEA rechtzeitig begonnen und richtig durchgeführt wird.
- Eine Verbesserung der Qualität, Zuverlässigkeit und Sicherheit der betrachteten Produkte und Prozesse können erzielt werden.
- Die FMEA ist universell auch für nicht technische Systeme und Prozesse anwendbar (z. B. Human-FMEA)

1.1 Vergleich Einsatz FMEA zu weiteren Entwicklungstools

Wie stellt sich die Situation in Qualität und Kosten bezüglich Serienstart, Reklamation, 8D-Probleme und Qualitätskostenanteil in Ihrer Firma dar? Wie sind die Kosten bezüglich Bauteil, Ursachen, Kunden, Entwicklung, Testing und Produktion verteilt?

Die Antworten auf die Frage nach den Ursachen für den eventuellen hohen Kostenanteil sind häufig (Abb. 1.1):

- Mangelnde Prävention während der Entwicklungsphase
- Keine konsequente Klärung der Kundenforderungen (Lastenheftabgleich, Vertragsprüfung, …)
- Zu wenig/ zu späte Informationen (evtl. aus Vertrieb, Service, Marketing, …)
- Zu ungenaue Schnittstellenabstimmung (Blockdiagramm)
- Keine konsequente Know-how-Nutzung wegen fehlender Dokumentation (z. B. KO-Richtlinien, Lessons Learned,…)
- „Rad wird immer wieder neu erfunden"
- Hohe Fluktuation bei Know-how-Trägern
- Mangelnde Kenntnisse oder Verfolgung der qualitätsbeeinflussenden Prozessparameter
- Ausprobieren statt Wissen
- Mangelnde Pflege der Erkenntnisse aus gelösten Problemen
- Mangelnde Kommunikation (CBU-übergreifend, CBU-Fertigungsplanung, Projektteam-Produktion)

	QFD	FMEA	DOE	G8D	Lessons Learned	Manage- ment
Keine konsequente Klärung der Kundenforderungen	x	x				
Zu wenig / zu späte Informationen	x	x				
Zu ungenaue Schnittstellenabstimmung		x				
Keine konsequente Know-how-Nutzung		x		x	x	
Fehlende Dokumentation		x			x	
Rad wird immer wieder neu erfunden		x		x	x	
Hohe Fluktuation bei Know-How-Trägern					x	x
Ausprobieren statt Wissen		x	x	x		
Mangelnde Pflege der Erkenntnisse aus gelösten Problemen		x		x	x	
Mangelnder Rückfluss aus Produktion in Entwicklung		x		x		x
Zu wenig Konsequenzen für den Kostenverursacher						x

Abb. 1.1 Einflussmöglichkeiten zur Kostenreduktion in der Entwicklung (*links* Kostenentstehung – *rechts* Kostenreduktions- Methoden). Ausführlichere Informationen zu diesen Entwicklungstools und weiteren Entwicklungsmethoden im Umfeld sind im Kap. 8 (Methoden und Begriffe im Umfeld) zu finden

- Mangelnder oder unsystematischer Rückfluss aus Produktion in Entwicklung
- Cost-Center-System (Kosten-Verursacher-Prinzip) wird nicht gelebt
- Zu wenig Konsequenzen für den Kostenverursacher (Vertrieb – Entwicklung – Produktion – Materialwirtschaft – Einkauf)

1.2   Warum FMEA?

Es geht um verantwortungsvolles Handeln, etwas zu tun, bevor „das Kind in den Brunnen fällt" (Abb. 1.2).

Die FMEA kann:

- funktionelle Zusammenhänge und mögliche Fehler früh erkennen
- Fehler – und somit Kapazitätsspitzen vor oder beim Serienstart – vermeiden

Anders ausgedrückt: Die FMEA ist:

- eine Risikoanalyse nach dem Stand der Technik
- eine effektive Dokumentation und Wissensbasis für potentielle Fehler und helfende Maßnahmenstrategien
- ein Schutz gegen eventuelle Vorwürfe oder Schadensansprüche

Abb. 1.2 Einfluss Entde-
ckungszeitpunkt – Kosten

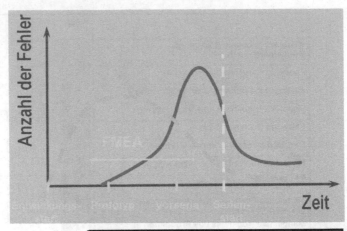

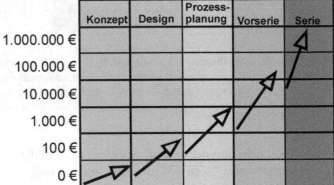

Die FMEA hilft:

- Wiederholfehler zu reduzieren
- eine gemeinsame Sprache mit allen Projektbeteiligten zu sprechen
- dem Projektteam und den Schnittstellenpartnern, strukturiert zu diskutieren
- ein gemeinsames Verständnis aller Projektbeteiligten über die strukturellen und funktionalen Zusammenhänge zu bilden.
- dem Projektleiter, Maßnahmen umfassend zu finden und zur Produktentstehung und Optimierung zu steuern

Konkretes Beispiel eines nicht entdeckten Fehlers einer Kopiermaschine:

	(€)
Design Review	35
Vor Teile Beschaffung	177
Vor Montage	368
Vor Auslieferung	17.000
Korrektur im Feld	590.000

Rückrufe in der Automobilindustrie sind oft um weit mehr als eine Zehnerpotenz teurer. Allein im Jahr 2003 gab es nach Angaben des Kraftfahrtbundesamtes 144 Rückrufaktionen mit 939.884 Fahrzeugen. In den Jahren zwischen 2000 und 2005 ist die Anzahl der Rückrufe um fast 70 % gestiegen. Aktuelles Beispiel sind die Verluste durch Rückrufaktionen bei Toyota in Größenordnungen von weit über der Milliardengrenze. Die bisher teuerste Rückrufaktion (Ford Explorer in den USA) verursachte einen Schaden von schätzungsweise 3 Mrd.. Die Folge war die Schließung eines Werkes und die Entlassung von tausenden von Mitarbeitern.

Ein weiteres Beispiel stammt aus einer FMEA-Moderation des Fraunhofer-IPA (2001): „29,3 % der Fehlerursachen waren zum Beginn der FMEA noch nicht bekannt und wären durch die geplanten Testverfahren nicht gefunden worden."

Einer der wichtigsten Gründe einer FMEA ist: Die FMEA kann Leben retten.

Ein grausames Beispiel war am 3. Mär 1991 der Absturz einer Boeing 737–200 der United Airlines nahe Colorado Springs. Kurz vor der Landung war die Maschine urplötzlich außer Kontrolle geraten. Alle 25 Insassen kamen ums Leben. Die Absturzursache konnte nicht geklärt werden. Am 7. Sept. 1994 dann der nächste Schock: Erneut stürzte eine Boing 737 der United Airlines aus scheinbar unerklärlichen Gründen ab, diesmal in der Nähe von Pittsburgh. Einhundertzweiunddreißig Menschen starben. Die Suche nach den Ursachen endete in einer Sackgasse. Die Ermittler standen vor einem Rätsel. Wenig später entkam eine weitere Maschine nur knapp der Katastrophe – und die fieberhafte Suche nach dem Fehler begann von Neuem. Und dieses Mal wurden die Beamten fündig. Fünf Jahre nach dem ersten Absturz wurde ein „Kälteschocktest" mit dem Rudersteuerungsventil durchgeführt und es konnte bewiesen werden, dass bei Temperaturen von −40 °C mit warmem Öl eine Ruderumkehr möglich ist. (Das heißt der Pilot lenkt links und das Ruder lenkt rechts.)

Eine, heutzutage als Standard anzusehende Entdeckungsmaßnahme ist der Kälte- oder der Temperaturschock-Test. Dieser Test, den ich in fast allen von mir moderierten FMEAs eingesetzt habe, hätte das Problem eventuell rechtzeitig erkennen können und es wäre unter Umständen behoben worden, bevor das erste Flugzeug abhob. Dies ist nachträglich natürlich nicht mehr beleg- oder beweisbar. Zudem wäre das mögliche Risiko wahrscheinlich schon während der Entwicklung erkannt und kommuniziert worden und hätte auch von wirtschaftlich orientierten Entscheidungsträgern als ein bedeutendes kritisches Produkthaftungsrisiko erkannt werden können.

1.2.1 Normen (Übersicht)

- DIN EN ISO 9001:2008
- DIN EN ISO 9004:2009
- Fordern Vorbeugungsmaßnahmen und empfehlen FMEA
- DIN EN 60812 Nov. 2006

1.2.2 Richtlinien

Folgende Richtlinien empfehlen bzw. fordern und beschreiben FMEA:

- QS 9000 (ist nicht mehr gültig, Nachfolger sind ISO/TS 16949, AIAG)
- VDA Bd. 4 Teil 3 2010
- AIAG, 4th Edition, June 2008, AIAG
- DGQ: Bd. 13–11 FMEA, 4. Aufl. 2008

1.2.3 Wirtschaftlichkeit: Garantie / Kulanz, Rückrufaktion, Kundenverlust

Folgende Gründe sprechen für die Durchführung einer FMEA:

- FMEA hilft, G&K sowie sonstige Fehlerfolgekosten massiv zu senken und Rückrufaktionen zu verhindern.
- Reduzierung der Kundenreklamationen um 15 %
- Reduzierung der Änderungen vor Serienanlauf um 22 %
- Reduzierung der Fehlerkosten um 21 %
- Reduzierung der Anlaufkosten um 19 %
- Reduzierung der Entwicklungszeit um 5–30 %

Quelle: Fraunhofer-IPA (2008), Kamiske (2001), Klatte (1994)
Aussage eines mir bekannten Bereichsleiters (Automobilzulieferer):

Diese Zahlen sind durchaus realistisch. Dazu kommt, dass mit nur einem einzigen durch FMEA vermiedenen Fehler, der zu einer Rückrufaktion geführt hätte, die FMEA- Anwendung nicht nur wirtschaftlich, sondern oft auch überlebenswichtig für die Firma wird!

1.2.4 Kundenforderung

Kunden fordern einen hohen Reifegrad der FMEA zum Design-freece als Voraussetzung zur Werkzeugfreigabe.

1.2.5 Firmeninterne Forderungen

Häufige firmeninterne Forderungen sind:

- Systemoptimierung, Produktverbesserung und Risikominimierung
- FMEA hilft, die Kundenforderungen konsequent zu klären

- Transparente Entwicklung bezüglich des Fortschrittes und des Risikos
- Kapazitäten werden durch Arbeitsschwerpunkte besser genutzt
- Bessere Schnittstellenabstimmungen durch FMEA
- Interne Dokumentationspflichten durch die FMEA erfüllen
- Lessons Learned Wissen für künftige Projekte auffindbar speichern
- Verantwortlichkeiten bezüglich des Risikos werden exakt zugeordnet
- Sicherung des Unternehmens-Know-hows für künftige Generationen
- Arbeitsschwerpunkte früher, sicherer und umfassender erkennen und festlegen, sobald die drei Bewertungsfaktoren einer FMEA bekannt sind. (Bei Kapazitätsüberschreitung ist eine Entwicklung ohne FMEA am besten mit einem Blindflug mit ausgefallenen Instrumenten in einem Verkehrsflugzeug im Nebel mit einem panischen Piloten vergleichbar.)

1.3 Geschichtliche Betrachtung

1949 USA Militär entwickelt FMEA als militärische Anweisung MIL-P-1629 (Procedures for Performing a Failure Mode, Effects and Criticality Analysis). Diese dient als Bewertungstechnik für die Zuverlässigkeit, um die Auswirkungen von System- und Ausrüstungsfehlern darzustellen. Die Fehler wurden entsprechend dem Einfluss auf den Erfolg, die Personen und der Ausrüstungssicherheit bewertet.

1963 wird die FMEA als „Failure Mode and Effects Analysis" von der NASA für das Apollo Projekt eingesetzt.

1965 übernimmt die Luft- und Raumfahrt diese Methode

1975 Einsatz in der Kerntechnik

1977 erstmaliger Einsatz in der Automobilindustrie bei Ford zur präventiven Qualitätssicherung, nachdem es beim Modell Ford Pinto aufsehenerregende Probleme gab.

1980 Normung der Ausfalleffektanalyse DIN 25448 in Deutschland mit dem Untertitel FMEA

1986 Weiterentwicklung für die Automotive Branche durch den VDA. Die erste Methodenbeschreibung findet sich im VDA Bd. 4, Qualitätssicherung vor Serieneinsatz. Seit dieser Zeit wird diese Methode hauptsächlich in der Automobilindustrie eingesetzt.

1990 Beschreibung der FMEA-Vorgehensweise bei der DGQ (Automobilunabhängig). Daraufhin kommt der Einsatz in den verschiedensten Bereichen der Medizin und Nachrichtentechnik.

1994 die erste gemeinsame Auflage der QS-9000 durch Chrysler, Ford und General Motors mit dem Hinweis auf das FMEA-Handbuch. Die Basis hierzu bildet die DIN EN ISO 9001:1994–2008

1996 Festlegung der Durchführung der Methode durch Weiterentwicklung durch Automobilindustrie im VDA (Bd. 4, Teil 2) „Qualitätssicherung vor Serieneinsatz" (Untertitel „System-FMEA"). Ab diesem Zeitpunkt existiert eine einheitliche und von allen anerkannte Vorgehensweise zur FMEA.

1998 verstärkter Einsatz in der Automobilindustrie. Die Autohersteller geben Vorgaben für Lieferanten, FMEAs für ihre Produkte zu erstellen. Die international gültige Norm ISO 9001:1994 ist die Basis für die erweiterten Forderungen der Automobilindustrie.

2000 Erstellung SAE Paper J1739 für den amerikanischen Sprachraum. Dies diente als Vorlage zum Referenzhandbuch QS-9000.

2001 Anwendung der FMEA für weitere Einsatzgebiete (z. B. Dienstleistungen und Projektmanagement) werden durch die DGQ (Deutsche Gesellschaft für Qualität) im DGQ-Band 13–11 beschrieben. Durch die Ausweitung des Begriffs „Qualität" auf den Dienstleistungsbereich wird die FMEA auch in nichttechnischen Bereichen angewendet, z. B. im Facilitymanagement.

2002 In der dritten Auflage der QS-9000 FMEA-Methodenbeschreibung wurden einige Elemente des VDA-Ansatzes übernommen.

2006 Die aktuelle VDA Bd. 4 Teil 3 beschreibt sehr genau die Vorgehensweise bei einer FMEA-Erstellung im Automobilbereich.

Inzwischen findet die FMEA auch in anderen Bereichen, in denen systematisch gearbeitet wird, ihre Einsatzfelder, z. B. Medizintechnik, Lebensmittelindustrie (als HACCP-System), Anlagenbau, Software-Entwicklung, da ein universelles Methoden-Modell zugrunde liegt.

1.4   Wann beginnen wir mit der FMEA?

1.4.1   Präventive FMEA

„Es gibt nur einen sinnvollen Zeitpunkt für eine präventive Betrachtung der Risiken: asap". Das bedeutet entwicklungsbegleitend zum frühestmöglichen Zeitpunkt.

*   Wir beginnen mit der präventiven FMEA am besten gleichzeitig mit den ersten konkreten Gedanken über das Konzept. Diese Ideen werden somit dokumentiert und strukturiert. (In diesem Moment machen Entwickler schon immer eine FMEA, meistens leider nur unbewusst und im Kopf oder schlecht dokumentiert)
*   Danach reift die FMEA parallel zu den Konstruktionsbesprechungen.
*   Zu spät gestartete FMEAs bringen zu wenige Erkenntnisse und kosten unnötig Zeit und Geld.
*   VDA: Die Erstellung einer präventiven FMEA sollte zum frühestmöglichen Zeitpunkt erfolgen. Der zeitliche Ablauf ist mit dem Projektlaufplan abzustimmen, siehe VDA 4.3, Projektplanung, Anlage. Hierbei sind die Kunden und Lieferanten einzubinden.

Der VDA schlägt hier das Vorgehen nach dem DAMUK© Prozessmodell vor. (Definition, Analyse, Maßnahmenentscheidung, Umsetzung, Kommunikation).

Eine absolute Voraussetzung zum rechtzeitigen und parallelen Erstellen von FMEAs ist das Beherrschen der Methodik und der Software. (Schulungsnachweise reichen laut ISO9001 hier nicht mehr aus. Gefordert ist richtigerweise ein Kompetenznachweis.)

Die Analyse kann immer nur den augenblicklichen Stand der Entwicklung aufzeigen und ist zu Beginn relativ grob.

1.4.2 Korrektive FMEA

Die korrektive FMEA wird schnellstens bei einem erkannten Problem in einem Prozess oder bei gestiegenen Garantie- und Kulanzkosten (G&K) für die Optimierung von Produkt und Prozess gestartet.

Eine korrektive FMEA wird für bestehende Produkte und Prozesse durchgeführt, um das Know-how zu sichern oder um Optimierungen durchzuführen. Wenn mehrere Fehler an einem Produkt oder Prozess auftreten, kann es vorteilhaft sein, nicht nur die bekannten Fehler zu beseitigen, sondern eine komplette Analyse durchzuführen.

1.4.3 Laufzeit der FMEA

Die FMEA ist ein lebendes Dokument und die Laufzeit beträgt im Allgemeinen Produktion + Service (inkl. Ersatzteile) Ende plus 13 Jahre nach VDA in der Automobilindustrie (bei GM bis 50 Jahre). In der Medizin beträgt die Laufzeit plus 5 Jahre nach „Produkt in Verwendung".

Begründung: Die mittlere Fahrzeuglebensdauer wird inzwischen mit 15 Jahren angenommen. Aus dem Produkthaftungsgesetz folgt eine Archivierungsdauer von mindestens 10 Jahren. Hinzuzurechnen sind 3 Jahre für die Einspruchsfrist des Klägers nach Eintritt des Schadens.

1.5 Wer erstellt eine FMEA?

Eingeleitet wird die FMEA durch den für das Produkt oder den Prozess verantwortlichen Mitarbeiter (z. B. Projektleiter, Produktmanager, …). Manchmal werden diese Initialaufgaben auch durch einen übergeordneten Bereich koordiniert.

Erstellt wird die FMEA durch ein Team!

> Gib Deinem Team alle Informationen, die Du hast, und Du kannst nicht verhindern, dass sie Verantwortung übernehmen. (Johann Werdich 1934)

1.5.1 Team-Zusammensetzung – Aufgaben

Das Team wird bei einem neuen Produkt unbedingt gebraucht, um möglichst viel Wissen im Produkt zu platzieren.

Das Team besteht aus:

A: Auftraggeber (z. B. Projektleiter)
Tätigkeiten:

- Entscheidung zum FMEA-Start (Ermittlung des Handlungsbedarfes einer FMEA oder anderer Methoden)
- Festlegen des Verantwortlichen für Definitionsphase
- Unterstützung beim Sammeln der notwendigen Informationen
- Bereitstellung aller zur FMEA notwendigen Ressourcen

V: Verantwortlicher zur Durchführung der Definitionsphase
Tätigkeiten:

- Beschaffung der notwendigen Unterlagen und Informationen
- Koordination und Organisation der Abläufe in der Definitionsphase
- Blockdiagramm (Themenabgrenzung, Schnittstellendefinition)
- Zusammenstellen des oder der Teams
- Verantwortung für das Ergebnis der Definitionsphase

M: FMEA-Moderator
Tätigkeiten:

- Mitwirken bei der Teamzusammensetzung
- Mitwirken bei der Erstellung eines Grob-Terminplanes
- Mitwirken bei der Einladung zur ersten Teamsitzung für die Analysephase
- Mitwirken bei der Erstellung von Entscheidungsvorlagen/ Kriterien

Anforderungen:

- Methodenkompetenz (FMEA)
- Sozialkompetenz, Teamfähigkeit
- Kompetenz in Moderation, Überzeugungsfähigkeit, Organisation- und Präsentation sowie starkes vernetztes und strukturiertes Denken
- Produkt- und Branchenkompetenz ist kein Muss (ist allerdings vorteilhaft)

T: Teammitglieder
Tätigkeiten:

- Mitwirkung bei der Vorbereitung der FMEA (Blockdiagramm, Themenabgrenzung, Schnittstellendefinition, Datensammlung, Teambildung)
- Einbringen von Erfahrungen
- Aktive Teilnahme während der FMEA-Sitzungen

Abb. 1.3 FMEA-Team

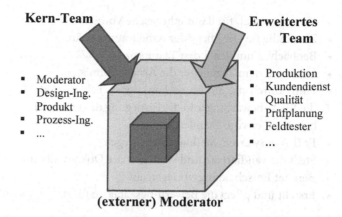

Kern-Team

- Moderator
- Design-Ing.
  Produkt
- Prozess-Ing.
- ...

Erweitertes
Team

- Produktion
- Kundendienst
- Qualität
- Prüfplanung
- Feldtester
- ...

(externer) Moderator

Kriterien:

- Expertenwissen für die zu betrachtenden FMEA-Umfänge
- Grundkenntnisse über FMEA-Methodik
- Teamfähigkeit

Zusammensetzung des Teams (Abb. 1.3):

- Kompetente Mitarbeiter der beteiligten Fachbereiche (intern und extern) aus Projekt, Entwicklung, Konstruktion, Prozessplanung, Arbeitsvorbereitung, Versuch, Prototypen/ Musterbau, Fertigungsausführung, Produktion, Prüfplanung und Qualitätssicherung
- Bei Bedarf sollten weitere Wissensträger dazu geholt werden. Z. B. aus Kundendienst, Rechtsabteilung, vom Kunden oder/ und Lieferanten, aus dem Labor, ...

1.5.2   Organisatorische Funktionen innerhalb des Teams

Teamleiter

- Sorgt für sachliches und fachliches Vorankommen
- Vertritt das Team nach außen
- Sorgt für Termine, Einladung, Agenda, etc.
- Entscheidungsvorbereitung

Moderator

Fälschlicherweise wird von einigen Projektverantwortlichen angenommen, die Verantwortlichkeit der FMEA liege beim Moderator. Nachfolgend die Richtigstellung seiner Aufgaben:

- Verantwortlich für das methodische Vorgehen
- Zuständig für die Pflege der Arbeitsatmosphäre
- Beobachtet und lenkt den Teamprozess
- Leitet mit dem Teamleiter die Arbeitstechnik
- Führt durch die Struktur-, Funktions-, Fehler- und Maßnahmenanalyse sowie durch die Risikobewertung und die Festlegung der Optimierungsmaßnahmen. Unterstützung bekommt er vom Teamleiter.
- FMEA auswerten, Maßnahmen anregen
- Stellt die validierbare und verifizierbare Dokumentation der FMEA sicher
- Bereitet Entscheidungsvorlagen auf
- Erstellt und pflegt die Bewertungskataloge für das betrachtete Objekt

Die Praxis sieht zwar anders aus, aber der Moderator sollte idealerweise nicht die Software bedienen, da er sonst den Kontakt zum Team verliert. Trotzdem sollte er die Software motorisch perfekt und spielerisch bedienen können. Außerdem nimmt er in einer stillen Minute Nörgler und Störer auf die Seite.

Zeitmanager

- Teilt mit dem Teamleiter die Zeit für die Agendapunkte ein
- Überwacht den zeitlichen Ablauf
- Schlägt Umverteilung von verbleibenden Zeiten vor

Die Einhaltung des Zeitrahmens ist eine Frage der Konsequenz. Bessere Planung ist möglich, wenn Zeiten von allen eingehalten werden. Das pünktliche Ende spielt bei der effektiven Teamsitzung eine sehr wichtige Rolle. Teammitglieder kommen gerne wieder.

Schreiber

- Fasst die Teamentscheidungen zusammen
- Dokumentiert die Ergebnisse des Teams für alle sichtbar

Schreiber und Protokollant sind in Zeiten der Onlinebearbeitung mittels Beamer meist derselbe.

Protokollant

- Schreibt das Protokoll (Anwesende, besprochene Themen, „Hausaufgaben", Entscheidungen, Vereinbarungen und Ergebnisse, …)
- Sammelt zusätzliche Dokumente (auch zu verweisende Dokumente innerhalb der FMEA)
- Verteilt das Protokoll zeitnah (das bedeutet innerhalb 24 Stunden)

Überarbeitet wird die FMEA durch den zuständigen Entwicklungs- oder/und Produktions-
bereich. Hier werden z. B. Rückmeldungen aus 8D Berichten, KVP, Lessons Learned oder
Optimierungen in die FMEA eingearbeitet. Dies kann evtl. auch durch eine Person erfolgen.

1.6   Arten und Bezeichnungen der FMEA

Es gibt unzählig viele FMEA-Bezeichnungen. Folgendes Beispiel zeigt einen Ausschnitt
der im Umlauf befindlichen Begriffe (Abb. 1.4).

Fast alle bezeichnen das, was in dem speziellen Fall betrachtet werden soll. Die vielen
unterschiedlichen Begriffe führen selten zu einem besseren Verständnis und das Ziel der
Bezeichnungserfindung ist somit negiert. Es empfiehlt sich, nur Begriffe aus anerkannten
FMEA-Schriften wie zum Beispiel VDA oder DGQ zu benutzen, damit eine einheitliche
Nomenklatur über die Schnittstellen benutzt werden kann und es weniger Missverständ-
nisse gibt.

Die **Konstruktions-FMEA** ist einer der ältesten Begriffe aus der VDA 1986 und betrachtete die Fehler nur auf Bauteilebene (Hardwareansatz). Der funktionale Zusammenhang sämtlicher Bauteile zueinander wurde nicht betrachtet. Dieser Begriff wurde vom
VDA 1996 abgelöst und ist auch deshalb nicht mehr aktuell, da heute Systeme betrachtet
werden.

Die **Design-FMEA** ist der englische Begriff für die Konstruktions-FMEA. Der Begriff
ist außerhalb Deutschlands noch aktuell und wurde leider in der TS 16949 aus der QS 9000
übernommen.

Die **System-FMEA** Produkt ist eine Weiterentwicklung der Konstruktions-FMEA mit
der Teile, Teilsysteme und komplette Systeme betrachtet werden. Der Begriff System-
FMEA hat sich in der Praxis nicht bewährt und der Begriff „System" wurde vom VDA
2006 abgelöst durch die Produkt-FMEA. Die Produkt-FMEA kann, je nach Definition im
Vorfeld, den Kundenbetrieb, die Konstruktion, die Schnittstellen oder den Service während dem gesamten Produktentstehungsprozess betrachten. (s. Anhang 2)

Abb. 1.4 Arten und
Bezeichnungen der FMEA

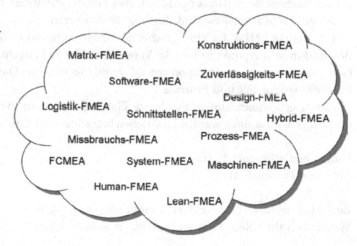

Die **Produkt-FMEA** ist das gleiche wie die System-FMEA Produkt. Der Begriff ist seit VDA 2006 aktuell.

Die **Prozess-FMEA** betrachtet Prozesse und ist nach VDA der aktuelle Begriff. Dies können Herstellprozesse oder Planungsprozesse sein. Bis 1996 wurden nur einzelne Prozesse betrachtet. Inzwischen wird der Begriff beim VDA auch für komplette Herstellungs- und Planungsprozesse verwendet. (Beispiel: Betrachtung der Zusammenhänge vom Wareneingang über die Produktion bis zur Auslieferung)

Die **Process-FMEA** ist das Gleiche wie die Prozess-FMEA nur in Englisch. Allerdings betrachtet die QS 9000 nur einzelne Prozesse und ist nur noch außerhalb von Deutschland aktuell.

Die **System-FMEA Prozess** betrachtet nach VDA 1996 einen kompletten Prozess von der Planung bis zur Auslieferung. Der Begriff wurde mit der VDA 2006 abgelöst, wird aber noch häufig für die systembetrachtende Produkt-FMEA verwendet.

Die **Maschinen-FMEA** betrachtet aktuell nach QS 9000 (2001) eine Maschine im Prozess. Beim VDA wird die Maschine mit einer Produkt-FMEA betrachtet.

Bei den **Logistik-, Sicherheits-, Missbrauchs-, Schnittstellen-FMEAs** werden die Zielsetzungen oder Betrachtungsumfänge vor das Wort FMEA gesetzt. Die Vorgehensweisen entsprechen der Produkt- bzw. der Prozess-FMEA. Die Begriffe stammen aus Veröffentlichungen und stehen meines Wissens in keiner Norm.

Die **Human-FMEA** betrachtet menschliche Fehler und ist in einem Buch und einer Diplomarbeit beschrieben. (ZIW, Helbling, Weinbeck, 10/2004)

Bei den **Smart- oder Lean-FMEAs** handelt es sich um nicht genormte Begriffe von Dienstleistern, die damit zum Ausdruck bringen wollen, dass kleine Umfänge betrachtet werden und damit der Aufwand verringert wird. Dies ist mit großer Vorsicht anzuwenden, da die Gefahr besteht, dass wichtige Umfänge nicht betrachtet werden.

Die **Hybrid-FMEA** stellt die Produkt- und die Prozess-FMEA in einer Struktur dar und war in einer QZ Veröffentlichung (Daimler) zu lesen. In der Praxis hat sich diese Darstellung allerdings weder durchgesetzt noch bewährt.

Die **Software-FMEA** ist eine Produkt-FMEA, die in groben Zügen und maximal bis auf Modulebene die Software betrachtet. Hier gibt es Schnittstellen zu anderen Methoden (VDA Bd. 13/ SPICE), diese sind allerdings zu definieren.

Die **matrix-FMEA** ist eine geschützte Bezeichnung von Herrn Kersten (ehemals Bosch). Ein Schwerpunkt ist hier die Vorselektion des zu betrachtenden Umfangs mittels Gewichtung sowie die Integration von QFD und Wertanalyse. Diese Methode eignet sich für einfache Produkte und Prozesse.

Genau genommen gibt es als oberste Einteilung aber nur zwei unterschiedliche Betrachtungen. Zum einen werden Funktionen betrachtet und zum anderen Abläufe.

Funktionen → Produkt-FMEA
Abläufe → Prozess-FMEA

Zusätzlich werden oft die Betrachtungsumfänge angegeben. Diese sind z. B. Konzept, System, Schnittstellen, Softwarefunktionen, Konstruktion/Design, Komponenten, Fertigungsabläufe, Montageabläufe, Logistik, Transport und Maschinen. Ein mechatronisches System wird in den Lebenszyklen Betrieb, Konstruktion und Service betrachtet.

1.6.1 Produkt-FMEA

Hier werden die Funktionen von Systemen und Produkten bis zur Auslegungsebene der Eigenschaften und der Merkmale betrachtet. Wenn möglich, werden System, Subsystem und Bauteilbetrachtungen in einer FMEA über mehrere Ebenen aufgebaut. Bei weniger EDV-Unterstützung, weniger geübten FMEA-Experten oder komplexen Systemen ist es meist besser, das System in einzelne FMEAs aufzuteilen.

Betrachtet werden jeweils die möglichen Abweichungen der geforderten Funktionen. Maßnahmen zur Sicherstellung der Funktionen werden definiert.

Produkt-FMEA in der Konzeptphase

Hier wird gefragt: Wurden alle Anforderungen an das Produkt im Konzept berücksichtigt?

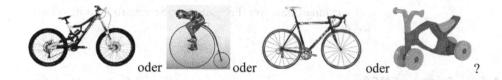

oder   oder   oder   ?

Es ist eine Analyse des Produktentwurfes oder des Produktes auf Erfüllung der (im Lasten-/Pflichtenheft) festgelegten Funktionen. Das funktionale (Sicherheits-)Konzept wird überprüft.

Die identifizierten Ursachen sollten während der Konzeptentwicklung vor der Konstruktion vermieden und entdeckt werden.

Generell werden Fehler nur so weit herunter gebrochen, bis ein sicherer Zustand erreicht ist. Das bedeutet, dass Anforderungen bereits durch ein geeignetes Design hier abgehandelt werden können, ohne in einer der darauffolgenden FMEAs (z. B. Betrachtung in der Konstruktion oder im Prozess) nochmals genauer untersucht werden müssen.

Produkt-FMEA Systemebene Entwicklung

Betrachtet werden die Systemfunktionen im Feld während der Designphase (Detaillierung nur bis Subsystem) sowie die Fehlermöglichkeiten in dieser Phase.

Die identifizierten Ursachen sollten während der Produktentwicklungsphase vor Freigabe zur Serienproduktion entdeckt und vermieden werden.

Produkt-FMEA Systemebene Kundenbetrieb

Betrachtet werden die Systemfunktionen im Feld während Betriebszustand Kundenbetrieb, Fehlermöglichkeiten sind bereits eingetreten.

Die identifizierten Ursachen müssen während Kundenbetrieb rechtzeitig vor Folgeneintritt erkannt werden.

Produkt-FMEA Systemebene Service

Betrachtet werden die Systemfunktionen im Feld während des Services, die Fehlermöglichkeiten sind bereits eingetreten.

Die identifizierten Ursachen müssen während Aufenthalts in der Servicewerkstatt erkannt werden.

Produkt-FMEA Konstruktion

Betrachtet werden die System/Bauteilfunktionen im Design (Detail) und Fehlermöglichkeiten in der Konstruktionsphase.

Die identifizierten Ursachen müssen während der Produktentwicklungsphase vor Freigabe zur Serienproduktion erkannt werden.

1.6.2 Prozess-FMEA

In der Prozess-FMEA werden die wertschöpfenden Abläufe zur Herstellung von Produkten und Systemen bis hin zu den Anforderungen an die Prozesseinflussfaktoren betrachtet und analysiert. (Hier wird meist auch die Logistik mit betrachtet!)

Betrachtet werden jeweils die möglichen Abweichungen der geforderten Funktionen. Maßnahmen zur Sicherstellung der Abläufe und der Produktmerkmale werden definiert.

1.6.3 DRBFM: Design Review Based on Failure Mode

Es handelt sich um eine, aus dem Jahre 1997 beschriebene und weiterentwickelte FMEA-Methode von Toyota.

Die Methodik basiert auf einer bestehenden FMEA. Bei Änderungen bzw. Erweiterung der Applikation kann dann auf Basis der FMEA die DRBFM Methode angewandt werden. Es geht darum, dass Änderungen oft ohne strukturierte Untersuchung der Einflüsse auf Funktionen eingeführt werden.

⇒DRBFM sollte somit nicht als alternative FMEA-Methode angesehen werden.

DRBFM ist, wie die FMEA, eine Methode, die mit Effizienz und Kreativität den Entwicklungsprozess eines Produktes/ Prozesses im Produktentstehungsprozess begleitet. Hier gibt es keine Bewertungszahlen mehr. Der Optimierungsbedarf wird durch das Team bestimmt.

Die schlanke Dokumentation kann zu robusten Produkten und Prozessen führen. Die DRBFM setzt auf eine grundsätzliche Produkt- oder Prozess-FMEA auf, wobei die Ergebnisse in die FMEA zurückgeführt werden.

Der Aufwand bei Anwendung der FMEA kann durch die DRBFM Methode verringert werden, da sich das Entwicklungsteam auf die Änderungen an seinen Produkten und Prozessen konzentrieren kann.

Die Experten setzen sich kritisch mit der Änderung und den daraus resultierenden Schwierigkeiten und Risiken auseinander. Die gewonnenen Erkenntnisse aus der DRBFM Analyse fließen als Wissen wieder in die FMEA zurück und werten diese auf. Geeignet ist die Anwendung bei Variantenprojekten.

Die DRBFM Methodik wird zurzeit von relativ wenigen Unternehmen eingesetzt, hauptsächlich von Firmen, die mit Toyota kooperieren.

1.6.4 matrix-FMEA®

Diese erweiterte FMEA-Methode wurde von Herrn Dipl.-Ing. Kersten entwickelt. Die matrix-FMEA stellt ein von der Bauteilselektion bis zur Maßnahmenrealisierung durchgängiges System dar. Für die Erstellung und Auswertung wird ein, auf Microsoft Excel basierendes Matrixsystem angewandt. Hierbei werden zwölf Einzelmatrizen methodisch stringent miteinander verknüpft (Abb. 1.5).

Abb. 1.5 Multi-Matrix-System „matrix-FMEA ®/ quick Aid 5.0"

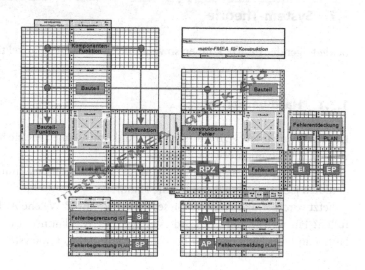

Um die vielfältigen Inhalte einer FMEA darstellen zu können, wurden die methodischen Elemente durch Listen erweitert. Die matrix-FMEA® verknüpft nun die Listen der relevanten methodischen Elemente durchgängig zu einem „Multi-Matrix-System".

Die matrix-FMEA® Pfade können auf einem Chart – wie beim Lesen einer Landkarte -verfolgt und verstanden werden. Die matrix-FMEA® zeigt, wie schließlich alle zusammenhängenden kritischen Pfade in der RPZ Matrix münden.

Zur bereichsübergreifenden Zusammenarbeit muss die „matrix-FMEA®" entsprechend den FMEA-Arten (System-, Konstruktion-, Prozess-, Montage-, Logistik-FEMA) auf verschiedenen Ebenen durchgeführt werden. Die einzelnen Ebenen werden durch einen automatischen Datentransfer miteinander verbunden! Neben dem dadurch entstandenen Rationalisierungseffekt wird erreicht, dass die FMEA-Arten im FMEA-Kreis im eindeutigen methodischen Zusammenhang stehen.

1.6.5 Die zeitliche Einordnung der FMEA-Arten

Verschiedene Begrifflichkeiten geben immer wieder Anlass zu Diskussionen, wie und wann welche FMEAs einzusetzen sind. In der Literatur, in den Hochschulen, in den Methoden (z. B. PLZ (Produktlebenszyklus) oder Projektmanagement) und in den Firmen werden die unterschiedlichsten Darstellungen und Begrifflichkeiten verwendet.

Um Übersichtlichkeit in den FMEAs sicherzustellen, ist es häufig sinnvoll, mehrere als eine FMEA aufzubauen. Wird die Methodik richtig und zur richtigen Zeit angewandt, wird unnötige Doppelarbeit verhindert und bietet allen Projektbeteiligten Mehrwert (Abb. 1.6, 1.7).

1.7 System-Theorie

Beide folgende Ansätze können sowohl präventiv als auch korrektiv verwendet werden!

1.7.1 Hardwareansatz

Der Hardwareansatz ist historisch. Die „Funktionsdenke", wie sie heute in der Entwicklung weltweit üblich und notwendig ist, war nicht da!

Wir stellen uns das Produkt wie in einer Explosionszeichnung vor und nehmen gedanklich jedes einzelne Bauteil in die Hand.

Jetzt wird gefragt: „Was soll dieses Bauteil können? Welche Anforderungen muss es erfüllen? Für welche Aufgabe wird es eingesetzt? Was kann mit diesem Bauteil alles schief laufen und was hätte das für Konsequenzen für das Gesamtsystem?"

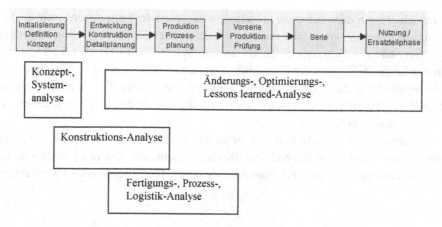

Abb. 1.6 Zeitliche Einordnung der Analyse-Arten

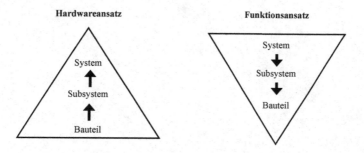

Abb. 1.7 Hardware- und Funktionsansatz

Ein Ergebnis dieser Vorgehensweise war, dass meist nur ausschließlich Fehler betrachtet wurden. Dieser Ansatz führte also dazu, dass Produkte oft nicht funktionsoptimiert entwickelt wurden.

Der Hardwareansatz verleitet zu korrektiven FMEA. Somit wird die Methode in der Entwicklungszeitschiene tendenziell zu spät angesetzt. Dies wiederum bedeutet, dass die Gedanken am Ende der Entwicklung ein weiteres Mal aus den Spezialisten herausgeholt wird, womit wir dann weniger Nutzen bei gleichzeitig höherem Aufwand haben.

1.7.2 Funktionsansatz

Inzwischen kenne ich kaum mehr Firmen, die nicht über den Funktionsgedanken entwickeln. Seit 2006 haben sich die Verbände auf den Funktionsansatz geeinigt.

Die präventive Vorgehensweise wird hier besser ermöglicht, da in einer sehr frühen Phase der Produktentstehung über Funktionalitäten nachgedacht wird. Auch wenn der

Entwickler noch nichts über die Einzelteile weiß, kennt der Experte sehr wohl die Funktionen des Gesamtsystems. (Hier muss der Moderator bei der Formulierung sehr oft helfen.)

Hier steht die Funktion im Fokus und das System wird begriffen. Es können bereits in der Konzeptphase systematische Fehler ausgeschlossen werden. Voraussetzung ist hier wiederum der rechtzeitige Beginn des geplanten, nachvollziehbaren und zielorientierten Vorgehens. Somit unterstützen wir das rechtzeitige Auffinden von Problemlösungen und schaffen neue Denkansätze.

Vorsicht vor möglichem Irrtum: Eine saubere hierarchische Strukturanalyse, die analog der Stückliste aufgebaut ist, bedeutet überhaupt nicht, dass ein Hardwareansatz vorliegt. Das eine hat mit dem anderen absolut nichts zu tun! (Hardwareansatz ≠ Strukturanalyse).

Methodik Grundlagen

Martin Werdich

2.1 Generelles Vorgehen zur Erstellung der FMEA

1. Datensammlung (Stücklisten, Lastenhefte, Vorschriften, Benchmarkergebnisse, Lessons Learned, QFD, …)
2. Definition der FMEA-Umfänge und Betrachtungstiefe (z. B. mittels Blockdiagramm und Part-Function-Matrix)
3. Funktionsanalyse (+ Funktionen verknüpfen)
4. Strukturanalyse (beteiligte Elemente erfassen und strukturieren sowie Funktionen zuordnen)
5. Fehleranalyse (Fehlfunktionen zuordnen und verknüpfen)
6. Maßnahmenanalyse (dokumentieren und bewerten des aktuellen Standes)
7. Optimierung (mit weiteren Maßnahmen Risiko minimieren und geänderten Stand bewerten)

Schritt 3 (Funktionsanalyse) und 4 (Strukturanalyse) werden zulässigerweise oft in umgekehrter Reihenfolge, oder parallel abgearbeitet. Oft ist in der frühen Konzeptphase die Struktur noch nicht festgelegt. Die Funktionen sind aber schon klar und die FMEA kann mit eingeschränkter Struktur (evtl. mit Dummy Elementen) sehr schnell begonnen werden. Sollte aber keine Neuentwicklung, sondern z. B. eine Anpassung gefordert sein, ist es (meistens) einfacher, die Strukturanalyse vor der Funktionsanalyse zu machen.

Sehr gut, aktuell und praxisnah zeigt der DGQ Band die beschriebene „best practice" Reihenfolge (Abb. 2.1).

M. Werdich (✉)
Wangen im Allgäu
E-Mail: martin.werdich@fmeaplus.de

M. Werdich (Hrsg.), *FMEA – Einführung und Moderation*, DOI 10.1007/978-3-8348-2217-8_2,
© Vieweg+Teubner Verlag | Springer Fachmedien Wiesbaden 2012

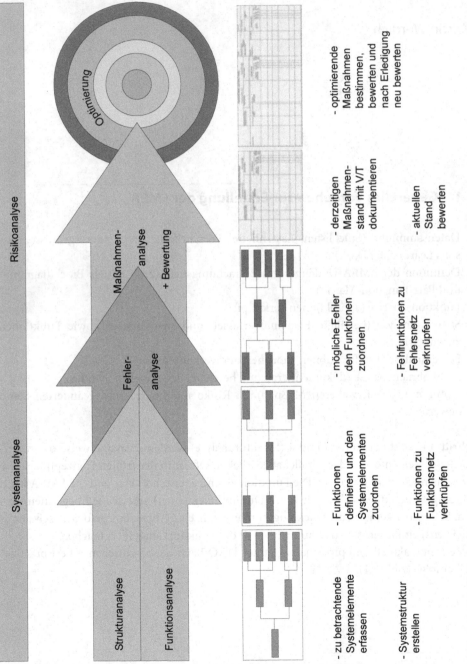

Abb. 2.1 FMEA: Vorgehensweise

Als Anmerkung sei hier noch erwähnt, dass es sich bewährt hat, zuerst die potentiell kritischen Bauteile und Funktionen sowie Fehlermöglichkeiten inklusive der Maßnahmen komplett zu betrachten und in einem zweiten Schritt die weniger potentiell kritischen Bauteile und Funktionen und Fehler abzuarbeiten. Hierzu sei erwähnt, dass oft zuerst ermittelt werden muss, welche Versagensarten zu den kritischen Folgen führen können.

2.2   Vorbereitung

2.2.1   Handlungsbedarf ermitteln

Inhalt erstellt aus Arbeiten von Siegfried Loos

Meist wird zu Beginn der Handlungsbedarf, ob eine FMEA überhaupt benötigt wird, festgestellt. Zur Klärung werden folgende Kriterien als Beispiele herangezogen, die dann auch noch zur Definition des erforderlichen Umfangs benötigt werden:

- Neuentwicklung von Produkten
- Produktänderung
- Komplexe oder schwierige Herstellbarkeit
- Hohe Sicherheitsrelevanz
- Neue Einsatzbedingungen für bestehende Produkte
- Veränderte Einsatzbedingungen
- Hohe Garantie- und Kulanzkosten
- Prozessänderung
- Einsatz neuer Anlagen, Maschinen oder Werkzeuge
- Hoher Ausschussanteil bei ähnlichen Produkten
- Hohes Umwelt- oder Arbeitsrisiko
- Nicht ausreichende Prozessfähigkeit
- Eingeschränkte Prüfbarkeit
- Hohe Betriebskosten
- …

2.2.2   Zieldefinition

Zunächst sollte mit dem beauftragenden Management eine klare Definition der FMEA-Umfänge vereinbart werden.

1. Management
   - Wer ist der Auftraggeber?
   - Wie erfolgt die Abrechnung/Welche Kontierung?
   - Festlegung des Berichtswesens: Wann muss wem was vorgelegt werden?

2. Analyseobjekt: Produkt- oder Prozess-FMEA?
3. Ziele der Analyse priorisieren (Beispiele)
   - Produktentwicklung
     - Kunde/Zertifizierer zufrieden stellen bzgl. FMEA
     - Funktionen/Merkmale prüfen, (Lastenheft verifizieren)
     - Entwicklung/Konzeption unterstützen
     - Auswirkungsminimierende Strategien im System betrachten/erarbeiten
     - Diagnosekonzepte/Reparaturkonzepte ausarbeiten
     - Schnittstellenabstimmung intern/extern
     - Analyse der Betriebsbedingungen
     - Analyse der Systemsicherheit
     - Analyse von Bauteilfehlerraten (Ausfallhäufigkeit)
     - Analyse des Systemumfeldes im operationellen Betrieb
     - Analyse der Herstellbarkeit von Produktmerkmalen
     - Wissensbasis aufbauen
     - Präventive Risikominimierung
     - Korrektive Risikominimierung
     - Nachweisdokumentation
     - Unterstützung der technischen Projektsteuerung
     - Systemoptimierung (Funktionen, Kosten, Kundenzufriedenheit, …)
     - Besondere Merkmale erfassen und kennzeichnen.
     - …

   - Prozessentwicklung
     - Kunde/Zertifizierer zufrieden stellen bzgl. FMEA
     - Merkmale sicherstellen (Fehler vermeiden)
     - Prüf-Abnahmekriterien festlegen (Schnittstellenabstimmung)
     - Prozesssicherheit gewährleisten
     - Umweltbelastung absichern
     - Arbeitsschutz absichern
     - Wissensbasis aufbauen
     - Zeiten einhalten/Liefertreue sicherstellen
     - Kosten einhalten/minimieren
     - Prozessoptimierung (Ablauf, Kosten, Kundenzufriedenheit, …)
     - …
4. Teammitglieder aussuchen und festlegen (Namen? Funktionen? Kontakt?)
5. Teammitglieder informieren, schulen und überzeugen (Termin?)
6. Moderator festlegen (Name?)
7. Sitzung vorbereiten
   - Termine
   - Einladung
   - Unterlagen zusammentragen (Wer? Was?)

8. Aufgaben erfassen und zuordnen (Fragen die vor der Erstellung einer Analyse geklärt werden müssen!) Beispiele:
   - Wer ist Auftraggeber (PL/MO)
   - Ziel der Analyse klären, transparent machen (PL/MO/TM)
   - Analyseobjekt mit Betrachtungsgrenzen abstimmen (PL/MO/KU)
   - Vorgehensweise (Werkzeug? Ort? Termine? Info-Austausch) (MO)
   - Vorbereitung fachlicher Art (Zeichnungen, Pläne, vorhandene Analysen, ...) (MO/TM)
   - Teammitglieder (Einverständnis der betreffenden Vorgesetzten einholen) (MO/PL)
   - Einladung zur Sitzung (Raum mit Technik) (MO/PL)
   - Moderation (MO)
   - Protokoll schreiben (MO)
   - Nachbereitung (MO)
   - Vorbereitung (MO)
   - Präsentationsunterlagen erstellen (MO)
   - Ergebnisse und Entscheidungsvorlagen präsentieren (MO/PL/TM)
   - Bewertungskataloge pflegen, aktualisieren (MO/TM)
   - Archivierung, Aktualisierung, Bereitstellung der Analysen (MO/TM)
   - Maßnahmenverfolgung (PL/TM)
   - ...

Definition: Projektleiter (PL), Moderator (MO), Teammitglied (TM), Kunde (KD)

2.2.3 Definition des Umfanges und der Betrachtungstiefe

Diese Definition ist notwendig, um sich auf das Wesentliche zu konzentrieren, die FMEA sinnvoll, überschau- und planbar zu halten sowie spätere Diskussionen einzugrenzen. Das Ergebnis dieser Definition sollte immer zusammen mit der FMEA präsentiert werden.

Die Beschreibung des Umfanges kann sich auf die Systemelemente, Funktions- oder Fehlerebenen beziehen.

Was soll betrachtet werden? (Themenabgrenzung)

Kriterien hierzu sind beispielsweise:

- Herstellbarkeit
- Montierbarkeit
- Gesetzliche Vorgaben
- Umwelt-/Arbeitsrisiko
- Sicherheitsrelevanz
- Prüfbarkeit
- Garantie- und Kulanzkosten (GuK)
- Betriebskosten

- Komforteigenschaften
- Felderfahrungen, 8D Reporte, Lessons Learned
- Komplexität
- Neu- und Weiterentwicklung oder neue Einsatzbedingungen
- Wie gut ist das bestehende Anforderungsmanagement?

Hier eine Beispieldefinition eines mechatronischen Systems:

1. gesetzliche Materialanforderungen werden im Anforderungsmanagement betrachtet.
2. Umweltanforderungen werden in der FMEA nur dann behandelt, soweit diese IEC61508 relevant sind (z. B. Temperatureinflüsse auf Ausfallswahrscheinlichkeit der Elektronik).
3. Fehler außerhalb dieser Vorgabe werden vom Produktteam in der FMEA spezifiziert.

Ein weiteres Beispiel einer Definition:
    In dieser FMEA werden nicht betrachtet:

1. Gesetzlich verbotene Materialien, da diese in der Anforderungsanalyse final betrachtet sind.

Ziel dieser FMEA ist:

1. Fokussierende Betrachtung der Hauptrisiken (s. Priorisierungsmatrix)
2. Funktionsanalyse aller Schnittstellen

Möglichkeit der Priorisierung
    Beispiel der Priorisierung der Umfänge:
    Diese Art der Priorisierung bewertet die Betrachtungsumfänge bezüglich zutreffender Kriterien. Die Kriterien stellen bekannte oder vermutete Risikofelder innerhalb des Produktentstehungsprozesses dar. Zur Durchführung der Priorisierung werden die Betrachtungsumfänge den Bewertungskriterien in einer Matrix gegenübergestellt und entsprechend der Relevanz bewertet.
    Risikoeinstufung:

0. Risiko trifft nicht zu
1. Risiko trifft in geringem Maße zu
3. Risiko trifft zu
9. Risiko trifft in besonderem Maße zu

Die Summe aller Einzelbewertungen bestimmt die Priorität. Daraus kann ein entsprechender Handlungsbedarf abgeleitet werden (Abb. 2.2).
    Zusammenspiel der FMEA-Betrachtungen (System, Design, Prozess)

Projekt Motor	Produktentwicklung			Prozess		Kundenrelevanz				
	Neuheits-grad	Komplexi-tätsgrad	Zeitfaktor	Herstell-barkeit	Montier-barkeit	Betriebs-kosten	Sicherheits-anforderung	Komfort	∑	Prio
Abgassystem	3	3	9	0	3	3	9	3	33	2
E-Gas-System	9	9	3	3	9	1	9	3	46	1
Kühlsystem	1	3	1	1	9	0	3	9	27	3
Kurbeltrieb	0	1	3	0	0	0	1	0	5	5
Ventiltrieb	3	9	3	3	1	0	1	1	21	4

Produktion E-Gas.	Prozessentwicklung			Wirtschaftlichkeit		Kundenrelevanz				
	Neuheits-grad	Komplexi-tätsgrad	Zeitfaktor	Herstell-barkeit	Montier-barkeit	Betriebs-kosten	Sicherheits-anforderung	Komfort	∑	Prio
Fertigung Gehäuse	0	3	1	3	0	3	9	9	28	4
Fertigung Getriebe	9	3	3	9	9	3	9	9	54	1
Fertigung Kabelsatz	0	3	1	1	9	1	3	9	27	5
Vormontage Getriebe	1	3	3	3	9	3	9	9	40	2
Komplettmont. E-Gas.	9	1	3	1	3	3	9	9	38	3

Abb. 2.2 Beispiel Priorisierung der Umfänge. (Quelle VDA 4.3 2006)

1. Betrachten aller Ursachen (nicht nur direkte oder Grundursachen)
2. Produkt- und Prozess-FMEA sind im gleichen Projekt in separaten Strukturen mit strukturübergreifenden Netzen
3. Die Grundelemente in der Design-FMEA sind leer. Dafür werden die letzten System-elemente auf der System-FMEA hergenommen. (Ziel ist: keine Doppelinformation)
4. Folgen im Prozess können sich in der Design- und/oder in der System-FMEA sowie in der Prozess-FMEA befinden.

Die Betrachtungstiefe sollte ebenfalls vor Beginn der FMEA vom Team festgelegt werden. Kriterien hierzu sind beispielsweise:

• Welche Informationen benötigt der folgende Entwicklungsschritt (z. B. die P-FMEA)?
• Was muss ich wissen, damit ich die Funktion beherrsche und das Bauteil funktioniert?
• Zeitpunkt der Erstellung (zu Beginn kenne ich noch nicht alle entscheidenden Parameter)
• System, Subsystem, Bauteil oder Merkmalsebene?

Konkret heißt das (laut VDA):

• Stellt sich während der Analyse eines Betrachtungsumfangs ein Risiko dar, das nicht akzeptabel bzw. nicht einzuschätzen ist, ist eine weitere Detaillierung erforderlich.
• Die Detaillierung wird beendet, wenn Fehler in diesem Detaillierungsgrad durch Maß-nahmen ausreichend abgesichert sind.
• Bei bekannten und betriebsbewährten Betrachtungsumfängen ist oft ein geringerer De-taillierungsgrad erforderlich als bei neuen Umfängen.
• Die unterste Ebene der Betrachtung sind in der Produkt-FMEA die Merkmale der Komponenten, die Merkmalsebene.

- Die unterste Ebene der Betrachtung sind in der Prozess-FMEA die klassischen drei bis zehn „Ms" (Mensch, Maschine, Material, Mitwelt, Methode, …)

2.2.4 Blockdiagramm

Das Blockdiagramm verschafft dem Team Klarheit darüber, was in der FMEA betrachtet werden soll. Es stellt alle, an dem Produkt beteiligten Komponenten dar, ermittelt die internen und externen Schnittstellen und legt Betrachtungsgrenzen fest. Es ist nützlich und ratsam, während der ersten Teamsitzung gemeinsam ein solches Blockdiagramm zu erstellen, damit alle wissen, über was in dieser FMEA genau geredet wird. Der Zeitaufwand eines Blockdiagramms ist minimal (ca.15 min) und relativ zu den zeitlichen Einsparungen, die in Folge von Missverständnissen über den Umfang eingespart werden, zu sehen.

Vorgehen:

1. In der Mitte steht das zu betrachtende Produkt.
2. Dann werden alle Schnittstellen und Einfluss nehmende Größen zu diesem Produkt gesucht. Wichtig ist, dass der aktuelle Wissensstand dargestellt ist.
3. Als nächstes gilt es herauszufinden, wie die Schnittstellen genau aussehen. Hier ist Querdenken angesagt. Dinge wie z. B. Umgebungstemperaturen (z. B. ein heißer Abgaskrümmer läuft in der Nähe oder bei einem Crash kommen scharfe Kanten an eine Treibstoffleitung) sollten hier aufgenommen werden. Häufig kommt es vor, dass Infos fehlen und der Designer sich diese noch besorgen muss.
4. Als letztes wird noch die Analysegrenze festgelegt. Diese zeigt den Inhalt meiner FMEA (Liegt dies in der Verantwortlichkeit des Designers? Wer hat Designhoheit?) (Abb. 2.3, 2.4).

Komplexes Blockdiagramm, in dem die zu betrachtenden Baugruppen in der Mitte sichtbar sind. Dieses Blockdiagramm wird meist in der Elektronik verwendet, ist aber durchaus in anderen Bereichen wie Software, Mechanik oder Sozial- und Finanzsystemen zu finden (Abb. 2.5).

Eine Mischung und der Umfang der Blockdiagramme ist jederzeit möglich, sollte aber unter Berücksichtigung der Übersichtlichkeit aller erstellt werden.

2.2.5 Part-Function-Matrix

Dieses nützliche Werkzeug hilft – ähnlich wie das Blockdiagramm – für Schnittstellen, vor Beginn der FMEA eine „managementtaugliche" Übersicht für alle Projektbeteiligten zu schaffen.

Es handelt sich um eine kleine Tabelle, die auf einen Blick die Risiken der Entwicklung aufzeigt. Sie hilft, die Inhalte und die Betrachtungstiefen der FMEA zu definieren.

Die P-F-Matrix ist im Allgemeinen in ein bis zwei Stunden erstellt und ausgefüllt.

Unter den vielen möglichen weiteren Variationen sind hier ein paar Beispiele aufgeführt:

Abb. 2.3 Einfaches Blockdiagramm. (Quelle Stefan
Dapper)

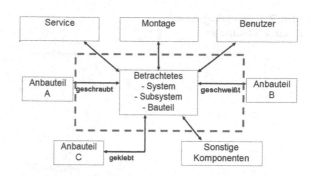

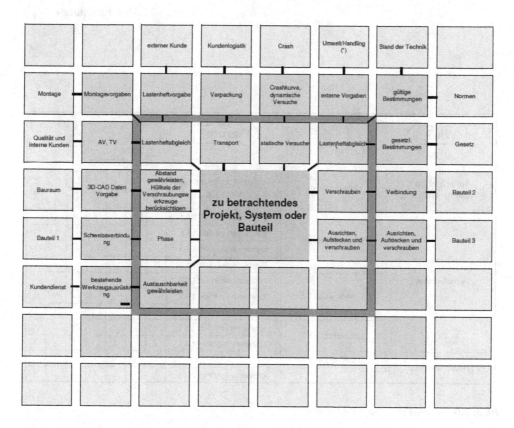

Abb. 2.4 In einer Tabellenkalulation standardisiertes Blockdiagramm

- Weniger detailliert nur mit „X"
- Detaillierter z. B. mit monetären Einflüssen
- Farbgebung Ampel nur in einer Spalte (bessere Visualisierung)
- Weniger oder mehr Funktions- oder Bauteilebenen

Abb. 2.5 Blockdiagramm Elektronik/Software

Wie?	1 beteiligt unkritisch 2 beteiligt kritisch	Warum?	Sofortige Betrachtung (kritisch) Entwicklungsbedarf (Prio 2) Themen im Griff (Serie ok.)						
				Baugruppe 2					
Hauptfunktion (übergeordnet)	Unterfunktion	Elementarfunktion oder Merkmal	Bauteil 1	Bauteil 2.1	Bauteil 2.2	Bauteil 2.3	Bauteil 2.4	Bauteil 3	Bauteil 4
Hauptfunktion 1	Unterfunktion 1.1	Elementarfunktion 1.1.1		1	2	1			1
		Elementarfunktion 1.1.2		1		2		1	1
		Elementarfunktion 1.1.3		1	1	1		1	1
		Elementarfunktion 1.1.4	1						
	Unterfunktion 1.2	Elementarfunktion 1.2.1	1					1	
		Elementarfunktion 1.2.2	1					1	
		Elementarfunktion 1.2.3	1					1	
	Unterfunktion 1.3	Elementarfunktion 1.3.1	2		2			2	1
		Elementarfunktion 1.3.2	2		2			2	1
Hauptfunktion 2	Unterfunktion 2.1		1	1	1	1		1	1
		Elementarfunktion 2.2.1	1	1	1	1		2	1

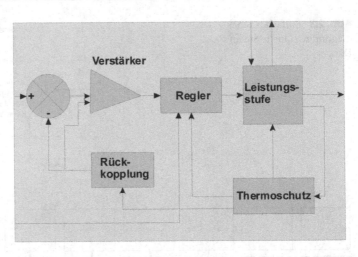

Abb. 2.6 Beispiel für eine P-F-Matrix

Mit dieser Vorarbeit wurde auch eine kleine Systemelement- und Funktionsanalyse gemacht, mit der jetzt sehr gut in die FMEA eingestiegen werden kann (Abb. 2.6).

Empfehlung:

In der folgenden FMEA sollten nun zuerst die kritischen (rot) Funktionen betrachtet und komplett mit Maßnahmen versehen werden, bevor die gelben oder die grünen behandelt werden.

Begründung: Hiermit ist es möglich, sich zuerst mit den höchsten Risiken zu beschäftigen. Im Allgemeinen akzeptieren es Kunden, wenn die kritischen erkannt und komplett abgearbeitet werden. Allerdings wird es schwer zu vermitteln sein, wenn zwar alle Funktionen aufgeführt sind, aber die Maßnahmen noch nicht fertig sind.

2.3   Funktionsanalyse Produkt-FMEA

Wir befinden uns am Beginn einer FMEA und somit, falls es richtig gemacht werden soll, am Beginn des Konzept-Stadiums. Auch falls wir noch nicht wissen, wie unser System/Produkt aussehen soll und aus welchen Komponenten es zusammengesetzt sein wird, eines können wir bereits jetzt bestimmen: Die geforderten Funktionen. Hierzu sind umfassende Kenntnisse über das System und über die Umgebungsbedingungen des Systems erforderlich (z. B. Hitze, Kälte, Staub, Spritzwasser, Salz, Vereisung, Schwingungen, elektrische Störungen usw.).

Bei der Funktionsanalyse werden die Funktionen und die Merkmale hinterfragt nach:

- Plausibilität
- Widerspruchsfreiheit
- Nachvollziebarkeit
- Messbarkeit
- Voraussetzungen

Die Ziele der Funktionsanalyse nach VDA sind:

- Übersicht über die Funktionalität des Produkts
- Übersicht über die Ursachen-Wirkungsbeziehungen
- Verifizieren gegenüber dem Lastenheft
- Grundlage für die Fehleranalyse

2.3.1   Was sind Funktionen?

- Funktionen sind technische und länderspezifische Anforderungen oder Konstruktionsziele
- Funktionen sind eindeutig, konkret, verifizierbar und validierbar
- Mit zu berücksichtigen sind
  - ausgesprochene Erwartungen (Spezifikation)
  - selbstverständlich vorausgesetzte Erwartungen
  - vorhersehbarer Missbrauch (z. B. Katze in der Mikrowelle zum Trocknen?)

Bei der Funktionsdefinition immer daran denken: „Produkte, die alles können werden zu teuer". Es muss eine klare Entscheidung für die Funktionen fallen, die wir haben wollen

und welche wir nicht wollen. Die ausgeschlossenen Funktionen sollten für spätere Rückfragen ausreichend begründet werden.

Funktionen bestehen am besten aus einem Substantiv und einem Verb.

Beispiele

- Drehmoment erzeugen
- Motor festhalten
- Kraft übertragen

Fragen Versuchen Sie zunächst, folgende Fragen für sich zu beantworten. Schreiben Sie
hierzu mindestens 5 Funktionen auf einen Zettel. (Antworten im Anhang A3):

- Was ist die Hauptfunktion eines Kugelschreibers?
- Was ist die Hauptfunktion einer Schleifscheibe?

Beispiele von Hauptfunktionen

- eines Motors: Drehmoment erzeugen, Drehbewegung erzeugen
- eines Staubsaugerschlauches: Staubbelastete Luft führen, Sauger ziehen
- einer Zahnbürste: Borsten halten, ergonomisch in der Hand liegen
- eines Flaschendeckels: Dichten ermöglichen, Umformprozess ermöglichen, Druck auf-
  nehmen, Lebensmittelgesetz einhalten, … (Ebene darunter ist Merkmalsebene, z. B.
  richtige Geometrie, Material; die Ebene darüber wäre zusammen mit der Flasche z. B.
  Abdichten der Flasche)

2.3.2   Wie finden Sie Funktionen?

Anforderungsanalyse und Benchmark

Die Anforderungsanalyse erfordert viel Erfahrung bezüglich des Produktes und der
FMEA-Methodik.

Eine gute Grundlage hierfür ist eine, im Vorfeld der FMEA durchgeführte, QFD (Quality Function Deployment, s. Anhang A1).

Auch das Anforderungsmanagement ist eine wichtige Quelle für das Finden von
Funktionen, die wir in der FMEA sehen wollen. Hierzu sei bemerkt, dass – wie eine
Funktionsstruktur und die Systemelementestruktur – auch die Anforderungen eine Struktur darstellen, die sich nicht ohne weiteres in die geforderten FMEA Strukturen einfügen
lässt. Ich empfehle daher dringend, diese Strukturen nicht miteinander zu vermischen.
Der beste Weg ist, diese Strukturen klar getrennt zu lassen. Falls eine Verbindung zwischen
den Strukturen gefordert oder notwendig ist, kann diese mit Verknüpfungen oder Quer-

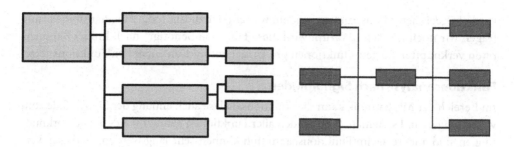

Abb. 2.7 Funktionsbaum und Funktionsnetz. („Wie" nach rechts – „Warum" nach links)

verweisen realisiert werden, nachdem eine Ausschlussdefinition getroffen wurde (s. hierzu 2.2.2 Definition des Umfanges und der Betrachtungstiefe).

Ebenso lassen sich beim Benchmarking (engl.: Maßstab, vergleichende Analyse ähnlicher Produkten) Funktionen, Eigenschaften und Merkmale für Ihre Funktionsanalyse herausfinden.

Jede gefundene Funktion und jedes gefundene Merkmal muss auf Verifizierbarkeit oder Validierbarkeit überprüft werden.

Alle Anforderungen müssen dokumentiert werden, da bei der Wiederverwendung der Analysen ansonsten wichtige Informationen verloren gehen. In der Analyse muss allerdings nicht alles bearbeitet werden, damit sich der Aufwand in Grenzen hält und sich die Entwickler auf die möglichen Probleme konzentrieren können. (s. hierzu auch die Hinweise zur Betrachtungstiefe.)

Funktionsbaum (functional breakdown)

Die Darstellung, die das Zusammenwirken der Funktionen zeigt, ist ein Funktionsbaum. In dieser Struktur nimmt der Detaillierungsgrad der Funktionsstruktur nach rechts solange zu, bis wir messbare Größen oder Zahlenwerte setzen können.

Die Ziele beim Erstellen des Funktionsbaums sind:

- Stellt die Funktionen des Produktes strukturiert dar
- Sorgt dafür, dass alle Funktionen ermittelt werden
- Synchronisiert das Produktwissen der Teammitglieder
- Wird ohne direkten Bezug zur Hardwarestruktur erstellt

Erstellen eines Funktionsbaums: Um nach rechts zu der höheren Detaillierung zu gelangen, fragen wir mit „Wie?" Um die Verknüpfungen von rechts nach links zu plausibilisieren, fragen wir mit „Warum?" (Abb. 2.7).

Beispiel: Wenn Sie zu Ihrem Konstrukteur gehen und sagen: „Bitte bau mir einen Motor, der ganz toll läuft", wird er mit diesen Informationen nichts anfangen können. Wenn Sie dann aber die Funktionen soweit mit „Wie macht der Motor das?" nach rechts in Teilfunktionen herunter brechen, bis Sie an messbare Größen und Zahlenwerte kommen, wird ein geeigneter Konstrukteur wissen, was er jetzt zu tun hat. (Zur Plausibilisierung fragen wir noch mit dem „Warum wird diese Funktion benötigt" nach links.) Bei mehreren verknüpften Folgen-Funktionen pro Ursachenfunktion entstehen Funktionsnetze.

Funktionsanalyse nach Signalpfaden

Im Bereich der Mechatronik kann die Funktionsanalyse auch entlang der Signalpfade zum vollständigen und systematischen Finden aller Funktionen benutzt werden. Die Verknüpfungen sind andere als im Funktionsbaum und können sehr lang werden. In dieser Verknüpfungsform folgen die Fehlerverbindungen nur selten 1:1 den funktionalen Zusammenhängen Die Entscheidung welche Verknüpfungsart der Funktionsanalyse verwendet wird, sollte durch das FMEA-Team vor Beginn entschieden werden.

2.3.3 Formblatt oder Struktur

In kleineren Firmen werden sehr oft die Funktionen für sehr einfache Bauteile oder triviale Systembetrachtungen mit leicht überschaubarer Struktur direkt im Formblatt eingetragen. (Für das Ausfüllen des Formblattes wird keine Hardwarestruktur benötigt.)

Falls Sie jetzt mit der Eintragung in ein Formblatt (s. Anhang A4) beginnen, sollten Sie zwei Punkte beachten:

* Übertragen Sie alle Ebenen des Funktionsbaumes in die Funktionsspalte.
* Die weitere Bearbeitung findet mit den Funktionen der letzten Ebene statt (Maßnahmenanalyse und Optimierung).

Bei den meisten FMEAs und vor allem mit der softwareunterstützten Bearbeitung empfiehlt der VDA eine Strukturanalyse. Hierzu erstellen Sie zunächst einen Strukturbaum (s. 2.4 Strukturanalyse).

2.4 Strukturanalyse

2.4.1 Strukturanalyse Produkt-FMEA

Die Ziele einer Strukturanalyse in der Produkt-FMEA sind:

* Übersicht und Begreifen des betrachteten Produktes
* Ermöglichen eines modularen Aufbaus (zur Wiederverwendung)
* Schnittstellen-Abgrenzung, -Beschreibung und -Betrachtung
* Teilverantwortlichkeiten besser und übersichtlicher festlegbar
* Die heutigen Softwaretools benötigen oft als erstes eine Systemstruktur
* In dieser Systemstruktur wird die Funktionsstruktur dann eingebettet

Vorgehensweise:

1. Erstellung eines Strukturbaumes aus einzelnen Systemelementen (SE). Dies ist meist eine hierarchische Darstellung der strukturellen Zusammenhänge.
2. Zuordnung der Funktionen aus dem Funktionsbaum an die Strukturelemente. Dies ist eine der schwersten Disziplinen, da das Wissen der Funktionalitäten meist vorhanden ist, aber die Ebenen oft vertauscht und verwechselt werden. Hier ist in den ersten FMEAs ein erfahrener Moderator unverzichtbar.

In komplexen Bauteilen können zusätzlich Funktionselemente (Funktionsmodule) mit aufgenommen werden. Funktionselemente sind unter Funktionsgruppen zusammengefasste Funktionen, die ebenfalls modular wiederverwendet werden können (z. B. Crashfunktion). Aus persönlicher Erfahrung würde ich von solchen „Funktionsmodulen" aber eher abraten, da der Pflegeaufwand der Bauteilstruktur in der aktuell zu haltenden Systemanalyse während der Entwicklung schnell aus dem Ruder laufen kann. Eine bessere Möglichkeit wäre es, die Funktionsmodule als Funktionen in einem zusätzlichen „Systemelement" zu platzieren, damit die Strukturanalyse eindeutig wird und echten Mehrwert ohne „überflüssige Doppelarbeit" erzeugt. Damit wird die vielerorts geforderte „Einmaligkeit der Bauteile" erfüllt.

Zu Beginn der Entwicklung sind Sie oft noch gar nicht in der Lage, die rechte Seite (Ursachenseite) vollständig bis zu den Bauteilen aufzubauen. Hier darf durchaus zunächst mit Dummies/Platzhaltern gearbeitet werden. Oft werden in Parallelsträngen auch mögliche Alternativen betrachtet.

Laut VDA gelten folgende Regeln:

- Die eindeutige strukturierte Abbildung des Gesamtsystems wird dadurch sichergestellt, dass jedes Systemelement nur einmal existiert.
- Die unter jedem SE angeordneten Strukturen sind eigenständige Teilstrukturen.
- Durch die Strukturierung entstehen auch Schnittstellen an – im System vorhandenen physikalischen Verbindungen – SE einer Teilstruktur zu SE in anderen Teilstrukturen.
- Alle funktionalen Zusammenhänge zwischen den SEs, auch über Schnittstellen der betrachteten Systemstruktur hinweg, sind zu beschreiben.
- Es ist immer ein Strukturelement vorhanden, auch wenn es sich aus der Funktion ableitet und noch nicht genauer spezifiziert werden kann (Abb. 2.8).

Folgende Ausnahme kann hier in seltenen Fällen, Firmenkulturen und Betrachtungsweisen sinnvoll sein: Sollte eine modulare Funktionsgruppenbetrachtung gewählt worden sein, so muss, mit sich wiederholenden Systemelementen, auf den unteren Ebenen gearbeitet werden. Dies führt allerdings zu Irritationen bei den Know-how-Trägern im Team, da dies einen sehr hohen Grad an Abstraktion abverlangt. Dem kann entgegengewirkt werden, indem die Funktionsmodule konsequent voneinander getrennt betrachtet werden. Die Schwierigkeit ist die finale Zusammenführung, die am Beginn klar definiert sein muss.

Abb. 2.8 Beispiel einer
Systemstruktur bis zur
Komponentenebene

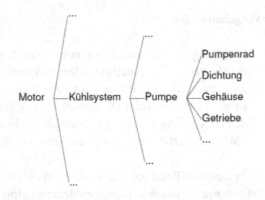

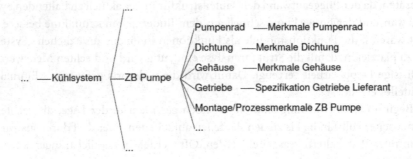

Abb. 2.9 Beispiel einer Systemstruktur bis zur Merkmalsebene

Je nach definiertem Detaillierungsgrad wird eine Systemstruktur bis zur Merkmalsebene heruntergebrochen. Besonderheiten hierzu:

- Die unterste Ebene bei der Produkt-FMEA ist die Merkmalsebene (Geometrie/Material)
- Wird eine Schnittstelle an einen Lieferanten beschrieben, sind anstelle der Merkmale meist die Spezifikationen des Lieferanten enthalten.
- Wird ein Zusammenbau in einer höheren Ebene beschrieben, sind in der untersten Ebene Montage- und Prozessmerkmale beschrieben, die in der Konstruktion festgelegt werden (Diese werden bei der Auswertung des Zusammenbaus sichtbar) (Abb. 2.9).

Sobald die Struktur aufgebaut ist, werden die gefundenen Funktionen der Struktur zugeordnet. Dies ist dann die Basis für alle kommenden Produkt -Generationen. In den nächsten Generationen kommen meist nur noch zusätzliche Funktionen dazu.

2.4.2   Strukturanalyse Prozess-FMEA

Aus VDA:

Die Ziele einer Strukturanalyse in der Prozess-FMEA sind:

- Übersicht und Begreifen des betrachteten Produktes für das Team
- Ermöglichen eines modularen Aufbaus (zur Wiederverwendung)
- Schnittstellen-Abgrenzung, -Beschreibung und -Betrachtung
- Teilverantwortlichkeiten besser und übersichtlicher festlegbar

Das Prozesssystem besteht aus einzelnen Systemelementen, die zur Beschreibung der strukturellen Zusammenhänge im Gesamtsystem in einer Systemstruktur (z. B. Prozessablauf, Technologiekonzept) hierarchisch geordnet werden.

Bei der Erstellung der Systemstruktur ist der Detaillierungsgrad einer FMEA prozessabhängig und kann deshalb nicht pauschal festgelegt werden. (s. 2.2.4 Betrachtungstiefe).

Wie bei der Produkt-FMEA wird die eindeutig strukturierte Abbildung des Gesamtsystems dadurch sichergestellt, dass jedes Systemelement nur einmal existiert. Die unter jedem Systemelement angeordneten Strukturen sind eigenständige Teilstrukturen.

Durch die Strukturierung entstehen auch Schnittstellen an – im System vorhandenen, physikalischen Verbindungen – Systemelementen einer Teilstruktur zu Systemelementen von anderen Teilstrukturen.

Alle funktionalen Zusammenhänge zwischen den Systemelementen, auch über Schnittstellen der betrachteten Systemstruktur hinweg, sind zu beschreiben.

2.4.3   Wege zur geeigneten Systemstruktur (Empfehlung IPA)

Mechanische Systeme:

Bei mechanischen Systemen empfiehlt es sich, die Struktur nach den Baugruppen/Bauteilen aufzustellen. Bei Bauteilen, die Schnittstellen darstellen, kann es sinnvoll sein, diese separat aufzuführen. In den tiefer liegenden Ebenen können dann die Fehlerursachenelemente als Auslegungsdaten zugeordnet werden

Elektronische/Mechatronische Systeme:

Bei elektronischen/mechatronischen Systemen empfiehlt es sich, die Struktur nach Funktionsgruppen aufzustellen. In den tiefer liegenden Ebenen können dann die Fehlerursachenelemente (z. B. Sensoren, …) zugeordnet werden.

Fertigungs-/Montageprozesse:

Bei Fertigungs- und Montageprozessen empfiehlt es sich, die Struktur nach der chronologischen Abfolge der Fertigungs- und Montageschritte vorzunehmen. Den einzelnen Fertigungs- und Montageschritten können dann in den tiefer liegenden Ebenen die Fehlerursachenelemente nach den 5Ms (Mensch, Maschine, Material, Methode, Mitwelt) zugeordnet werden.

2.4.4   Tiefe der Systemstruktur (Empfehlung IPA)

System betrachtende Produkt-FMEA (Mechanik):
Bei der, das System betrachtender FMEA, geht die Strukturierung bis auf die Ebene von Baugruppen und Bauteilen.
System betrachtende Produkt-FMEA (Elektronik):
Bei der, das System betrachtenden FMEA, geht die Strukturierung bis auf die Ebene von elektronischen Funktionsgruppen und mechanischen Baugruppen und Bauteilen.
Konstruktion betrachtende Produkt-FMEA:
Bei der Konstruktions-FMEA geht die Strukturierung bis auf die Auslegungsdaten (z. B. Material, Dimensionen) auf der Bauteilebene.
Prozess-FMEA:
Bei der Prozess-FMEA geht die Strukturierung bis auf die Ebene der 5Ms (Mensch, Maschine, Material, Methode und Mitwelt).

2.5   Fehleranalyse

Hier sollen alle möglichen Fehlfunktionen der Funktionen ermittelt werden. Diese sind den Funktionen zugeordnet. Als zweiter Schritt werden dann die möglichen Fehler über die Strukturebenen zu einem Fehlerbaum verknüpft, der hier – wie bei den Funktionsnetzen – logische Netze entstehen lässt.

Für alle betrachteten Systemelemente bzw. Funktionsgruppen müssen Fehleranalysen durchgeführt werden.

Die möglichen Fehlfunktionen werden von den Funktionen abgeleitet. Hier sollten alle möglichen Abweichungen vom gewünschten Sollzustand gefunden werden. Somit sind in der Regel einer Funktion mehrere mögliche Fehlfunktionen zugeordnet. Die FMEA lebt von der Vollständigkeit der Funktionen und der Fehler. Zur Gedankenstütze und als Checkliste gibt es folgende Punkte über die nachgedacht werden sollte, um möglichst viele mögliche Fehlerzustände zu finden.

- Keine Funktion
- Teilweise, eingeschränkte, übererfüllte, schlechte Funktion
- Zeitweise Funktion
- Unbeabsichtigte Funktion

Hier ein paar Beispiele, um diese 4 Punkte anhand der Funktion eines Fernsehers zu verdeutlichen: Funktion: „Bild und Ton liefern"

Keine Funktion	Völliges Funktionsversagen	Kein Bild und kein Ton
Teilweise, eingeschränkte, übererfüllte, verschlechterte Funktion	Erfüllt nur einen Teil seiner Funktion	Nur Bild oder nur Ton schlechtes Bild oder schlechter Ton
Zeitweise Funktion	Funktioniert nur manchmal	Manchmal geht er, manchmal nicht (Wackelkontakt)
Unbeabsichtigte Funktion	Etwas unerwartetes tritt auf	Fernseher liefert zwar Bild und Ton, aber zusätzlich erwärmt er sich ungewollt sehr stark

Die Beschreibung der möglichen Fehlfunktionen muss klar und eindeutig sein. Teil kaputt, Gerät nicht in Ordnung oder defekt sind nicht ausreichend, um Fehlerursache und Fehlerfolge nachvollziehbar zuzuordnen und Maßnahmen festzulegen.

Für den Begriff der „Fehlfunktion" wird häufig auch Fehler, Fehlerart, potentielle Fehlfunktion und potentielle Fehlerart verwendet. Hier ist jeweils dasselbe gemeint.

Die verschiedenen Betriebszustände des Produkts sind in der Auflistung der Fehlerzustände zu berücksichtigen. Nun werden die Fehler auf den unterschiedlichen Ebenen, nach rechts Richtung Ursache und nach links in Richtung Wirkung, verknüpft. Somit entsteht ein Fehlerbaum.

Als erstes suchen wir am besten in Richtung (links) Folgen, da diese die Bedeutung (Dringlichkeit, Wichtigkeit) des Fehlers vorgeben.

2.5.1 Mögliche Folgen und deren Bedeutung

Folgen sind die Fehler eines übergeordneten Systems. Das bedeutet, dass je nach Fokussierung eine Fehlfunktion als Fehlerfolge, als Fehler oder als Fehlerursache betrachtet werden kann. Im FMEA-Formblatt werden die Fehler dann entsprechend dieser Fokussierung in die Spalten „Mögliche Fehlerfolgen", „Möglicher Fehler" und „Mögliche Fehlerursachen" übertragen (Abb. 2.10).

Je nach Tiefe der Systemstruktur können die Analysen auf verschiedenen Ebenen erstellt werden.

Anhand des obigen Beispiels lässt es sich gut erkennen, wie die Ebenen zusammenhängen.

Wie hängen die FMEAs aneinander? Welche Systematik erkennen Sie?

- Sie sehen, dass in allen Ebenen gleiche die Prozedur durchgeführt wurde.
- Der Fehler einer Ebene ist die Folge der untergeordneten Ebene und die Ursache des übergeordneten Systems.
- Fehler in den verschiedenen Ebenen haben die gleichen Auswirkungen (Bewertungen gleich).

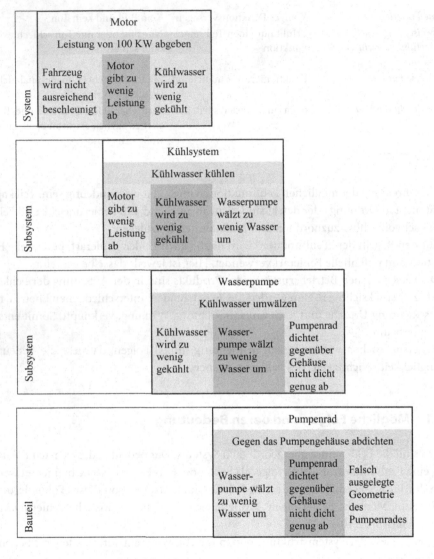

Abb. 2.10 Zusammenhang der Fehler-Ebenen

Somit benötigen wir nur noch die Verknüpfungen zwischen den Fehlern, um eine komplette Fehleranalyse zu bekommen.

Jeder mögliche Fehler kann mögliche Folgen in verschiedenen Strukturebenen hervorrufen.

Wie finden wir alle Folgen? Wir suchen alle möglichen Folgen des Fehlers für:

- Das aktuelle Bauteil
- Die übergeordnete Baugruppe

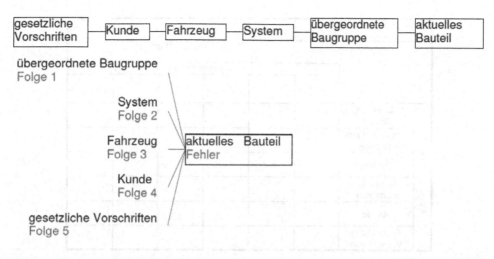

Abb. 2.11 Fehler- Folgen Verknüpfung

- Das System
- Das Fahrzeug/Endprodukt
- Den Kunden
- Gesetzliche Vorschriften

Diese Zusammenhänge erkennen Sie am besten an einer allgemeinen Beispielstruktur und der enthaltenen Fehler-Folgen-Verknüpfung (Abb. 2.11).

Sollten Sie kein Fehlernetz, wie es z. B. in den meisten Softwaretools erzeugt wird, zur Verfügung haben, weil Sie z. B. mit Tabellen arbeiten, können Sie, um alle möglichen Folgen bei komplexen Systemen zu finden, das Hilfsmittel einer Fehler-Folgen-Matrix verwenden (Abb. 2.12, 2.13).

Nun werden alle Topfolgen (alle Folgen am Ende der jeweiligen Folgenverknüpfung) bewertet. Der Grund hierfür ist, dass es uns nicht möglich ist, einen Fehler seriös zu bewerten, ohne alle Folgen zu kennen. Das bedeutet: Wir machen die Fehlerbewertung an den Folgen fest. Die Bewertung der möglichen Folgen erfolgt anhand einer festgelegten individuellen Bewertungstabelle.

Eine individuelle Bewertungstabelle hilft den FMEA-Spezialisten in den Teams, die möglichen Fehler homogener in der gesamten Organisation zu bewerten. Lästige Diskussionen reduzieren sich ebenso wie der zeitliche Aufwand sowie mögliche Bewertungsfehler. Diese individuell für eine Produktgruppe bzw. einen Prozess erstellte Bewertungstabelle wird meist von den Vorschlägen der Methoden beschreibenden Schriften (z. B. AIAG, VDA, DGQ, QS, ...) abgeleitet.

Beispiele und Vorschläge aus den Vorgehensempfehlungen vom VDA und AIAG finden Sie im Anhang A5 + Kap. 2.6.5 „Bewertung von Maßnahmen"

Produkt:							
Fehler - Folgen - Matrix							
		Mögliche Fehler					
Mögliche Folgen	Aktuelles Bauteil						
	Übergeordnete Baugruppe						
	System						
	Fahrzeug / Endprodukt						
	Kunde						
	Gesetzliche Vorschriften						

Abb. 2.12 Fehler-Folgen-Matrix Produkt

Prozeß:					DAS INGENIEURBÜRO		
Fehler - Folgen - Matrix - Prozeß							
		Mögliche Fehler					
Mögliche Folgen	Aktueller Prozessschritt						
	Folgende Prozessschritte						
	Fahrzeug / Endprodukt						
	Kunde						
	Werker- sicherheit						
	Gesetzliche Vorschriften						
	Maschinen/ Einrichtungen						

Abb. 2.13 Fehler-Folgen-Matrix Prozess

WICHTIGE REGEL: Die höchste Bewertung einer möglichen Folge ist für den Fehler und die Ursachen maßgebend (Abb. 2.14).

Für den Begriff der „Fehlerfolge" wird häufig auch nur Folge, oder besser potentielle Fehlerfolge verwendet. Hier ist jeweils dasselbe gemeint.

Abb. 2.14 Bewertung der potentiellen Fehlerfolge

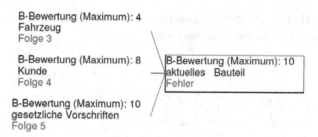

Nachdem alle möglichen Folgen gefunden, verknüpft und bewertet wurden, schauen wir nach rechts in Richtung der Ursachen.

2.5.2 Mögliche Ursachen

Ursachen sind Fehler eines untergeordneten Systems, Bauteils oder Prozesses.

Für den Begriff der „Fehlerursache" wird häufig auch nur Ursache – oder besser potentielle Fehlerursache – verwendet. Hier ist jeweils dasselbe gemeint.

In Richtung Ursachen fragen wir uns:

Auf System-, Konzeptebene

Welcher zufällige oder systematische Mangel eines Subsystems könnte den möglichen Fehler zur Folge haben?

Grundannahmen:

- Subsystem und Bauteil im Feld
- Das Subsystem und das Bauteil werden entsprechend der Vorgaben des Konstrukteurs hergestellt und montiert.
- Zufälliges und systematisches Versagen der Subsysteme und Bauteile

In der Konstruktion

Welcher Konstruktionsmangel könnte den möglichen Fehler zur Folge haben?

Grundannahmen:

- Das Bauteil wird entsprechend der Vorgaben des Konstrukteurs hergestellt und montiert (systematisches Versagen).
- Wir suchen auch mögliche Konstruktionsmängel, die zu Herstellungsproblemen oder Montagefehlern führen können.
- Das Ergebnis der Konstruktion wird über Lebensdauer betrachtet.

Hier ein Beispiel der Lösung einer Konstruktionsschwäche:
  Eine Konstruktionsschwäche

Schon besser, aber nicht ausreichend

Diese Lösung ist besser

Im Prozess

In der Prozess-FMEA werden in der untersten Ebene die 4–9 „M"s betrachtet. Diese sind als eine Gedankenstütze zu betrachten, die dazu ermuntern soll, alle möglichen Ursachen zu finden. Sie gehen hierzu ein „M" nach dem anderen durch und fragen sich: „Wie kann dieses „M" zu dem entdeckten möglichen Problem beitragen?"

- Mensch/Men (z. B. Einrichter, Bediener, Werker, Manager, …)
- Maschine/Machine (z. B. Roboter, Vorrichtungen, Behälter, Heizung, Gussform, …)
- Material/Medium (z. B. Materialeigenschaften, Medienkonzentrationen, Oberflächen, Laufffläche, …)
- Mitwelt/Milieu (z. B. Umgebungsbedingungen wie Temperatur, Luftfeuchte, Staub, Verunreinigungen, …)
- Methode (z. B. Schweißmethode, Klebemethode, …)
- Mission (Aufgabendefinition)

- Money (Fehler aus Kostengründen oder Einsparungen)
- Messsystem (z. B. Fehlerquote, ungeeignetes System, …)
- Management

Sie stellen die Frage:

Wie konnte es durch die 4–9M (Mensch, Maschine, Material, Methode, Mitwelt) zu dem möglichen Fehler kommen?

Grundannahmen:

- Gehen Sie davon aus, dass alle – in diesen Prozessschritt eingehenden – Vor- und Hilfsprodukte in Ordnung sind. (heile Welt außen herum).
- Wie könnten vorgelagerte Prozess- oder Toleranzprobleme den gerade betrachteten Fehler verursachen? (Reale Welt: Hier geht es nicht um Lösungen, sondern um klar zu machen, dass es hier ein Problem geben könnte.)

Tools zur Ursachenfindung

Welche Hilfsmittel helfen uns, an die Ursachen zu kommen?

1. Brainstorming (s. 9.12)
2. Fischgrätendiagramm (auch Ishikawa-, Fishbone- oder Ursache-Wirkungs-Diagramm)
3. Mitarbeiterbefragung

Das Fischgrätendiagramm wird verwendet, damit ein Team alle möglichen Ursachen eines Problems oder Zustands mit zunehmendem Detaillierungsgrad bestimmen, untersuchen und grafisch darstellen kann, um so die Ursachen herauszufinden.

Es hilft dem Team, sich auf den Inhalt des Problems oder Zustandes zu konzentrieren und nicht auf dessen Geschichte oder auf die unterschiedlichen persönlichen Interessen von Mitgliedern.

Es erstellt eine Momentaufnahme des gemeinsamen Wissens und der Einigkeit eines Teams über einen Problemkreis und sorgt für die Unterstützung der daraus abgeleiteten Lösungen.

Es richtet das Team auf Ursachen und nicht auf die Symptome aus.

Aus der Vorstellung „Der Fisch fängt am Kopf an zu stinken" wird mit „Warum" nach der nächsten Ebene der Ursachen gefragt. Die Ursachen der nächsten Ebene werden dann an die Enden der Gräten geschrieben. Hier ein Bespiel (Abb. 2.15):

Um alle Ursachen zu finden, werden oft Brainstorming und die Warum-Treppe angewendet.

4. Ursachenanalyse (z. B. Warum-Treppe).

Das heißt, hier wird so oft mit „Warum?" gefragt, bis eine Grundursache gefunden wurde. (Dies ist im Prinzip dasselbe wie die 5W Methode – s. Anhang) (Abb. 2.16)

Somit ergeben sich Ursachen der Ursachen. Diese werden in weiteren Verzweigungen dargestellt. In der untersten Ebene sollten messbare Größen und Merkmale stehen (Abb. 2.17).

Abb. 2.15 Ishikawa- Diagramm 1

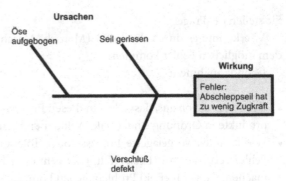

Abb. 2.16 Warum- Treppe

Abb. 2.17 Ishikawa-Diagramm 2

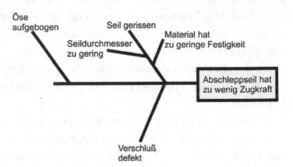

Eine weitere Möglichkeit besteht darin, an den Enden der Äste mit den 4M (Mensch, Maschine, Methode, Material) zu beginnen, um dann weiter in die Tiefe zu fragen. Dies lässt sich je nach Aufgabe um weitere Ms ergänzen (Management, Mitwelt, Messung und Money). Z. B. werden in den meisten Prozess-FMEAs die 5M (Mensch, Maschine, Methode, Material, Mitwelt) als erste Ursachenebene verwendet (Abb. 2.18).

Diese 4–8Ms stellen lediglich eine Art Checkliste dar, um auf möglichst viele mögliche Ursachen zu kommen (Ziel: Gemeinsam möglichst viele realistisch mögliche Ursachen finden).

Bei den meisten gängigen FMEA-Software ist eine Ishikawa-Darstellung möglich.

Abb. 2.18 Ishikawa- Diagramm 3

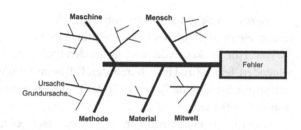

Das Problem bei dieser Darstellung ist der relativ große Zeitaufwand. Deshalb wird dieses Werkzeug in der Realität nur bei besonderen Fehlern angewandt.

Das Ergebnis und die Erkenntnis aus dieser Darstellung ist, dass pro Fehler mehrere Ursachen möglich sind. Diese Ursachen werden nun in das Formblatt bzw. in die Software eingetragen und in der Software gleich noch entsprechend mit dem Diagramm verknüpft.

2.6 Maßnahmenanalyse

Durch die Maßnahmenanalyse werden die Risiken und die Arbeitsschwerpunkte identifiziert.

Zunächst soll der aktuelle Stand dargestellt und bewertet werden. Existierende bzw. festgelegte Maßnahmen werden den Fehlfunktionen zugeordnet und das jeweilige Risiko eingeschätzt. Im QS 9000 Formblatt ist der jetzige und der optimierte Maßnahmenstand eindeutig verschiedenen Spalten zugeordnet. Im VDA Formblatt müssen die Stände vertikal getrennt werden. Das bedeutet, dass zunächst nur die Maßnahmen aufgeführt werden, die zurzeit für die Mitarbeiter als Unternehmens-Know-how zugänglich sind.

An dieser Stelle stellt sich als erstes die Frage, wie und wo das Know-how der Firma abgelegt ist und wie effektiv dieses zugänglich ist. Wird dieses Know-how genutzt und ist die Verwendung nicht nur vorgeschrieben, sondern wird dieser Vorgang kontrolliert? Ein wiederholt aufgelegtes Produkt wird oft sogar schlechter, wenn die Erfahrung der letzten Projekte in Archiven verschwindet oder in unübersichtlichen Datenbanken steht und deshalb kaum jemand darin nachschaut.

Auch hier hilft eine saubere FMEA, das Firmen- und Produkt-Know-how sowie die Qualität zu sichern und als ständigen Verbesserungsprozess zu leben. Wenn die letzten FMEAs aktuell gehalten und 8D-Erkenntnisse sowie Rückmeldungen der Fertigung und der Kunden sauber in die FMEAs eingepflegt werden, sind Erhalt bzw. Verbesserung der Qualität sogar mit relativ wenig Aufwand unausweichlich.

Generell gelten folgende grundsätzliche Fragestellungen in den jeweiligen FMEA-Arten:

System: Welche Methoden und Maßnahmen werden zurzeit angewandt, um auf den fehlerfreien Betrieb des Produktes hinzuarbeiten?

Konstruktion: Welche Methoden und Maßnahmen werden zurzeit angewandt, um auf die fehlerfreie Gestaltung des Produktes hinzuarbeiten?

Prozess: Welche Methoden und Maßnahmen werden zurzeit angewandt, um auf die fehlerfreie Produktion des Produktes hinzuarbeiten?

Wenn die Risiken in der vorangehenden FMEA zu groß werden, muss dies in den nachfolgenden Teams (und im schlimmsten Fall beim Kunden) ausgebügelt werden. Es versteht sich von selbst, dass die Beseitigung der Fehler im zunehmenden Entwicklungs-Zeitfenster immer teurer wird.

Es werden zwei Maßnahmengruppen unterschieden:

1. Vermeidungsmaßnahmen
2. Entdeckungsmaßnahmen

2.6.1 Vermeidungsmaßnahmen (System, Detail, Prozess)

Vermeidungsmaßnahmen dienen dem optimalen Produkt, damit die Auftretenswahrscheinlichkeit des Auftretens der Fehlermöglichkeit minimiert oder sogar eliminiert wird. In manchen Fällen ist es zusätzlich notwendig, durch geeignete Maßnahmen die Auswirkungen eines möglichen Fehlers zu begrenzen (z. B. Rückfallebene).

Vermeidungsmaßnahmen wirken präventiv und sorgen dafür, dass die ermittelte Fehlerursache neu und über die Lebensdauer weniger wahrscheinlich wird.

Vermeidungsmaßnahmen wirken meist direkt auf die Ursache.

Vermeidungsmaßnahmen müssen eindeutig und nachvollziehbar beschrieben sein wie zum Beispiel Arbeitsanweisungen, Qualitätsvorschriften oder allgemein anerkannte Regeln. Dies kann auch durch einen Verweis auf ein weiteres Dokument, Vorschriften, Berechnungen, Anweisungen oder vorhandener Softwareapplikation erfolgen.

Vermeidungsmaßnahmen am Beispiel einer Fahrradrücktrittbremse:

* Mögliche Fehlerursache: Kette springt vom Ritzel
* Mögliche Folge: kein Bremsen möglich und Verletzungsgefahr
* Direkte Vermeidungsmaßnahme: Kettenführung empirisch optimiert
* Auswirkungsbegrenzende Vermeidungsmaßnahme: zusätzliche Handbremse anbringen

Vermeidungsmaßnahmen am Beispiel einer elektrischen Lenkunterstützung:

* Mögliche Fehlerursache: falsche Werte vom Sensor
* Mögliche Folge: Lenkwunsch des Fahrers wird nicht erfüllt
* Direkte Vermeidungsmaßnahme: redundante Ausführung des Sensors
* Auswirkungsbegrenzende Maßnahme: Plausibilisierung und Rückfallebene

2.6.2 Entdeckungsmaßnahmen (System, Detail, Prozess)

Mit den Entdeckungsmaßnahmen werden die möglichen Fehlerursachen oder deren mögliche Folgen gefunden bzw. die Vermeidungsmaßnahmen bestätigt.

Entdeckungsmaßnahmen entdecken in einer präventiven FMEA die Ursache oder deren Auswirkung, bevor das Produkt zum internen oder externen Kunden geht.

Dies bedarf einer kurzen Erläuterung:

1. In der Konzept- oder System-betrachtenden Produkt-FMEA muss vor dem Designfreeze entdeckt werden (s. auch Kundenbetrieb, Service oder weitere notwendige Betriebszustände)
2. In der die Konstruktion betrachtende Produkt-FMEA muss vor der Produktionsfreigabe entdeckt werden
3. und in der Prozess-FMEA muss vor der Produktauslieferung an den Kunden entdeckt werden

Entdeckungsmaßnahmen entdecken in der Praxis aufgrund von Kosten- und Effektivitätsgründen weniger die betrachteten Fehlerursachen, sondern meistens Fehlermöglichkeiten in den höheren Ebenen. (Näheres im übernächsten Kapitel „Bewertung der Entdeckungsmaßnahmen".)

Entdeckungsmaßnahmen müssen eindeutig und nachvollziehbar beschrieben sein. Dies kann auch durch einen Verweis auf ein weiteres Dokument oder auf Versuchsergebnisse erfolgen.

2.6.3 Verantwortlicher, Termin und Status

Laut VDA wird jeder Maßnahme ein Verantwortlicher (V) und ein Termin (T) zugeordnet.

In der Fachwelt ist es nach wie vor umstritten, ob in dem „aktuellen bzw. ersten Maßnahmenstand" der Termin und der Verantwortliche genannt werden muss. In den Formblättern von AIAG und QS 9000 (früher korrektive FMEA) werden V und T meist nur bei den empfohlenen Maßnahmen in die zugehörigen Spalte eingetragen.

Auch der DGQ empfiehlt bei allen vorgeschlagenen – also zukünftigen – Maßnahmen, eine Person festzulegen, die diese Maßnahme zur Entscheidung bringen muss.

Meine Empfehlung lautet: Bei präventiven FMEAs sollten V/T auch beim Anfang Stand eingetragen werden, da auch die Entscheidung zu der aktuellen Ausführung von einem aktuellen Mitglied des Konzeptionsteams entschieden wurde.

Sind die Entscheidungen getroffen, so sind die Maßnahmen in die Prozessplanung einzuarbeiten und durchzuführen. Wird eine Maßnahme abgelehnt, so muss dies in der FMEA, mit den Angaben von Gründen, dokumentiert werden.

Generell aber gilt für V und T:

Der Verantwortliche kümmert sich um die Durchführung der Maßnahme sowie die Rückmeldung in das FMEA-Team und in die FMEA.

Termine sind so frühzeitig festzulegen, dass die Umsetzung, bevor das Produkt zum internen oder externen Kunden geht, sichergestellt ist. Der Termin ist als Datum anzugeben.

Es wäre vertretbar und zulässig, wenn Termine und Verantwortliche nicht im Formblatt, sondern in eindeutig zugeordneten oder verknüpften Dokumenten definiert sind. Als Beispiel bei Abstellmaßnahmen wäre ein abgestimmter Entwicklungs-Projektplan, bei Entdeckungsmaßnahmen ein detaillierter Test- oder DV-Plan denkbar.

Status der Maßnahmen:

- **Unbearbeitet:** Die Umsetzung der Maßnahme wurde noch nicht begonnen.
- **In Entscheidung:** Die Maßnahme ist definiert, aber noch nicht entschieden. Eine Entscheidungsvorlage wird erstellt.
- **In Umsetzung:** Die Maßnahme wurde beschlossen, aber noch nicht vollständig umgesetzt.
- **Abgeschlossen:** Maßnahme ist durchgeführt, dokumentiert und abschließend bewertet.
- **Verworfen:** Verworfene Maßnahmen müssen dokumentiert werden.

2.6.4 Bewertung der Ursachen

In einer vorher definierten Tabelle werden alle Ursachen einzeln unter Berücksichtigung des aktuellen Standes, den Abstell- und Entdeckungsmaßnahmen sowie deren Folgen hinsichtlich der Risiken bewertet.

Das Risiko wir nach drei Kriterien bewertet:

1. B = Bedeutung (der Fehlerfolgen)
2. A = Auftretenswahrscheinlichkeit (der Fehlerursache)
3. E = Entdeckungswahrscheinlichkeit (der Fehlerursache, -art, -folgen)

Die Werte gehen jeweils von 1–10, wobei 1 für „geringes Risiko" oder „extrem gut" und 10 für „hohes Risiko" oder „sehr schlecht" steht.

Durch Einzelbetrachtungen und verschiedene Kombinationen dieser drei Faktoren können dann Priorisierungen vorgenommen werden.

Zwittermaßnahmen wie zum Beispiel FE-Simulationen, DOE, oder empirische Ermittlungen und empirische Optimierungen können sowohl auf die Auftretenswahrscheinlichkeit wie auch auf die Entdeckungswahrscheinlichkeit wirken. In diesen Fällen dürfen A und E mit einer realistischen Bewertung belegt werden.

Bewertung der Auftretenswahrscheinlichkeit der Ursache (A)

Bewertet wird die Auftretenswahrscheinlichkeit der Ursache unter Berücksichtigung der Vermeidungsmaßnahmen während der Lebensdauer unter Einsatzbedingungen.

Diese Bewertungszahl ist die jeweilige relative Einschätzung der Fachexperten nach dem aktuellen Erkenntnisstand und muss nicht durch Auswertungen nachgewiesen werden. Die Bewertungszahl ist keine absolute Maßzahl und die daraus folgende Risikobewertung kann somit immer nur relativ angenommen werden.

Zu dieser Einschätzung der Bewertungszahlen können z. B. Expertenwissen, Datenhandbücher, Fehlerkarten oder andere Erfahrungen aus dem Feld von vergleichbaren Produkten herangezogen werden.

A = 10 wird eingetragen, wenn die betrachtete Fehlerursache mit hoher Wahrscheinlichkeit auftritt, keine Vermeidungsmaßnahme vorhanden ist bzw. deren Wirksamkeit nicht bekannt ist.

A = 1 wird eingetragen, wenn es sehr unwahrscheinlich ist, dass die betrachtete Fehlerursache auftritt (eigentlich nur Poka Yoke).

Tabellen: Vermeidungsmaßnahmen finden Sie im Anhang A5.2

Bewertung der Entdeckungswahrscheinlichkeit der Ursache (E)

Die Entdeckungsmaßnahmen bewerten zusammen mit einem Risikofakor die Entdeckungswahrscheinlichkeit der Ursache. Diese Entdeckungswahrscheinlichkeit ist ein Maß für die Wahrscheinlichkeit, mit der die angenommene Fehlerursache bzw. der mögliche Fehler noch rechtzeitig vor dem Erreichen des Schadensfalles erkannt werden kann. Je früher der Fehler entdeckt wird, desto günstiger wirkt sich dies für Kapazitäten und Gesamtkosten aus.

Beispiele: Im Design erfolgt die Erkennung vor der Übergabe an den Prozess. Im Prozess sollten Fehler vor Auslieferung an den Kunden erkannt werden. Und im Betrieb muss die Erkennung noch rechtzeitig für sinnvolle Folgenabwehrmaßnahmen erfolgen.

Wenn möglich, sollten sich die Entdeckungsmaßnahmen auf die Ursachen beziehen. Dies wird aus technischen, meist aber aus Kostengründen, nur in den seltensten Fällen angewandt und ist nicht durchsetzbar. Somit ist die Entdeckung von Fehlern oder deren Folgen die sinnvollere und oft auch einzige Alternative.

Trotzdem müssen die Bewertungen auf die jeweilige einzelne Ursache bezogen werden, da diese bei gleicher Maßnahme unterschiedlich deutlich gefunden werden kann. Die Umsetzung dieser Realität in den jeweiligen FMEA-Applikationen ist, bis auf wenige Ausnahmen, noch sehr unbefriedigend gelöst.

E = 10 wird gewählt, wenn es unmöglich oder unwahrscheinlich ist, den Fehler überhaupt oder rechtzeitig zu entdecken oder keine Entdeckungsmaßnahme vorhanden ist.

E = 1 wird gewählt, wenn der Fehler sehr sicher und rechtzeitig entdeckt wird sowie durch die Summe aller Maßnahmen sicher festgestellt wird.

Tabellen: Entdeckungsmaßnahmen finden Sie im Anhang A5.3. Ich empfehle Ihnen jedoch, die Tabelleninhalte auf Ihre Applikation und Ihre Firmenkultur hin zu optimieren.

Kombinationen der drei Einzelbewertungen (B, A, E)

Kombinationen aus den Einzelbewertungen sind für folgende Fälle durchaus sinnvoll bzw. notwendig:

- Ihr Chef will schnell die Top 10 Risiken wissen.
- Sie wollen die Risiken darstellen, um den Handlungsbedarf zu bestimmen.

- Sie wollen während einer Moderation die Arbeitsschwerpunkte schneller finden.
- Um die Übersichtlichkeit durch reelle Statistiken zu erhöhen
- Zeit einsparen vor allem bei komplexen und großen FMEAs
- Dadurch kann die Produktqualität verbessert werden

In manchen Fällen kann allerdings die alleinige Betrachtung von B, A und E nur unzureichend eine Maßnahmenergreifung einleiten. So wird zum Beispiel die Wahrscheinlichkeit, dass eine Fehlerursache tatsächlich zur Fehlerfolge führt, von keiner dieser drei Kenngrößen erfasst. In Fällen, wo mehrere Ursachen durch eine „&"-Verknüpfung verbunden sind, werden Maßnahmen notwendig.

Risikoprioritätszahl (RPZ)

Die Risikoprioritätszahl ist das Produkt von B · A · E. Die RPZ wird allerdings in den aktuellen Regelwerken (VDA, AIAG) nur noch aus historischen Gründen erwähnt.

Grundsätzlich sind sich alle Spezialisten einig: Die Verwendung der RPZ ist nicht zu empfehlen.

- **VDA:** „… die RPZ hat eine geringe Aussagekraft bzgl. der Qualität von Produkten und Prozessen."
- **AIAG:** „The use of an RPN threshold is NOT a recommended practice for determing the need for actions"
- **DGQ:** „… die RPZ nicht das „Maß aller Dinge" sondern nur ein Anhaltspunkt…"

Die Gründe hierzu sind, dass die RPZ sich weder linear verhält, noch in der Lage ist, unterschiedliche Risiken sicher aufzuzeigen. Hier ein paar Beispiele:

$$B \ A \ E \ = \ RPZ$$
1. $10 \cdot 2 \cdot 3 = 60$
2. $3 \cdot 10 \cdot 3 = 90$
3. $3 \cdot 5 \cdot 10 = 150$

Welcher Fall ist der kritischste und sollte in der FMEA zuerst und intensiv betrachtet werden? Ganz klar: Es ist der erste Fall. Der Fehler ist sicherheitskritisch und ist weder ausgeschlossen noch wird es 100 % entdeckt, bevor das Produkt dem Kunden geliefert wird. Im Gegensatz zum dritten Fall. Die Fehlerfolge ist so gering, dass sie normalerweise vom Kunden nicht einmal bemerkt wird und somit in vielen FMEAs schon gar nicht mehr betrachtet wird.

$$B \cdot A \cdot E \ = \ RPZ$$
1. $4 \cdot 6 \cdot 6 \ = \ 144$
2. $10 \cdot 3 \cdot 3 \ = \ 90$
3. $8 \cdot 6 \cdot 1 \ = \ 48$

Abb. 2.19 Bewertung der RPZ

Einschätzung von mehreren Experten			geschätzte Reihenfolge der Abarbeitung in der Konstruktion	RPZ	RPZ Reihenfolge
B	A	E			
3	7	7	5	147	2
6	9	9	1	486	1
7	7	3	3	147	2
8	1	1	7	8	7
8	1	10	6	80	5
10	3	3	2	90	4
10	8	1	4	80	5

passt genau oder/und ist akzeptabel
gerade noch tolerierbar
nicht mehr akzeptabel

Hier ist Nr. 2 ein nicht ausreichend minimiertes und entdecktes sowie lebensgefährliches Risiko, das das Potential hat, den verantwortlichen Ingenieur im Produkthaftungsfall in Erklärungsnot zu bringen.

Dagegen ist Nr. 3 der teuerste Fall, da mit sehr hohen Ausschusszahlen zu rechnen ist. Da alles noch beim Hersteller entdeckt wird, merkt der Kunde aber nichts davon, außer, dass das Produkt aufgrund der hohen Ausschusszahlen zu teuer ist.

Nr. 1 hat zwar die höchste RPZ, ist allerdings eine sehr geringe und kaum bemerkte Komforteinbuße, die meist sogar gewollt ist, um die Updates besser verkaufen zu können.

Die RPZ ist auch nicht in der Lage die unterschiedliche Behandlung der Risiken während dem Design oder im Prozess darzustellen. (z. B. hohe Ausschussraten bei hohen A und niedrigen E)

Das folgende Beispiel soll die mangelnde Fähigkeit der RPZ deutlich machen, die tatsächliche Kritizität bzw. korrekte Abarbeitungsreihenfolge aufzuzeigen. Hierzu wurde extreme BxAxE genommen, deren Abarbeitungsreihenfolge aufgrund der Kritizität von mehreren Experten eingeschätzt wurde. Nach Bestimmung und Auswertung der RPZ wurde die „RPZ-Reihenfolge" bestimmt. Die Farben in der RPZ Reihenfolge zeigen, dass zwei der RPZ bestimmten Bewertungen nicht akzeptabel sind. Erwartungsgemäß ist die RPZ nicht in der Lage, die tatsächlich gelebte Abarbeitungsreihenfolge wiederzugeben.

Die RPZ ist also ein wenig aussagekräftiger, meist sogar ein kontraproduktiver Bewertungsfaktor. Wer zum Beispiel die Abarbeitungsreihenfolge aufgrund der tatsächlichen Kritikalität, dem Durchschlupfrisiko oder dem Ausschussrisiko wissen will, muss sinnvollere Bewertungsfaktoren anwenden (Abb. 2.19).

Alternative Vorschläge für Bewertungsfaktoren von VDA und AIAG

Der VDA empfiehlt Priorisierung mit individuellen Grenzwerten nach folgendem Verfahren:

1. Selektiere alle Fehlerursachen, die zu einem B > Grenzwert für B führen, z. B. alle B > 9 oder alle B > 8 oder alle B > ...
2. Selektiere aus dieser Gruppe alle Fehlerursachen mit A > Grenzwert für A führen, z. B. alle A > 1 oder A > 2 oder A > ...

Abb. 2.20 Bewertung:
alternative RPZ Ermittlung

B	A	E	Einschätzung von mehreren Experten geschätzte Reihenfolge der Abarbeitung in der Konstruktion	RPZ	passt genau oder/und ist akzeptabel / gerade noch tolerierbar / nicht mehr akzeptabel RPZ Reihenfolge
3	7	7	5	147	2
6	9	9	1	486	1
7	7	3	3	147	2
8	1	1	7	8	7
8	1	10	6	80	5
10	3	3	2	90	4
10	8	1	4	80	5

3. Selektiere davon alle Fehlerursachen, bei denen E > Grenzwert für E führen, z. B. alle E > 8 oder E > 6 oder E > ...

Dieses Verfahren kann nun mehrmals mit unterschiedlichen Grenzwerten durchlaufen werden, so dass mehrere Gruppierungen mit unterschiedlicher Priorität gebildet werden.

Doch B = 8, A = 4, E = 1 käme in der Reihenfolge vor B = 6, A = 8, E = 8

Das Beispiel aus dem vorigen Kapitel liefert folgende Reihenfolgen (Abb. 2.20):

Das VDA Verfahren ist nicht nur sehr aufwendig und fehleranfällig, sondern liefert als automatisierter Algorithmus mindestens ebenso falsche Ergebnisse wie die RPZ und kann daher von mir nicht empfohlen werden.

Der VDA schlägt als weitere Möglichkeit die Anwendung einer Risikomatrix vor. Hier können Nichtlinearitäten und unterschiedliche Gewichtung von Folgen berücksichtigt werden.

Die Risikomatrix ermöglicht die Klassifizierung des Risikos u. a. zur Ermittlung von Handlungsbedarf bzw. als Freigabebedingung. Die Grenzwerte sind jeweils firmenspezifisch festzulegen. Nachfolgend ein Beispiel (Abb. 2.21):

Dieser Ansatz geht in die richtige Richtung, ist allerdings nicht universell einsetzbar, da die Entdeckung völlig außer Acht gelassen wird. Somit eignet sich diese Betrachtung in erster Linie für die Sicht auf die Abstellmaßnahmen.

Der AIAG bringt noch weitere Beispiele, die teilweise in der Praxis verwendet werden. Es handelt sich um eine nicht-arithmetische Kombination der Zahlenwerte.

BAE: Hier wird einfach der Zahlenwert der Bedeutung, des Auftretens und der Entdeckung hintereinander geschrieben.

BA: Hier wird einfach der Zahlenwert der Bedeutung und des Auftretens hintereinander geschrieben(Abb.2.22)

Obwohl bei allen die gleiche RPZ ermittelt wird, sind alle drei Szenarios komplett unterschiedlich.

Aber auch hier empfiehlt der AIAG, die Ergebnisse nicht ohne Team-Besprechung zu benutzen, da ebenfalls wie bei der RPZ Grenzen gesetzt sind. Beispiel: BAE = 711 wird höher bewertet als BAE = 699.

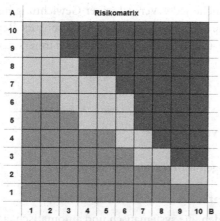

B   Bedeutung der Fehlerfolge auf oberster Ebene
A   Auftretenswahrscheinlichkeit

▓ Grüner Bereich: Es besteht kein Handlungsbedarf.

▓ Gelber Bereich: Kein zwingender Handlungsbedarf, aber das Risiko sollte noch weiter
                    verringert werden.

▓ Roter Bereich: Es besteht Handlungsbedarf, das Risiko muss durch geeignete
                    Maßnahmen reduziert werden.

Abb. 2.21 Risikomatrix

Abb. 2.22 Vergleichstabelle RPZ, BAE, BA

B	A	E	RPZ	BAE	BA
7	7	3	147	773	77
7	3	7	147	737	73
3	7	7	147	377	37

Abb. 2.23 Bewertung BAE

B	A	E	geschätzte Reihenfolge der Abarbeitung in der Konstruktion	BAE	BAE Reihenf.
3	7	7	5	377	7
6	9	9	1	699	6
7	7	3	3	773	5
8	1	1	7	811	4
8	1	10	6	8110	1
10	3	3	2	1033	3
10	8	1	4	1081	2

(Legende: passt genau oder/und ist akzeptabel / gerade noch tolerierbar / nicht mehr akzeptabel)

Im Vergleich zu unseren bisherigen Versuchen schneidet diese Zahlenkombination erheblich schlechter ab als die RPZ (Abb. 2.23).

Zusammenfassend darf ich behaupten, dass die BAE völlig versagt und die bisher
schlechtesten Reihenfolgen liefert.

Es wurden weitere Möglichkeiten untersucht. Jeder Versuch einer Gewichtung lieferte meist schlechtere Ergebnisse als sie durch die RPZ erzeugt wurden. Auch sonstige Berechnungsversuche scheiterten. Wir haben unter u. a. folgende Kombinationen untersucht:

- $B \cdot A$ zu $B \cdot E$ als Risikomatrix
- $B^2 \cdot A$ zu $B^2 \cdot E$ als Risikomatrix
- $B!$ zu $A \cdot E$ als Risikomatrix
- diverse Gewichtungsoptimierungen und vieles weitere

Die Ergebnisse in der unseren Untersuchungen waren schlechter als die RPZ.

Sinnvolle funktionierende Risikobewertung – der 3D-Ampelfaktor

Um eine funktionierende Bewertung zu finden, die systematisch und automatisch erzeugt werden kann, war es nun nötig, einige Schritte zurück zu den eigentlichen Definitionen zu gehen.

Die Risikomatrix definiert sich im Allgemeinen aus Eintrittshäufigkeit zu Schadensausmaß. Diese Definition drückt aus, dass bei einem geringen Schadensausmaß eine höhere Eintrittswahrscheinlichkeit akzeptiert wird.

Für die Eintrittshäufigkeit werden in der FMEA allerdings zwei Faktoren (A und E) identifiziert. Damit lässt sich das Risiko differenzierter und analytischer einschätzen. Somit folgt, dass wir es hier mit einer dreidimensionalen Risikomatrix zu tun haben. Stellen Sie sich einen Würfel mit einer Kantenlänge von 10 vor. Jede Ursache ist somit ein Punkt im Würfelraum. Dies kann natürlich auch mit Vektor- und Matrixmethoden dargestellt werden.

Als erstes werden die Zahlenwerte von B, A und E in den Raum geschrieben. Danach wird der „Schattenwurf" auf die 3 Flächen A/B, E/B, A/E benötigt (Abb. 2.24).

Die angezeigten Zahlenwerte sind die Anzahl der Ursachen in der jeweils verdeckten Ebene (senkrechter Schatten). Die Farben in den 3 Diagrammen sind individuell nach Firma und Betrachtung zu vergeben.

Der Trick ist nun, die mathematische Entkopplung indem den Ampelfarben Werte zugeordnet werden. Rot ist 2, Grün ist Null und Gelb ist 1.

Aus der Quersumme, die zwischen 0 und 6 liegt (3D-Ampelfaktor), lässt sich nun die Risiko- und Abarbeitungsreihenfolge ableiten.

Der Beweis für die richtige Reihenfolgenbestimmung wird mit den gleichen Werten wie oben angetreten (Abb. 2.25).

Hier nochmals der Vergleich zu den früheren Versuchen der Reihenfolgenbestimmung (Abb. 2.26):

Soweit die Theorie. In der Praxis ist der Vorgang einfach anzuwenden und kann ohne Probleme in Algorithmen automatisiert werden. Das bedeutet, eine automatisch generierte Zahl ist nun in der Lage, die Kritikalität einer Ursache zu bestimmen und eine gesicherte Abarbeitungsreihenfolge in der FMEA herzustellen.

Die grafische Darstellung könnte folgendermaßen aussehen (reales Beispiel) (Abb. 2.27):

Abb. 2.24 Ermittlung
des Ampelfaktors

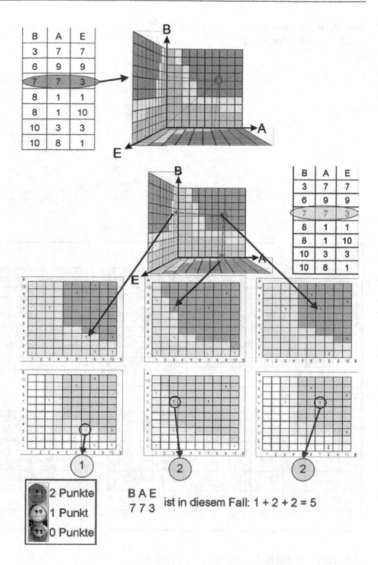

B	A	E
3	7	7
6	9	9
7	7	3
8	1	1
8	1	10
10	3	3
10	8	1

2 Punkte
1 Punkt
0 Punkte

B A E
7 7 3   ist in diesem Fall: 1 + 2 + 2 = 5

Abb. 2.25 Ergebnisse
Ampelfaktor

B	A	E	Moderatoren-bestimmte Reihenfolge	Ampel			Quersumme	3D-Ampelfaktor
				AB	EB	AE		
3	7	7	5	0	0	2	2	5
6	9	9	1	2	2	2	6	1
7	7	3	3	2	1	2	5	2
8	1	1	7	0	0	0	0	7
8	1	10	6	0	2	0	2	5
10	3	3	2	2	2	1	5	2
10	8	1	4	2	0	1	3	4

Abb. 2.26 Vergleichstabelle Ampelfaktor, RPZ, BAE

Legende: passt genau oder/und ist akzeptabel / gerade noch tolerierbar / nicht mehr akzeptabel

B	A	E	3D-Ampelfaktor	RPZ	VDA B>8	VDA B>6	VDA B>4	+ BxE	BAE
3	7	7	5	2	nb	nb	nb	6	7
6	9	9	1	1	nb	nb	2	1	6
7	7	3	2	2	nb	2	3	4	5
8	1	1	7	7	nb	5	6	7	4
8	1	10	5	5	nb	4	5	3	2
10	3	3	2	4	2	3	4	5	3
10	8	1	4	5	1	1	1	2	1

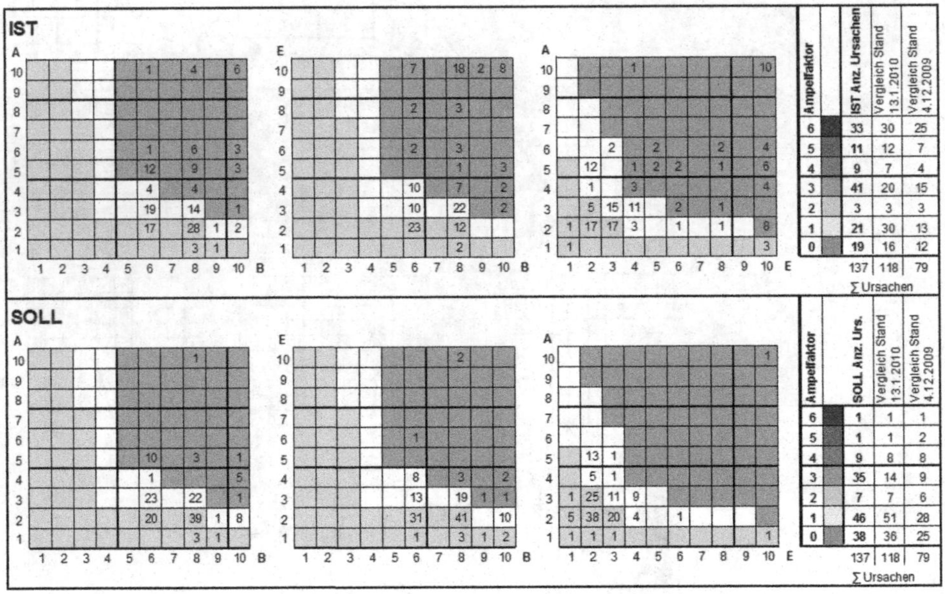

Abb. 2.27 Grafische Darstellung: Ampelfaktor

IST

Ampelfaktor	IST Anz. Ursachen	Vergleich Stand 13.1.2010	Vergleich Stand 4.12.2009
6	33	30	25
5	11	12	7
4	9	7	4
3	41	20	15
2	3	3	3
1	21	30	13
0	19	16	12
Σ Ursachen	137	118	79

SOLL

Ampelfaktor	SOLL Anz. Urs.	Vergleich Stand 13.1.2010	Vergleich Stand 4.12.2009
6	1	1	1
5	1	1	2
4	9	8	8
3	35	14	9
2	7	7	6
1	46	51	28
0	38	36	25
Σ Ursachen	137	118	79

Des Weiteren sollten Listen mit Fehlern, sortiert nach Ampelfaktor IST und Ampelfaktor SOLL, ausgedruckt werden können (Abb. 2.28).

Die oben gezeigte Grafik zusammen mit den Listen ist in höchstem Masse aussagekräftig, übersichtlich, präsentierbar und gut lesbar. Somit kann die Abarbeitung schnell und effektiv erfolgen.

Sinnvolle funktionierende Risikobewertung – der Risikograph

Eine weitere Möglichkeit bietet der Risikograph (von Dr. Schloske). Dieser klappt den dreidimensionalen Raum hierarchisch auf eine Ebene.

Hier ein Beispiel (Abb. 2.29):

RPZ actual	RPZ future	CS-RPN actual	CS-RPN future	possible failure	Systemelement
432	432	6	6	Beispiel Fehler 1	Systemelement 1
288	72	6	3	Beispiel Fehler 2	Systemelement 4
288	72	6	3	Beispiel Fehler 3	Systemelement 2
240	144	6	5	Beispiel Fehler 4	Systemelement 1
240	36	6	1	Beispiel Fehler 5	Systemelement 3
200	40	6	2	Beispiel Fehler 6	Systemelement 3
160	80	6	3	Beispiel Fehler 7	Systemelement 3
240	54	5	3	Beispiel Fehler 8	Systemelement 1
180	36	5	1	Beispiel Fehler 9	Systemelement 1
108	48	5	2	Beispiel Fehler 10	Systemelement 2
120	24	4	0	Beispiel Fehler 11	Systemelement 2
80	32	4	2	Beispiel Fehler 12	Systemelement 1
96	24	3	1	Beispiel Fehler 13	Systemelement 2
96	24	3	0	Beispiel Fehler 14	Systemelement 1
72	36	3	1	Beispiel Fehler 15	Systemelement 1
60	60	3	3	Beispiel Fehler 16	Systemelement 4
60	40	3	2	Beispiel Fehler 17	Systemelement 1
40	40	2	2	Beispiel Fehler 18	Systemelement 4
56	14	3	0	Beispiel Fehler 19	Systemelement 1
48	8	1	0	Beispiel Fehler 20	Systemelement 2

Abb. 2.28 Listen- (Reihenfolgen-) Darstellung: Ampelfaktor + RPZ

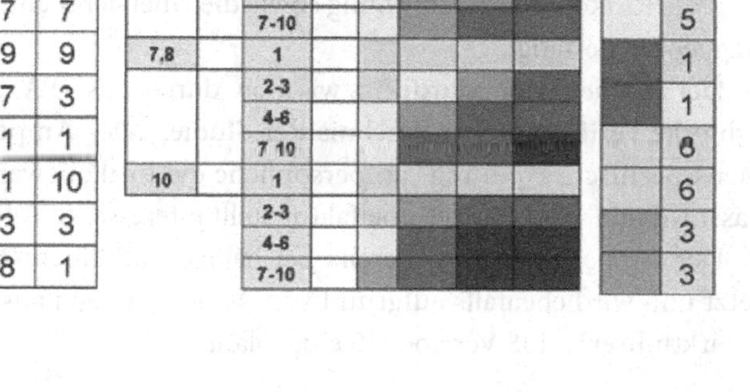

B	A	E
3	7	7
6	9	9
7	7	3
8	1	1
8	1	10
10	3	3
10	8	1

Abb. 2.29 Ermittlung des Risikographs nach Dr. Schloske

Abb. 2.30 Ver-
gleichstabelle 3D
Ampelfaktor- Risikograph

B	A	E	3D-Ampel-faktor	Risiko-graph-faktor
3	7	7	5	5
6	9	9	1	1
7	7	3	2	1
8	1	1	7	6
8	1	10	5	6
10	3	3	2	3
10	8	1	4	3

Der Vergleich zum 3D-Ampelfaktor zeigt, dass auch dieser zu einem akzeptablen Ergebnis führen kann. Die Unterschiede zwischen den Darstellungsarten sind:

- Die Auflösung und die Genauigkeit scheinen bei der Ampel besser.
- Die Umsetzung in Algorithmen ist sicherlich bei beiden gegeben.
- Das Verstehen der Zusammenhänge scheint bei der Ampel besser.
- Die Praktikabilität und die schnelle Bestimmung scheinen beim Risikograph besser.
- Die Menge der Felder wird beim Risikograph schnell unübersichtlich groß.
- Die Menge der verschiedenen Farben und deren Bestimmung sind beim Ampelfaktor besser lösbar.
- Bei vierdimensionalen Räumen wird der Aufwand beim Risikograph zu hoch (Abb. 2.30).

Aktuell scheint der 3D-Ampelfaktor die bessere Chance bei der Umsetzung zu haben. Dies wird allerdings in den Firmen entschieden, die die Methoden einsetzen.

Aktuell wird diese Auswertung noch von keiner Software unterstützt. Als Übergangslösung kann die Umsetzung mit Export und einfachen Makros im Excel übersichtlich automatisiert bewerkstelligt werden. Erste Software-Schmieden haben Ihre Unterstützung für zukünftige Releases angekündigt.

In drei Unternehmen habe ich den Ampelfaktor als zusätzliches Ergebnis präsentiert. Und die Risikoreihenbestimmung sowie die Übersichtlichkeit wurden bisher von den Auftraggebern bestätigt.

Der Ampelfaktor wurde inzwischen durch das IPA Stuttgart unter Dr. Alexander Schloske verifiziert. Das Ergebnis der Studie: „Der Ampelfaktor kann durch unternehmensspezifisches „Tuning" an persönliche die Risikobewertung des Unternehmens angepasst werden" und „Der Ampelfaktor stellt interessante Alternative zur RPZ dar".

Der Ampelfaktor wird bereits bei babtec und einem weiteren CAQ Anbieter eingesetzt und wird ebenfalls aufgrund von Anforderungen aus der Industrie in der geplanten (Marktführer) APIS Version 6.5 eingeplant.

Abb. 2.31 Paretoanalyse,
faktorbereinigt

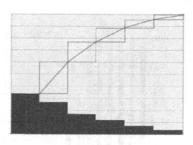

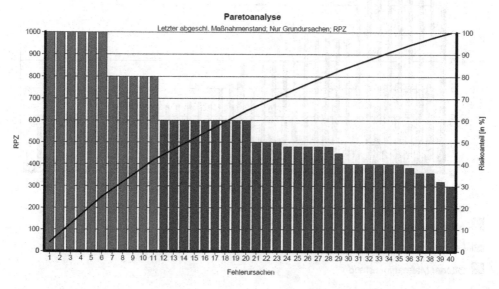

Abb. 2.32 Paretoanalyse, nicht geglättet

2.6.5 Auswertungen, Statistiken und Analysen

Pareto-Analyse

Auch die Pareto-Analyse eignet sich hervorragend, um sich auf die Probleme zu konzentrieren, die das größte Verbesserungspotential bieten. Hierbei wird die relative Häufigkeit in einem Balkendiagramm dargestellt.

Das zu Grunde liegende Prinzip ist, dass 80 % der Auswirkungen auf 20 % der Ursachen zurückzuführen sind. Die Abarbeitung von 20 % der Ursachen verringert also die Fehler wahrscheinlichkeit um 80 %.

Im Allgemeinen werden in der FMEA auf der X-Achse die ermittelten Ursachen dargestellt, auf der Vertikalachse die RPZ bzw. der 3D-Ampelfaktor. Folgendes grafisches faktorbereinigtes Beispiel ist aus Wikipedia.de (Abb. 2.31, 2.32):

Differenzanalyse

Die Differenzanalyse zeigt übersichtlich den Unterschied zwischen der anfänglichen Bewertung, dem Effekt der durchgeführten Optimierung und dem noch vorhandenen Verbesserungsbedarf (Abb. 2.33).

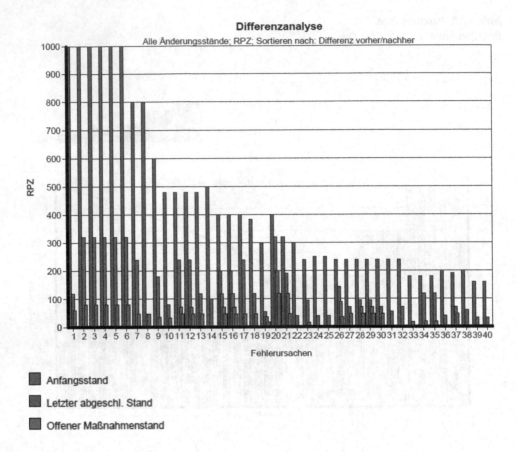

Abb. 2.33 Grafik der Differenzanalyse

Häufigkeitsanalyse

Die Häufigkeitsanalyse teilt die RPZ in Klassen ein und trägt die Häufigkeit der Klassen auf der Y-Achse auf. Die Klassen sind auf der X-Achse nach steigender RPZ angeordnet (Abb. 2.34).

Häufigkeitsauswertung

Die Häufigkeitsauswertung gibt einen Überblick über die Verteilung der Einzelbewertungen (B, A und E) bzw. die Verteilung von RPZ auf verschiedene Kategorien (Abb. 2.35).

Fehlerlisten

Die Fehlerlisten sind einfach lesbar, übersichtlich und dienen zur Reihefolgenbestimmung der Risiken. Die Listen lassen sich beliebig sortieren. Mit der IST-Sortierung erkennt man die aktuellen Maßnahmenprioritäten. In der SOLL-Sortierung ist ablesbar, wo Unsicherheiten bestehen und ob noch neue Maßnahmen gesetzt werden müssen.

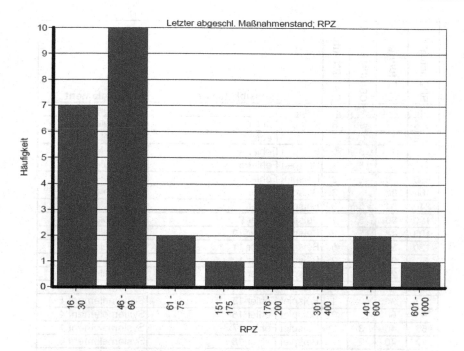

Abb. 2.34 Diagramm der Häufigkeitsanalyse

Bedeutung B		Auftretenswahrscheinlich-keit (A)		Entdeckungswahr-scheinlichkeit (E)		Risikoprioritätszahl RPZ	
Wert	Anzahl	Wert	Anzahl	Wert	Anzahl	Wert	Anzahl
1		1		1		1 - 25	7
2		2	9	2	6	26 - 50	5
3		3	12	3	14	51 - 75	7
4	10	4		4	2	76 - 90	
5		5	2	5		91 - 100	
6	47	6	3	6		101 - 125	
7		7		7		126 - 150	
8	51	8		8		151 - 175	1
9	2	9		9		176 - 200	4
10	18	10	2	10	6	201 - 300	
						301 - 1000	4

Komponenten Prozesse	Funktionen	Fehlerarten	Fehlerfolgen	Fehlerur-sachen	Fehlerver-meidung	Fehlerentde-ckung	Maßnahmen
1	5	24	49	128	45	31	27

Abb. 2.35 Häufigkeitsauswertung

RPZ actual	RPZ future	CS-RPN actual	CS-RPN future	possible failure	Systemelement
432	432	6	6	Beispiel Fehler 1	Systemelement 1
288	72	6	3	Beispiel Fehler 2	Systemelement 4
288	72	6	3	Beispiel Fehler 3	Systemelement 2
240	144	6	5	Beispiel Fehler 4	Systemelement 1
240	36	6	1	Beispiel Fehler 5	Systemelement 3
200	40	6	2	Beispiel Fehler 6	Systemelement 3
160	80	6	3	Beispiel Fehler 7	Systemelement 3
240	54	5	3	Beispiel Fehler 8	Systemelement 1
180	36	5	1	Beispiel Fehler 9	Systemelement 1
108	48	5	2	Beispiel Fehler 10	Systemelement 2
120	24	4	0	Beispiel Fehler 11	Systemelement 2
80	32	4	2	Beispiel Fehler 12	Systemelement 1
96	24	3	1	Beispiel Fehler 13	Systemelement 2
96	24	3	0	Beispiel Fehler 14	Systemelement 1
72	36	3	1	Beispiel Fehler 15	Systemelement 1
60	60	3	3	Beispiel Fehler 16	Systemelement 4
60	40	3	2	Beispiel Fehler 17	Systemelement 1
40	40	2	2	Beispiel Fehler 18	Systemelement 4
56	14	3	0	Beispiel Fehler 19	Systemelement 1
48	8	1	0	Beispiel Fehler 20	Systemelement 2

Abb. 2.36 Priorisierende Fehlerliste

Hier ein Beispiel für eine für Analysen optimierte Fehlerliste. (Fehler und Systemelemente sind unkenntlich, da es sich um eine reale und geheime FMEA handelt) (Abb. 2.36):

Terminplan

Zur Maßnahmenlenkung ist ein automatisch generierbarer Terminplan ein unverzichtbares Werkzeug für den Projektleiter. Dieser sollte nach den verantwortlichen Personen, den Maßnahmen und dem Termin sortierbar und gruppierbar sein. Diese Maßnahmenlenkung ist in verschiedenen FMEA-Programmen unterschiedlich gelöst. Bei APIS z. B. kann dieser direkt erzeugt und in der Terminverfolgung bearbeitet werden während Plato z. B. auch an Xeri (Lotus notes) übertragen und somit dessen gesamte Funktionalität bezüglich Aufgabenmanagement nutzen kann.

Eine Option daraus, automatisch die Verantwortlichen zu benachrichtigen sowie Rückmeldungen (inkl. Bewertung und Bemerkung) in die FMEA zurückfließen zu lassen, ist hierbei eine erhebliche Arbeitserleichterung (Abb. 2.37).

Control Plan (CP = PLP Produktions-Lenkungs-Plan)

Die Normenwerke AIAG und ISO/TS 16949 fordern eine umfassende schriftliche Beschreibung der für die Produkt- und Prozessüberwachung eingesetzten Systeme. Im APQP und PPAP-Verfahren ist ebenfalls ein Control Plan gefordert.

RPZ Ist	Maßnahme	RPZ Ziel	zu erledigen von	T:																
									10								11			
				03	04	05	06	07	08	09	10	11	12	01	02	03	04	05	06	07	08
1000	[Lage der Einspritzkanä-le und der Auswerfer un-geeignet] Absti▮▮▮▮▮	80	Designteamlea-der: ▮▮▮▮▮	X																
1000	[Lage der Einspritzkanä-le und der Auswerfer un geeignet] Engineeringtest ▮▮▮▮▮	80	Konstrukteur: ▮▮▮▮▮										X							

Abb. 2.37 Darstellung: Terminplan

Der CP dokumentiert die Abfolge aller Prozessschritte inklusive der Kundenforderungen und Prüfschritte für alle Phasen der Produktentstehung – vom Prototypen bis zur Serie. Zugrundeliegende Arbeitsanweisungen sind zu nennen. Bei vielen Punkten reicht es aus, auf die entsprechenden Arbeitsanweisungen und Prüfanweisungen zu verweisen Besondere Merkmale sind hervorzuheben.

Wichtig ist, das der CP für ein Produkt erstellt wird und nicht für die Fertigung allgemein oder für einzelne Produktionsschritte. Der CP ist produktspezifisch.

Er ist somit eine umfassende Dokumentation aller Produkt- bzw. Prozessmerkmale, Prozesslenkungsprüfungen und Messsysteme, die vor, während und nach der Produktion durchgeführt werden.

Der Prüfplan ist der Auszug aus dem CP/PLP, in dem nur die Stellen enthalten sind, an welchen etwas geprüft wird und ist somit arbeitsplatzspezifisch. Er beinhaltet auch noch andere Angaben wie z. B. Hinweis auf Stichprobentabellen. Anders formuliert: Im CP/PLP sind alle Prüfpläne einzutragen.

Die wesentlichen Inhalte eines Control Planes sind:

- Teilenummer und Lieferant/Kunde
- Datum und Revisionsstand des Control Plans
- Alle Maße und Parameter, welche für den Nachweis der Prozesseignung jedes Prozessschrittes genutzt werden
  - Prozessschrittbeschreibung
  - Gemessener Parameter/Merkmal mit Spezifikation/Anforderung
  - Kundenspezifische Symbole
  - Messmittel
  - Messvorschrift (falls zutreffend)
  - Prüfart (Stichprobe, 100 %, SPC- Prüfung, Art der Regelkarte)
  - Prüffrequenz (Häufigkeit und Umfang der Prüfung)
  - Korrekturmaßnahmen, falls die Messung außerhalb der Spezifikation liegt.

Der Control Plan ist wie die FMEA ein lebendes Dokument und kann während der Erstellung der Prozess-FMEA automatisch mit generiert werden. Folgende Informationen können aus der FMEA in den Control Plan generiert werden:

Control-Plan										
Prototyp:	Vorserie:	Serie:	Kontaktperson/Telefon:					Erstellt: 19.11.2009		Verändert: 01.02.2010
Control-Plan Nummer:										
			Kernteam:					Datum/Freigabe durch Kundenentwicklun…		
Teilenummer:										
			Lieferant/Standort Freigabe/Datum:					Datum/Freigabe durch Kunden-Qualitätsb…		
Teilename/Beschreibung: Spezifikation Encoder			Datum/Weitere Freigabe (falls erford.):					Datum/Weitere Freigabe (falls erford.):		
Lieferant/Standort:	Lieferantenschlüss…									

Num- mer	Prozes- selement	Maschine	Merkmale		Klas- sifika- tion	Methoden					Reaktionsplan
			Produkt- merkmal	Prozess- merkmal		Spezifikation	Prüfmittel	Stichproben		Lenkungs- methode	
								Um- fang	Häu- figkeit		
1.1	Feder		Material		SC	= FS 0815					

Abb. 2.38 Darstellung: Control Plan

- System-/Prozesselement
- Produkt-/Prozessmerkmal
- K (Klassifizierung von besonderen Merkmalen)
- Vermeidungsmaßnahme als Reaktionsplan oder Lenkungsmethode
- Entdeckungsmaßnahme als Reaktionsplan oder Lenkungsmethode

Im Allgemeinen sind die Vermeidungs- und Entdeckungsmaßnahmen nicht zwingend zu übernehmen. Die Übernahme von der FMEA in den CP variiert je nach eingesetzter Softwarelösung und erfordert ein Beherrschen von Methodik und Software (Abb. 2.38).

Oft wird der Fehler gemacht, dass der Kontrollplan mit einem Prüfplan verwechselt wird und aus der Produkt-FMEA erzeugt wird, in der z. B. die Konstruktion ohne den Abgleich mit dem Prozess betrachtet wird. Die Generierung eines Kontrollplan-ähnlichem Dokuments aus der Konstruktion kann lediglich als Diskussionsvorlage und Übergabedokument an den Prozess dienen. Allerdings ist durch eine vernünftig verknüpfte FMEA dieses Übergabedokument als überflüssige Doppelarbeit zu betrachten, da mittels FMEA die notwendigen Informationen noch besser übergeben werden können.

2.7 Optimierung

Die Ziele der Optimierung sind das Ermitteln der zur Verbesserung notwendigen Maßnahmen, das Einschätzen des Risikos und die Überprüfung der Wirksamkeit der umgesetzten Maßnahmen und deren Dokumentation.

Ist das Ergebnis der Bewertung des Standes nicht zufriedenstellend, werden neue Maßnahmen vorgeschlagen. Diese Maßnahmen werden wie bereits besprochen bearbeitet. Es wird ein neuer Maßnahmenstand erzeugt. Diese neuen Maßnahmen werden vorab bewertet, mit Verantwortlichen und Terminen versehen und zur Entscheidung gebracht.

Nach Umsetzung der Maßnahmen ist eine Wirksamkeitskontrolle durchzuführen.

Aktualisierung der FMEA:

In festgelegten Intervallen sind der Stand der Umsetzungen und die Wirksamkeit der Maßnahmen zu bewerten und zu überprüfen. Anschließend ist eine neue Auswertung entsprechend vorstehender Beschreibung durchzuführen. Dieses Vorgehen wird wiederholt, bis nur noch verantwortbare Risiken bestehen.

Wird nach erneuter Wirksamkeitskontrolle der umgesetzten Maßnahmen kein zufriedenstellendes Ergebnis erreicht, schließt sich eine weitere Risikominimierung bzw. Optimierung an.

FMEA wird über die Produktlebensdauer aktuell gehalten:

Auch über die Optimierungsphase hinaus wird sich der Betrachtungsgegenstand ändern können. Die durchzuführenden Änderungen sind zu bewerten und ggf. in die FMEA einzuarbeiten.

(s. auch DGQ-Bd. 13-11 2008, VDA Bd. 4 2010)

Der Optimierungsprozess wird so lange wiederholt, bis ein akzeptables Ergebnis erreicht wird. Die verworfenen Maßnahmen bleiben in der FMEA dokumentiert, damit nicht noch einmal dieselben Maßnahmen eingesetzt werden.

2.8 Besondere Merkmale

(Inhalt erstellt aus Arbeiten von Dr. Schloske, Loos, Werdich, VDA)

Besondere Merkmale sind Merkmale, die besonderer Sorgfalt bedürfen und nicht über andere geregelte Prozesse bearbeitet werden.

Andere geregelte Prozesse sind Prozesse, die ähnlich wie der BM-Prozess, Merkmale klassifizieren und ggf. über die generell gebotene technische Sorgfalt hinausgehende Anforderungen definieren, wie z. B. der Prozess nach ISO 26262 funktionale Sicherheit, ISO 14001 Umwelt und Emission, OHSAS 18001 Arbeitssicherheit, Zeichen für Sicherheitsteil nach VDA 4902/3.2 Warenanhänger.

Die Rechtfertigung des möglichen erhöhten Aufwandes durch die besondere Sorgfalt ergibt sich aus der Betrachtung der möglichen Konsequenzen beim Versagen der Funktion.

Es gilt „Soviel wie nötig, so wenig wie möglich". Dies bedeutet, je sicherer und robuster die Konstruktion und die Produktion sind, desto weniger Besondere Merkmale sind notwendig.

2.8.1 Herkunft

Die Internationale Automobil Task Force (IATF) hat einen Vorschlag erarbeitet, wie besondere Merkmale definiert und symbolisiert werden können. Diese werden angewendet, falls keine kundenspezifische Symbole oder Festlegungen vorliegen.

Hier werden drei Merkmalsarten unterschieden:

§ Produktmerkmale oder Prozessparameter, welche die Sicherheit eines Produktes oder das Einhalten gesetzlicher Bestimmungen beeinflussen.

⌐ Produktmerkmale oder Prozessparameter, welche die Passform/Funktion eines Produktes beeinflussen oder die aus anderen Gründen – wie Kundenanforderungen – gelenkt und dokumentiert werden müssen.

Kein Symbol: Keine Schlüsselmerkmale, Produktmerkmale oder Prozessparameter, die auch bei gewissenhaft abgeschätzter Streuung die Produktsicherheit, Passform oder Funktion nicht beeinträchtigen und den gesetzlichen Bestimmungen entsprechen.

2.8.2 Definition

Es kursieren viele unterschiedliche Definitionen über besondere Merkmale. Die vielen Vorgaben aus den Nomen – und die eiserne Befolgung von nicht ausreichend durchdachten internen Vorgaben – führen zu einer große Definitionsbreite in den Unternehmen und häufig zu unnötigen Diskussionen und Konflikten.

Die Ziele der besonderen Merkmale sind die:

- Sicherheit: Verringerung des Risikos, welches das Endprodukt für den Nutzer und seine Umgebung hat.
- Zulassung: Sicherstellung des Bestehens aller Zulassungsverfahren und Parameter.
- Funktion: Gewährleistung für ein fehlerfrei hergestelltes und funktionierendes Produkt.

Diese Ziele bedürfen einer erhöhten Sorgfalt, welche mit Hilfe von Besonderen Merkmalen in der Festlegung, der Herstellung und der Dokumentation abzusichern sind.

Diese Sorgfalt bezieht sich u. a. auf Anforderungen, welche über die generell gebotene technische Sorgfalt hinausgehen, wobei einer oder mehrere der folgend genannten Aspekte zutreffen können.

Entwicklungsprozess

- Sicherstellung der geforderten Funktion
- Sichere Rückfallebene (fail safe, robuster Betrieb)
- Notlaufkonzepte
- Auslegung der Merkmale
- Überwachung während des Betriebs
- Berechnung und Simulation
- Versuch und Erprobung
- Abnahmen und Freigaben
- Dokumentation und Archivierung

Produktionsprozess

- Prozess-, Mess- und Prüfmittelfähigkeit
- Prozesslenkung bzgl. Fertigung, Prüfung, Wartung, Handling, Lagerung, Verpackung, Konservierung, Versand, Transportsicherung und Transport
- Dokumentation und Archivierung
- Rückverfolgbarkeit
- Nachweis gegenüber Kunden

Besondere Merkmale sind durch die Organisation festzulegen. Im Rahmen einer FMEA können diese Merkmale verifiziert und weitere Merkmale gefunden werden. Die FMEA spielt eine signifikante Rolle für das Handling der besonderen Merkmale im Unternehmen.
Beispiele der unterschiedlichen Bezeichnungen:
Ford

- YC = Yes Critical (Produkt-FMEA)
- YS = Yes Special (Produkt-FMEA)
- CC = Critical Characteristic (Prozess-FMEA)
- SC = Special Characteristic (Prozess-FMEA)

DaimlerChrysler AG (Produkt- und Prozess-FMEA)

- DS = Dokumentationspflicht Sicherheitsrelevanz
- DZ = Dokumentationspflicht Zertifizierungsrelevanz
- … weitere firmenspezifische Kennzeichnungen
- Schild, Diamant, S/C, F/F, K, D, W, Na, Nb …

VDA (05/2011)

- BM S = Sicherheitsanforderungen
- BM Z = Gesetzliche Vorgaben
- BM F = Funktionen und Forderungen

2.8.3 Vorgaben für die Anwendung der besonderen Merkmale

- Ermöglichen einer systematischen Ermittlung
- Eindeutigkeit der Kennzeichnung der Merkmale
- Durchgängigkeit innerhalb der FMEA-Arten (Produkt- und Prozess-FMEA)
- Durchgängige Kennzeichnung innerhalb der Dokumentation
- Sichere Weiter- und Zurückverfolgung sowie Unterbringung von zusätzlichen Informationen

2.8.4 Systematische Vorgehensweise zur Ermittlung der besonderen Merkmale

Es existieren verschiedene Vorgehensweisen zur Definition besonderer Merkmale und interessanter Abwandlungen. Folgende Beispiele aus der Praxis sind möglich, **aber nicht urteilslos zu empfehlen (s. besser den Prozess der Besonderen Merkmale in 2.8.5).**

Merkmale: YC (Produkt-FMEA)/CC (Prozess-FMEA):

- $B = 9 .. 10$

Merkmale: YS (Produkt-FMEA)/SC (Prozess-FMEA):

- $B = 7 .. 8$ UND $A = 4 .. 10$

Merkmale DS/DZ (Produkt-FMEA und Prozess-FMEA):

- $B = 9 .. 10$ (Doku-Pflicht Sicherheitsrelevanz)
- $B = 9 .. 10$ (Doku- Pflicht Zertifizierungsrelevanz)

Besondere Merkmale:

- $B = 9 .. 10$ UND $A = 4 .. 10$ UND $E = 4 .. 10$ (sehr bedenklich)
- $B * A > 70$ (sehr bedenklich)

Eine Möglichkeit stellt hier die Empfehlung des Fraunhofer Instituts in Stuttgart (FhG-IPA) dar, das sich mit der Verankerung der besonderen Merkmale auseinandergesetzt hat:
Die Analyse besonderer Merkmale wird meist auf Basis der Fehlerfolge initiiert:

- YC/CC : $B = 9 .. 10$
- YS/SC : $B = 7 .. 8$

Eine interessante mögliche Darstellung könnte die Integration in die Risikomatrix darstellen (Abb. 2.39).

2.8.5 Prozess der besonderen Merkmale am Produktentstehungsprozess

Die für Besondere Merkmale relevanten Meilensteine sind im nachfolgenden Ablaufdiagramm referenziert. Die sequenzielle Darstellung dient der Übersichtlichkeit, das Prozessmodell basiert auf simultaneous Engineering, in dem sich Prozessschritte zeitlich überlappen (Abb. 2.40).

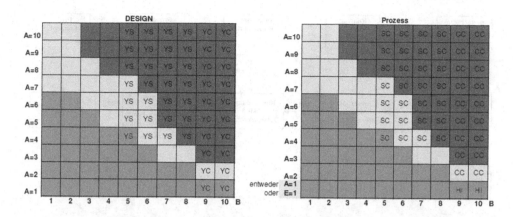

Abb. 2.39 Beispiel einer möglichen Integration besonderer Merkmale in die Risikomatrix

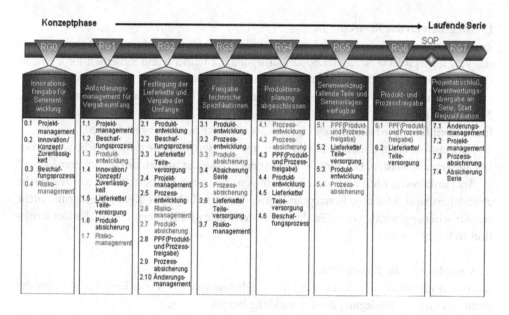

Abb. 2.40 Model lt. VDA-Band „Produktentstehung, Reifegradabsicherung für Neuteile"

Folgendes Prozessmodell zeigt die Anforderung der Durchgängigkeit der besonderen Merkmale von den Produktvorgaben bis zum Prüfplan (Abb. 2.41).

Die Durchgängigkeit wird in den marktgängigen Softwarelösungen unterschiedlich behandelt. Es empfiehlt sich allerdings in jedem Fall, die unterschiedlichen FMEA in separaten Strukturen zu behandeln und die besonderen Merkmale entweder über strukturübergreifende Links oder über eine Datenbank zu verknüpfen.

Wichtig hierbei ist die Erkenntnis, dass ein z. B. kritisches Merkmal in der Konstruktions-betrachtenden Produkt-FMEA nicht zwangsweise ein kritisches Merkmal in der Prozess-FMEA sein muss. Dies muss näher erläutert werden.

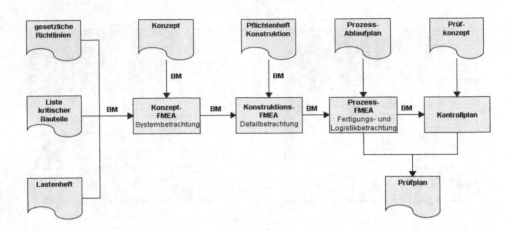

Abb. 2.41 Prozessmodell: Durchgängigkeit der besonderen Merkmale

1. Vorgaben an das Konzept

Zuerst werden die relevanten Forderungen an das Konzept übernommen und Erkenntnisse aus Vorgängerprojekte betrachtet. Systemauslegung, Lastenhefte und Sicherheitsforderungen sind die Grundlage für die Risikoanalyse. Daraus ergeben sich Versagensarten und deren Folgen. Diese Ergebnisse fließen zur Bestimmung Besonderer Merkmale in den Konzeptfilter ein.

2. Konzeptfilter

Im Konzeptfilter wird zuerst die Frage geklärt, ob das Konzept abgesichert ist.

Konzeptionell abgesicherte Funktionen und Forderungen brauchen nicht weiter auf BM untersucht werden. Die Absicherung ist nachzuweisen und zu dokumentieren.

Bei Funktionen, Merkmale und Forderungen, die durch das bestehende Konzept nicht abgesichert sind, wird eine Konzeptänderung erwogen. Führt die Konzeptänderung nicht zur Absicherung, werden diese Funktionen, Merkmale und Forderungen in der Konstruktion weiter betrachtet.

3. Vorgaben an die Konstruktion

Die bisher identifizierten Funktionen, Merkmale und werden bei der Erstellung des Pflichtenheftes und der Auslegung der Entwicklung berücksichtigt.

Die Erkenntnisse aus Detailbeschreibung, Pflichtenheft und Auslegung sowie Ergebnisse aus Simulation, Versuchen, Bewertung, Verifizierung fließen zur weiteren Betrachtung in den Konstruktionsfilter ein.

4. Konstruktionsfilter

Bereits vorgegebene Funktionen, Merkmale und Forderungen aus Sicherheitsforderungen oder Behördenforderungen sowie besondere Kundenforderungen sind direkt als relevante Funktionen, Merkmale und Funktionen für Sicherheit, Zertifizierung und Funktionen ohne Filterung in die Technische Dokumentation der Entwicklung zu übernehmen.

Im Konstruktionsfilter wird zuerst die Frage geklärt, ob die Konstruktion abgesichert ist.

Bei abgesicherten Konstruktionen (robustes Design) wird kein BM festgelegt. Anderenfalls ist eine Konstruktionsänderung zu erwägen. Die Absicherung ist nachzuweisen und zu dokumentieren.

Ergeben sich aus der Konstruktion Funktionen, Merkmale und Forderungen, werden diese als BM in der Technischen Dokumentation der Entwicklung festgelegt und an die Technische Dokumentation für die Produktionsplanung übergeben.

Wenn der PLP Prototyp gefordert ist, sind alle BM in den PLP Prototyp einzubringen.

5. Vorgaben an die Produktionsplanung

Nachdem die relevanten Funktionen, Merkmale und Forderungen für Besondere Merkmale (Sicherheit, Zertifizierung und Funktion) aus der Konstruktion identifiziert und in der Technischen Dokumentation für die Produktionsplanung festgelegt wurden, sind diese im Rahmen der Machbarkeits- und Prüfbarkeitsanalyse, Risikoanalyse, Produktionsplanung, Prüfkonzept, Design Review zu verifizieren.

Prüfspezifikationen enthalten Produktmerkmale und ggf. Vorgaben zu Prozessparametern.

Die sich daraus ergebenden Erkenntnisse fließen zur Ableitung Besonderer Merkmale in den Produktionsplanungsfilter ein

6. Produktionsplanungsfilter

In der Technischen Dokumentation für die Produktionsplanung können Besondere Merkmale und Prüfspezifikationen festgelegt sein, die direkt in die nächste Stufe übernommen werden müssen. Im Produktionsplanungsfilter ist die zu klären, ob das Produktionskonzept abgesichert ist.

Besondere Merkmale, die durch das Produktionskonzept abgesichert werden, müssen nicht in den PLP Vorserie eingetragen werden. Die Absicherung ist nachzuweisen und zu dokumentieren.

Kann das BM nicht durch das Produktionskonzept abgesichert werden, wird zuerst eine Produktionskonzeptänderung erwogen. Führt diese Änderung nicht zur Absicherung, werden die Besonderen Merkmale in den Produktionsprozessfilter und den PLP Vorserie eingebracht.

7. Eingaben für den Produktionsprozessfilter

Aus der Absicherung der Produktionsplanung und der Prüfplanung können sich weitere Besondere Merkmale BM F ergeben. Die identifizierten relevanten Funktionen, Merkmale und Funktionen werden weiter detailliert

8. Produktionsprozessfilter

Bereits vorgegebene Funktionen, Merkmale und Forderungen aus sind direkt als relevante Funktionen, Merkmale und Funktionen für Sicherheit, Zertifizierung und Funktionen ohne Filterung in die Produktionsbeschreibung, die auch die Nachweise einer fähigen Produktion enthält, weiterzugeben.

Im Produktionsprozessfilter wird zuerst die Frage geklärt, ob der Produktionsprozess abgesichert ist.

Bei abgesicherten Produktionsprozessen braucht das Besondere Merkmal nicht in den PLP Serie weitergeleitet werden, wenn der Produktionsprozess robust gem. VDA Band Robuster Produktionsprozess (RPP) ist. Der robuste Produktionsprozess ist nachzuweisen und zu dokumentieren.

Kann das Besondere Merkmal nicht durch den Produktionsprozess abgesichert werden, wird zuerst eine Produktionsprozessänderung erwogen. Führt diese nicht zur Absicherung, werden die Besonderen Merkmale in den PLP Serie übernommen.

2.8.6   Methoden zur Absicherung

Zur Absicherung von Produkt und Prozess gehören Risikoerkennung und Maßnahmen zur Risikominimierung. Methoden zur Risikoerkennung und Risikobewertung sind u. a. in den VDA Bänden beschrieben, z. B.:

- Fehler-Möglichkeits- und Einfluss-Analyse FMEA
- Fehlerbaumanalyse FTA

Die wichtigsten Elemente aller Risikoanalysen sind:

- Funktionen
- Merkmale
- Mögliche Versagensarten, Abweichungen
- Mögliche Folgen der Versagensarten
- Beurteilung des Risikos
- Festlegung geeigneter Maßnahmen

Alternativ können auch folgende Aktivitäten durchgeführt werden

- Gefährdungsanalyse und Risikoabschätzung G&R
- Ereignisablaufanalyse ETA
- Wertanalyse VA/VE
- Listenvergleich
- Expertenteam

2.8.7   Weiterer Umgang mit besonderen Merkmalen

Beispiele:

- Beispiel 1: Besonderes Merkmal in der Produkt-FMEA
  - Konzeptioneller Fehler eines besonderen Merkmales in der Produkt-FMEA

- Verbesserung des konzeptionellen Fehlers
- Ablehnung des besonderen Merkmales
- Beispiel 2: Besonderes Merkmal in der Produkt-FMEA
  - Potentieller konzeptioneller Fehler
  - Detaillierte Analyse des besonderen Merkmales
  - Ablehnung des besonderen Merkmales
- Beispiel 3: Besonderes Merkmal in der Prozess-FMEA
  - Systematischer Fehler eines besonderen Merkmales
  - Stichprobenprüfung
- Beispiel 4: Besonderes Merkmal in der Prozess-FMEA
  - Zufälliger Fehler eines besonderen Merkmales
  - 100 %-Prüfung

Zu Beispiel 1: Spiegelhalter (konzeptionelle Änderung ⇒ Ablehnung BM)

- Ein Produkt besitzt eine Halterung für Spiegel (z. B. Badezimmerschrank)
- Potentielles Risiko könnte sein, dass die Klemmkraft des Spiegelhalters zu gering ist und dadurch der Spiegel herausfallen könnte, was eine Verletzungsgefahr für den Benutzer darstellen könnte.
- Damit ist die Klemmkraft des Spiegelhalters zunächst ein „besonderes Merkmal".
- Durch eine konstruktive Modifikation des Spiegelhalters wird sichergestellt, dass selbst beim Fehlen der Klemmschraube der Spiegel noch gehalten wird.
- Damit ist die Klemmkraft der Spiegelhalters kein „besonderes Merkmal" mehr.

Zu Beispiel 2: Steckverbindung (detaillierte Analyse ⇒ Ablehnung BM)

- Ein Produkt besitzt eine doppelte Steckverbindung zur Übertragung von Strom (z. B. Heckscheibe).
- Potentielles Risiko könnte sein, dass einer der zwei Steckverbinder sich löst und dadurch eine zu starke Erwärmung des zweiten Steckverbinders erfolgt, was zu einer thermischen Reaktion (Brand) führen könnte.
- Damit sind der Festsitz des Steckverbinders und das Material des Steckverbinders zunächst „besondere Merkmale".
- Durch eine Analyse der Temperaturentwicklung am ersten Steckverbinder konnte nachgewiesen werden, dass beim Fehlen des zweiten Steckverbinders der Flammpunkt bei dem Material nicht erreicht werden kann.
- Damit ist der Festsitz des Steckverbinders kein „besonderes Merkmal" mehr. Allerdings bleibt das Material ein „besonderes Merkmal", da eine Abweichung vom Material ggf. zu einer Überschreitung des Flammpunktes führen könnte.
- Das Material ist also 100 % zu prüfen ⇒ z. B. Prüfen, ob gefordertes Material geliefert wurde (z. B. anhand von Begleitpapieren)

Zu Beispiel 3: Bohrung (systematischer Fehler eines BM ⇒ Stichprobe)

- Ein Prozess erzeugt eine, für eine sicherheitskritische Funktion, notwendige Bohrung.
- Potentielles Risiko könnte sein, dass der Bohrer während der Produktion bricht, was zu einer sicherheitskritischen Fehlfunktion im Endprodukt führen könnte.
- Damit ist die Bohrung ein „besonderes Merkmal".
- Da der Bohrerbruch als eine systematische Fehlfunktion betrachtet werden kann, ist eine 100 %-Prüfung der Bohrung nicht zwingend notwendig. Es reicht aus, das Vorhandensein der Bohrung z. B. zum Schicht- bzw. Auftragsende zu prüfen. Sollte sich dann der Bohrerbruch zeigen, so ist eine Rücksortierung notwendig.
- Die Rücksortierung sollte als Reaktionsplan in den Control Plan aufgenommen werden

Zu Beispiel 4: Dichtung (zufälliger Fehler eines BM ⇒ 100 % Prüfung)

- Ein Mitarbeiter montiert eine für eine sicherheitskritische Funktion notwendige Dichtung.
- Potentielles Risiko könnte sein, dass die Dichtung aufgrund von Unachtsamkeit des Werkers nicht montiert wird, was zu einer sicherheitskritischen Fehlfunktion im Endprodukt führen könnte.
- Damit ist die Montage der Dichtung ein „besonderes Merkmal".
- Da die Montage der Dichtung als eine zufällige Fehlfunktion betrachtet werden kann, ist eine 100 %-Prüfung der Dichtfunktion zwingend notwendig.

2.8.8 Kritische Betrachtung von besonderen Merkmalen zur gängigen Praxis

Der Prozess zur Kennzeichnung besonderer Merkmale ist in den meisten Firmen noch nicht abgeschlossen und kritisch zu hinterfragen.

- Die Normen und Richtlinien empfehlen bzw. fordern die Kennzeichnung besonderer Merkmale auf der Fehlfunktionsebene in der FMEA (K-Spalte), d. h. auf der Ebene der Fehlerfolgen-, Fehlerart bzw. Fehlerursachen.
- Der Kontroll-Plan markiert die besonderen Merkmale auf der Merkmalsebene, d. h. die Überwachung orientiert sich an Funktionen bzw. Merkmalen und nicht an Fehlfunktionen.
- Damit ist die Durchgängigkeit zwischen diesen Dokumenten (organisatorisch und EDV-technisch) noch nicht gegeben.
- Schnittstellenfunktionen (aus Baugruppen) aus der K-FMEA müssen auch Montagefunktionen (von Baugruppen) in der P-FMEA werden.
- Die Archivierung der Daten ist noch nicht eindeutig geregelt.

2.8.9   Vorraussetzungen zum sinnvollen Umgang mit besonderen Merkmalen

* Die Ermittlung der BM muss interdisziplinär erfolgen.
* Erkenntnisse aus Vorgängerprojekten sind eine Eingangsgröße für die Festlegung von BM.
* Die Entscheidung wird unabhängig von den Konsequenzen im Rahmen der gesetzlich vorgegebenen Zumutbarkeit (z. B. Aufwand, Wirtschaftlichkeit) getroffen.
* Erkenntnisse aus der Produktbeobachtung sind zu berücksichtigen.
* Bei Veränderungen in Produkt und Prozess muss der BM-Prozess neu durchlaufen werden, dies gilt besonders bei Verlagerungen.
* Ein Teil der sicherheits-, gesetzes- und behördenrelevanten Merkmale werden vom Kunden vorgegeben und vom Lieferant eigenverantwortlich durch weitere Merkmale aus der eigenen Analyse ergänzt.

Besondere Merkmale setzen voraus, dass seriös mit der Bedeutung umgegangen wird (nicht alles auf B = 10 gesetzt).

So wird z. B. die „10" oder „9" vergeben, wenn ein Fehler die Sicherheit beeinträchtigt und/oder die Einhaltung gesetzlicher Vorschriften verletzt wird oder ein existenzbedrohendes Firmenrisiko darstellt (VDA 4 Teil 3).

Besondere Merkmale setzen voraus, dass Lieferanten frühzeitig über die Auswirkungen ihrer Fehler im Gesamtsystem informiert werden.

Wenn die Fehlerfolgen nicht bekannt sind, ist die Bedeutung mit B = 10 zu bewerten.

System- und Konstruktions- betrachtende Produkt-FMEAs seitens der OEMs müssen frühzeitig erstellt werden und die Fehlerfolgen und Bedeutungen mit den Lieferanten kommuniziert und abgestimmt werden.

Moderationstechnik

Karl-Heinz Wagner

3

Moderation – Die Tätigkeit, ein Gespräch zu lenken oder lenkend in eine Kommunikation einzugreifen. (Wikipedia)

Im Berufsumfeld werden häufig Gespräche, Besprechungen, Qualitätszirkel, Arbeitssitzungen oder Krisensitzungen abgehalten. Hierbei werden oft interne und externe Moderatoren eingesetzt, um von allen Beteiligten akzeptierte Ergebnisse zu erreichen, ohne dass persönliche oder hierarchische Hindernisse stören. Dazu hat der Moderator im klassischen Sinn die Aufgabe, offen, systematisch und strukturiert vorzugehen. Sehr oft wird auch ein fachfremder Moderator gewünscht, der sich ausschließlich auf das Ziel konzentrieren kann.

Bei einer FMEA-Moderation werden an die Moderatoren jedoch zusätzliche Anforderungen gestellt. Er muss zwingend die klassische Moderation in allen Varianten wie Zielorientierung im Sinne des Auftraggebers, Kommunikation und Konfliktlösetechniken beherrschen, aber ohne genaue und gelebte Kenntnisse und Erfahrungen im Bereich FMEA und entsprechenden Softwaretools werden keine (oder nur minimale) Ergebnisse für den Auftraggeber erzielt.

Diese Kenntnisse werden meist dann dazugekauft, wenn es den internen Spezialisten durch hierarchische und kommunikative Schwierigkeiten unmöglich wird, in angemessener Zeit das Ziel zu erreichen.

K.-H. Wagner (✉)
Stettiner Str. 22, 66849 Landstuhl Deutschland

M. Werdich (Hrsg.), *FMEA – Einführung und Moderation*, DOI 10.1007/978-3-8348-2217-8_3,   79
© Vieweg+Teubner Verlag | Springer Fachmedien Wiesbaden 2012

3.1   Aufgaben des Moderators

Der Moderator – im klassischen Sinn – hat die Aufgabe, in Besprechungen Ergebnisse zu erreichen, die von allen Beteiligten akzeptiert werden, ohne dass persönliche oder hierarchische Hindernisse stören. Dazu hat der Moderator die Aufgabe, offen, systematisch und strukturiert vorzugehen.

Damit sich ein Moderator voll auf das Ziel konzentrieren kann, ist es in den meisten Fällen hilfreich, dass dieser nicht zu tief im Fachthema steckt. Einige Moderationen laufen sogar besser ab, wenn der Moderator nur sehr oberflächlich mit dem Thema vertraut ist. In einigen Fällen ist es allerdings auch sinnvoll, wenn der Moderator schon fachliche Erfahrung sammeln konnte.

Bei einer FMEA-Moderation werden an den Moderator zusätzliche Anforderungen gestellt. Er muss einerseits zwingend die klassische Moderation in allen Varianten wie Zielorientierung im Sinne des Auftraggebers, Kommunikation und Konfliktlösetechniken beherrschen, andererseits genaue und gelebte Kenntnisse und Erfahrungen im Bereich Methodik und Applikation der FMEA besitzen und aktiv steuernd einbringen. Ein Moderator mit zu wenig Methodik- und/oder Applikationserfahrung wird nicht die erwünschten Ergebnisse für den Auftraggeber erzielen.

Die Kompetenzen im Einzelnen sind:

- Expertenkenntnisse der FMEA-Methodik
- Expertenkenntnisse der Werkzeuge und Software
- Expertenkenntnisse der Kommunikations- und Moderationstechniken
- Grundkenntnisse im Projektmanagement, in Unternehmensprozessen und sämtlichen Qualitätsanforderungen

3.2   Lernen

Für einen erfolgreichen Moderator ist es wichtig, die Lernarten und Lernformen zu kennen und anzuwenden.

Wie lernen Menschen?

- Einer merkt sich am besten, was er sieht.
- Ein anderer behält besser, wenn er etwas hört.
- Ein Dritter entwickelt die größte Merkfähigkeit, wenn er über etwas schreibt oder darüber nachdenkt.
- Wieder ein anderer behält am besten, was er selbst tut.

Als unterschiedliche Lernarten werden Erfahrungslernen, Aneignungslernen und reflexives Lernen bezeichnet. Da das Ergebnis des Lernens eine Verhaltensänderung im Sinne der FMEA-Verbesserung sein soll, hat der Moderator die Aufgabe, die für die Menschen optimalen Rahmenbedingungen schaffen, um eine – auf die Gesamtgruppe abgestimmte – gute Lernatmosphäre zu gestalten. Lernformen (visuelle, auditive und kinästhetische Elemente) werden in der Moderation zu einer zielführenden Gruppentätigkeit vereinigt.

Lernen umfasst alle Verhaltensänderungen, die die Erfahrungsbereiche der Menschen erweitern und sie dazu befähigen, diese Erfahrungen umzusetzen.

Das in der FMEA-Moderation angeeignete Wissen wird über die einzelnen Gedächtnisschritte gespeichert, wobei während des gesamten Prozesses durch mögliche Ablenkungen das Ergebnis beeinflusst wird.

Lernen bedeutet vor allem das Revidieren von bereits Bekanntem und das Hinzufügen des Neuen. Dies ist zugleich ein wichtiger Kernpunkt in der Erwachsenenbildung.

Die Informationen, die auf Dauer behalten werden sollen, müssen über das Ultrakurzzeitgedächtnis ins Kurzzeitgedächtnis und von dort ins Langzeitgedächtnis gelangen. Bei Dingen und Ereignissen, die man intensiv erlebt, genügt oft eine einmalige Aufnahme zur permanenten Speicherung. Kann jedoch beim Lernen ein Stoff nicht richtig erlebt werden, sondern wird er nur passiv wahrgenommen, ist das Abspeichern schwieriger. Alles zu Lernende muss deshalb mehrfach wiederholt werden. So wird mit jeder Wiederholung ermöglicht, im Langzeitgedächtnis auf schon Bekanntes zurückzugreifen.

Je mehr passende Verknüpfungen und je mehr Möglichkeiten einer vielfältigen Zuordnung schon da sind, umso weniger muss der Stoff „gepaukt" werden. Also muss sowohl die Einsicht in die Notwendigkeit des Lernstoffs geschaffen als auch auf schon Bekanntes zurückgegriffen und aufgebaut werden.

Ebenfalls ist die Arbeit vom Bekannten zum Unbekannten eine Erleichterung des Lernens.Hier greifen die körperlichen Eigenheiten der Menschen ein. Beide Gehirnhälften sind unterschiedlich organisiert.

Die linke Gehirnhälfte ist verbal organisiert. Sie arbeitet mit Worten, Ziffern und abstrakten Symbolen wie z. B. den Rechenzeichen. Unser linkes Gehirn arbeitet systematisch und zeitorientiert. Bei der Lösung von Problemen untersucht es Details und verwendet logische Schlussfolgerungen. Das rechte Gehirn funktioniert nonverbal. Es nimmt Ideen, Gegenstände und Zusammenhänge ganzheitlich wahr und bringt sie miteinander in Beziehung, ohne Worte zu verwenden. Es kann Muster erkennen, aber hat kein Zeitgefühl. Die rechte Gehirnhälfte entscheidet nach Gefühlen, Ahnungen, Eindrücken und nach Bildern. Ziel muss es sein, im Training den Lernstoff so zu verpacken, dass beide Gehirnhälften angesprochen werden und somit ein hoher Behaltensgrad erreicht wird.

3.3 Moderation

Da der Moderator das Lernen und somit die Verhaltensänderungen nur indirekt beeinflussen kann, sind die Rahmenbedingungen der Moderation wie

- Wertigkeit von FMEA innerhalb der Firma
- Inhalte der Moderation
- Bedürfnisse und Vorgaben der Qualitätssicherung, aber auch der Zulieferer

- Situation der Beteiligten (enge Zeitvorgaben, Konflikte, Stress)
- Lernkultur innerhalb der Firma

von entscheidender Bedeutung, um ein positives Ergebnis zu erreichen.

Der Moderator strukturiert die Gruppentätigkeit mit einer klaren Zielvorstellung und Analyse. Er ist in der FMEA-Moderation als neutrale Führungskraft gefragt, die alle von der Gruppe kommenden Inhalte würdigt. Er muss aber bei fehlendem Wissen auch auf die benötigten Inhalte hinweisen und in manchen Fällen sogar selbst nachliefern. Dazu sind die Vorbereitung, die Durchführung und die Nachbereitung der Moderation von entscheidender Bedeutung.

3.3.1 Die Vorbereitung

Zur Vorbereitung eines FMEA-Moderators gehört es, sich über die spezifische Firmenkultur zu informieren. Durch dieses Wissen kann er eine auf die Firma zugeschnittene Moderationskultur und -Methodik anwenden. Er passt seine Kleidung an die Klientel an. Hier ist nicht nur die persönliche Einstellung des Moderators, sondern auch die Businesseinstellung zu beachten:

Grundsätzlich gilt für Kleidung:

- Die Kleidung soll dem Anlass entsprechen und wertschätzend gegenüber der Firma sein.
- Geschäftsübliche Kleidung, „gedeckter" Anzug oder „gedeckte" Kombination, helles Hemd, Krawatte. (Bei einer Firmenkultur ohne Krawatte wird der Moderator sich ebenfalls an die Firmenkultur anpassen.)
- Sie sollten sich in Ihrer Kleidung „wohl fühlen".
- Die Kleidung sollte passen: Hosen- und Armlänge, Kragenweite des Hemdes müssen stimmen.
- Keine (!) Vereins-, Sport-, Gewerkschafts- oder Parteiabzeichen, wohingegen das Firmen-Logo gerne gesehen wird.
- Die „Rolex", auffälliger Schmuck und große Siegelringe lenken Ihre Zuhörer nur ab.
- Weiße Socken sind tabu und lenken die Augen der Zuhörer ab. Socken und Schuhe sollen die gleiche Farbe haben.
- Die „Stiefkinder" Schuhe: Die passenden Schuhe gehören auch zum Outfit. Damit ist nicht die Größe, sondern Farbe und Art der Schuhe gemeint.

Zum sicheren Auftreten gehört als Erstes das äußere Erscheinungsbild, das ist das, was wir Menschen zuerst wahrnehmen.

Eine gelassene positive Ausstrahlung erzeugt eine gute Moderationsatmosphäre.

Durch die Kenntnis der in der Firma angewandten Lernkultur muss der Moderator in der Vorbereitung die spezifischen FMEA-Beispiele vorbereiten.

3.3.2 Die Durchführung

Die Durchführung einer FMEA-Moderation ist vordergründig sehr einfach und allgemein gehalten.

Hier ist wie immer der Grundsatz gültig: „Make it simple and easy", was sich in der Praxis als einerseits ungemein wichtig und als sehr schwer herausstellt. Der Ablauf der FMEA-Moderation gliedert sich in einzelne Abschnitte, die für das Gelingen der Moderation von enormer Bedeutung sind:

Die Begrüßung:

Durch die Begrüßung und Ihr Verhalten während dieser setzen Sie ein Signal über die Arbeitsatmosphäre während der gesamten FMEA-Moderation. Die Wichtigkeit kann bei der ersten Vorstellung durch eine „Einführung des Auftraggebers" noch unterstrichen werden. Bauen Sie die Beziehungsebene zu den Teilnehmern durch Freundlichkeit und Klarheit auf. Hier helfen:

- Klären Sie Ihre Rolle als FMEA-Moderator mit den Teilnehmern.
- Leben Sie die Regeln während der gesamten FMEA-Moderation fest.
- Fragen Sie die Erwartungen der Teilnehmer ab.
- Legen Sie mit den Teilnehmern den Zeitplan fest.
- Kommunizieren Sie klar und offen.
- Beschreiben Sie die Situation, bevor Sie das Ziel beschreiben.
- Führen Sie in die Methodik der FMEA-Moderation ein.
- Nennen Sie die Teil- und Moderationsziele.

Die Arbeitsphase

Das Ergebnis einer FMEA-Arbeitsphase muss im Regelfall ein Handlungsplan mit klaren Eigenverpflichtungen der FMEA-Teilnehmer sein. Dazu hat der FMEA-Moderator im Vorfeld die einzelnen Arbeits- und Handlungsschritte vorzubereiten. Jeder dieser Schritte wird mit einem klaren Arbeitsauftrag, einer Zeitvorgabe und der Methodenvariante vorbereitet, um den FMEA-Moderationsteilnehmern den Einstieg in den Handlungsabschnitt zu erleichtern. Hier gelten:

- Funktionierende Technik und Softwarekenntnisse
- Problembestimmung und Aufzeigung der Lösungswege
- Erarbeitung der Lösung des Teilproblems
- Erarbeitung eines Modellfalles der FMEA
- Erstellen eines Handlungsplanes der FMEA-Moderationsteilnehmer
- Erstellung eines Maßnahmenplanes

Handlungsplan und Maßnahmenplan sind von entscheidender Bedeutung, da die Arbeitsergebnisse sonst nicht in die tägliche FMEA-Arbeit übernommen werden.

Die Checkliste

- Wie lautet das Auftragsziel?
- Welcher zeitliche Rahmen steht zur Verfügung?
- Was soll erreicht werden?
- Durch welche Arbeitsschritte soll das Ziel erreicht werden?
- Welchen Nutzen hat dieses Ziel?
- Was gehört nicht zum Auftragsziel?
- Was passiert, wenn ich dieses Auftragsziel nicht erreiche?
- Wann kann das Auftragsziel als erreicht betrachtet werden?
- Welche Kenngrößen helfen mir, die Zielerreichung zu validieren?
- Wer ist für die Zielerreichung verantwortlich?
- Wer ist für den Praxistransfer verantwortlich?

3.3.3   Der Abschluss

Der FMEA-Moderator hat die Verantwortung über jede FMEA-Moderation und den Ge-samtprozess. Um wie in einem Projekt zu jedem Zeitpunkt die Ergebnisse überprüfen zu können, stehen ihm – neben den von den FMEA-Moderationsteilnehmern erarbeiteten Ergebnissen – vor allem die Rückmeldungen (das Feedback) der Teilnehmer und des Auf-traggebers, aber auch die Selbsteinschätzung zur Verfügung.

Beim Feedback helfen folgende Fragen:

- Was hat heute bei der FMEA-Moderation besonders gut geklappt?
- Was machen wir bei der nächsten FMEA-Moderation besser?
- Was soll so bleiben?
- Was setze ich als ersten Punkt in meinem persönlichen Arbeitsalltag um?

Beim Auftraggeber helfen folgende Fragen:

- Welche positiven Ergebnisse sehen Sie bei den FMEA-Moderationsteilnehmern?
- Welche weiteren Schritte in den jeweiligen Arbeitsprozessen helfen Ihnen, das Unter-nehmensergebniss zu sichern und zu erhöhen?
- Welche Unterstützungsleistungen kann ich ihnen noch anbieten?

Bei der Selbsteinschätzung helfen dem FMEA-Moderator folgende Fragen:

- Welche Situationen wurden heute besonders erfolgreich gemeistert?
- Welche Situationen waren aus Moderatorensicht besonders kritisch?
- Welche Verbesserungsmöglichkeiten an meiner Moderation habe ich heute erkannt?
- Wie lautet mein Gesamturteil zu meiner FMEA-Moderation?

Es ist ebenfalls von besonderer Bedeutung, dass der FMEA-Moderator beim Abschluss auf die „Beziehungsebene" der Moderationsteilnehmer eingeht, die persönliche Stimmung und das aktuelle Befinden der Moderationsteilnehmer erfragt. Er fasst zum Abschluss nochmals die positiven Ergebnisse der FMEA-Moderation zusammen, klärt die weitere Vorgehensweise und verabschiedet die Teilnehmer mit konkreten Arbeitsaufträgen.

3.4 Konfliktmanagement

Was ist ein Konflikt und wie entsteht er?

Konflikt als Begriff wird in sehr unterschiedlichen Bedeutungen verstanden.

Von einem Konflikt (lat.: confligere = zusammentreffen, kämpfen; PPP: conflictum) spricht man in dem Fall, wenn Zielsetzungen oder Wertvorstellungen von Personen, gesellschaftlichen Gruppen, Organisationen oder Staaten miteinander unvereinbar sind. (Wikipedia)

Auch im Bereich FMEA können sich – aus den unterschiedlichen Aufgaben und Herangehensweisen bei der Moderation und der alltäglichen Qualitätsarbeit – Konflikte entwickeln und schwerwiegende Störungen im Arbeitsablauf hervorrufen.

Immer, wenn mehrere Menschen beteiligt sind, lassen sich fünf wesentliche Konfliktarten unterscheiden. Diese sind:

1. Zielkonflikte
2. Ein Zielkonflikt entsteht, wenn mehrere Menschen unterschiedliche Ziele verfolgen, die normalerweise schlecht oder auch gar nicht miteinander vereinbar sind.
3. Beziehungskonflikte
4. Beziehungskonflikte sind unabhängig von der beruflichen Hierarchie und dem Werdegang. Spannungen und Abneigungen zwischen Personen verstärken sich währen der Moderation.
5. Rollenkonflikte
6. Da jeder Mensch zwischen mehreren Rollen im Berufsalltag wechselt, kann es bei Rollenunklarheit zu Konflikten kommen. (Bin ich in diesem Moment Moderator oder Controller oder …?)
7. Wahrnehmungs- und Beurteilungskonflikte
8. Wahrnehmungs- und Beurteilungskonflikte ergeben sich meist in dem Moment, wo man sich zwar generell über das Ziel geeinigt hat, die Feinheiten wie den einzuschlagenden Weg oder die Zwischenschritte noch nicht klar definiert sind.
9. Verteilungskonflikte
10. Verteilungskonflikte sind im beruflichen Kontext die Art und Menge der Aufgaben und die sich daraus ergebenden Freiheiten, Vergünstigungen und Aufstiegsmöglichkeiten.

Diese Konflikte können offen und/oder verdeckt auftreten. Der Moderator muss auf die meist spärlich sichtbaren Anzeichen achten und sofort entgegensteuern, um die Moderation erfolgreich durchführen zu können.

Eine wesentliche Voraussetzung für eine konfliktfreie Kommunikation ist also die Tatsache, dass Menschen Situationen unterschiedlich betrachten und interpretieren. Ein wichtiger Schritt, um in Konfliktsituationen zu einer konstruktiven Lösung zu kommen, besteht folglich darin, sich die eigene Wahrnehmung bewusst zu machen und gleichzeitig zu akzeptieren, dass das Gegenüber eine andere Perspektive hat.

Wie kommt es zu Konflikten und wie eskalieren sie?

Konflikte entwickeln sich oft in einem Prozess, indem sie sich immer weiteren aufschaukeln. Der Konfliktforscher Friedrich Glasl beschreibt neun Stufen der Eskalation von Konflikten.

Im der ersten Phase lassen sich die Konflikte oft noch ohne fremde Hilfe lösen. Es gibt drei Stufen, die gemeinsam als die heiße Phase bezeichnet werden.

In der ersten Stufe geht es meist um inhaltliche Meinungsverschiedenheiten. Hier beharren die Beteiligten stärker auf ihren Ideen und Vorschlägen und sind immer weniger bereit, die Vorschläge der anderen Beteiligten anzunehmen. Dennoch erfolgt keine weitere Eskalation, wenn trotz gegensätzlicher Meinung gegenseitiger Respekt in den Beziehungen besteht.

In der zweiten Stufe bilden sich meistens Lager und es ändert sich das Arbeitsklima. Jeder beharrt auf seinen eigenen Standpunkten, es geht nicht um die Sache, sondern um Dominanz und Machtposition. Die anderen sollen eingeschüchtert werden und die eigene Meinung über den anderen Meinungen stehen. Ist eine Partei so mutig, das Problem anzusprechen, gibt es die Chance, es durch eine, wenn auch emotionale, Diskussion zu beseitigen.

In der dritten Stufe ist es die Überzeugung der Beteiligten, dass keine Zusammenarbeit mehr möglich ist. Die verbale Kommunikation wird blockiert, obwohl man voneinander – zum Wohle der Firma – abhängig ist.

In der zweiten Phase haben sich die Fronten verhärtet und es geht nur noch um persönlichen Sieg oder persönliche Niederlage. Eine Lösung ist nur von außen möglich, die durch den Vorgesetzten, den Moderator oder den Coach erzielt werden kann. Hier gibt es ebenfalls 3 Stufen.

In der vierten Stufe suchen sich die unterschiedlich Beteiligten Verbündete, es gibt eine Ausweitung des Konfliktes und es werden Dritte oder Außenstehende in den Konflikt hineingezogen. Man wirbt um Anhänger und stellt sich in einem günstigen Licht dar. Der wichtigste Punkt in dieser Phase ist, dass die Konfliktparteien nicht mehr direkt miteinander kommunizieren.

In der fünften Stufe wird versucht, den anderen Beteiligten zu beschuldigen, ihm zu schaden und ihn bloßzustellen. Durch den öffentlichen Gesichtsverlust dominieren Rachegefühle und es wird keine Rücksicht auf die Firma genommen.

Spätestens ab dieser Stufe muss von Fachleuten interveniert werden!

In der sechsten Stufe wird das Sachproblem nicht mehr beachtet, Es wird nur noch über Drohungen auf Entscheidungen Einfluss genommen. Es wird nicht mehr miteinander gesprochen.

In der dritten Phase ist der Konflikt so verhärtet, dass nur noch massive Maßnahmen aus dem Unternehmen helfen können. Hier drei mögliche Stufen.

In der siebten Stufe wird nicht mehr gedroht, sondern es wird zum Schaden des Anderen gehandelt. Dabei wird der größtmögliche Schaden verursacht und es ist den Parteien egal, ob Sachen oder Personen betroffen sind.

In der achten Stufe wird ohne Rücksicht auf das eigene Ansehen noch direkter und stärker angegriffen. Es ist den Beteiligten egal, ob und welche wirtschaftliche und psychische Auswirkungen ihr Handeln hat.

In der neunten Stufe wird auch um den Preis der eigenen Zerstörung gehandelt. Die Vernichtung des Gegners wird auch um den Preis der eigenen Zerstörung vorangetrieben.

Diese Übersicht soll Ihnen deutlich machen, dass es für alle Beteiligten und somit auch für die FMEA-Moderatoren wichtig ist, so frühzeitig wie möglich zu intervenieren, um Konflikte zu vermeiden.

3.4.1 Konfliktvermeidung

Konflikte werden meist durch Kommunikationsprobleme ausgelöst. Hierbei sind zwei grundlegende Erklärungsmodelle hilfreich. Friedemann Schulz von Thun beschreibt in seinem Modell der vier Seiten einer Nachricht die Möglichkeiten, wie Menschen etwas richtig oder falsch sagen und interpretieren können.

Bei jeder Nachricht oder jeder Aussage können, unabhängig wie die Aussage ist, weitere Ebenen der Informationen verstanden und aufgefasst werden (Abb. 3.1).

Die Selbstaussageebene sagt etwas über den Sprecher aus. Mit jeder Botschaft teile er auch etwas über sich selbst mit. Jeder Kommunikationsakt ist auch immer eine „Kostprobe" der Persönlichkeit oder Verfassung des Sprechers. Auch hier ist die nonverbale Kommunikation von großer Bedeutung. Die Selbstaussage kann in diesem Zusammenhang sowohl als gewollte Selbstdarstellung (Imponier- und Fassadentechniken) als auch als unfreiwillige Selbstoffenbarung verstanden werden.

Die Beziehungsebene einer Nachricht spiegelt das Verhältnis zwischen dem Sprecher und seinem Partner wieder. Mit der gesendeten Nachricht wird auch immer eine bestimmte Art von Beziehung zwischen den Kommunikationspartnern ausgedrückt. Dies zeigt sich in der Art und Weise, wie kommuniziert wird (Einstellungen, Gefühle, Erwartungen, Vorurteile, usw.) und beschreibt die persönliche „Chemie" zwischen dem Sprecher und seinem Partner. Mit der Nachricht wird auch immer eine bestimmte Art von Beziehung dargestellt. Lange bevor diese Beziehung in Worte gefasst wird, kündigt sie sich oft schon durch nonverbale Signale an (z. B. in der Mimik, Gestik, Betonung usw.).

Abb. 3.1 Interpretationsebenen in der Kommunikation

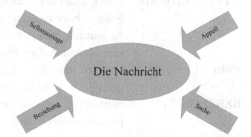

In der Appellebene möchte der Sprecher seinen Partner auffordern, etwas zu tun. Er möchte ihn zu einem bestimmten Verhalten veranlassen bzw. dessen Verhalten lenken oder beeinflussen. Damit beschreibt die Appellebene den Kommunikationszweck. Wenn Appelle verdeckt, undeutlich oder nur indirekt ausgedrückt werden, kommen sie beim Partner falsch oder gar nicht an.

Die Sachinhaltsebene beschreibt den sachlichen Gehalt einer Nachricht, also das, worüber der Sprecher informiert. Inhalte dieser Seite sind Tatsachen, Darstellungen, Informationen oder Feststellungen. Damit der Sachinhalt möglichst klar und unverzerrt beim Partner ankommt, muss die Darstellung sachlich und verständlich sein.

Die vier dargestellten Ebenen sind – wie in einem Paket – in jeder Nachricht enthalten, wobei situationsspezifisch jeweils eine Ebene im Vordergrund steht. Legt der Sprecher seinen Schwerpunkt bei einer Äußerung beispielsweise auf den Appell, so kann der Partner diese Botschaft grundsätzlich auch mit vier „Ohren" empfangen, er könnte beispielsweise eine Äußerung auf der Beziehungsseite „persönlich" verstehen. Wenn diese Ebenen nicht beachtet werden, so kann aus einer undeutlichen und unklaren Kommunikation eine Störung entstehen, die sich zu einem Konflikt ausweiten kann.

Außer den verbalen Informationen kommen weitere Ausdrucksmöglichkeiten wie Lautstärke, Modulation, Artikulation und Geschwindigkeit, Atmung und Pausen hinzu. Diese werden durch die Körpersprache wie Körperhaltung, Bewegungen, Mimik und die äußere Erscheinung beeinflusst.

Ebenfalls ist die Kenntnis der Verhaltensweisen von Menschen ein wesentlicher Faktor zur Konfliktvermeidung. In der Transaktionsanalyse „TA" (nach Berne) werden diese Verhaltensweisen erkannt und können zur Konfliktvermeidung eingesetzt werden. Verhaltensweisen sind Muster, die durch Wertvorstellungen, Normen, Erfahrungen, Informationen und Gefühle geprägt werden. Die TA geht davon aus, dass in jedem von uns drei Persönlichkeitsinstanzen vorhanden sind, die sich mit sechs Ich-Zuständen zu Worte melden können. Diese Ich- Zustände unterscheiden sich im Denken, Fühlen und Handeln und bilden sich bereits im Laufe unserer Kindheit heraus und beeinflussen meist unbewusst unser Verhalten (Abb. 3.2).

KRITISCH	verurteilt, kritisiert, befiehlt, schreibt vor, fordert, dirigiert, bestraft, moralisiert, kontrolliert, bevormundet, diskutiert nicht
FÜRSORGLICH	hilft, tröstet, unterstützt, bewertet positiv, lobt, gönnt, hat Verständnis, beschützt, ermutigt, beruhigt, besänftigt, beschwichtigt, tätschelt
ENTSCHEIDEND	denkt, analysiert, überlegt, prüft, stellt fest, differenziert, sammelt Fakten, hört zu, beobachtet, stellt sachliche Fragen, wägt ab, fasst zusammen, agiert nüchtern, kühl, logisch, konzentriert, rational, konsequent, aufgeschlossen, offen, interessiert, ausgeglichen
FREI	spontan, impulsiv, offen, kreativ, intuitiv, ausgelassen, spielerisch, genießerisch, gefühlsbetont, lebhaft
REBELLISCH	aufmüpfig, aggressiv, mürrisch, egozentrisch, verweigernd, trotzig, patzig, fordernd, laut

Abb. 3.2 Transaktionsanalyse

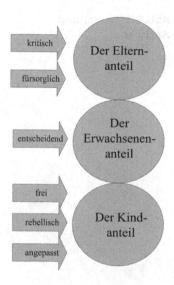

ANGEPASST   hilflos, ängstlich, brav, leise, nachgebend, verzichtend, unsicher, bescheiden, beschämt, zurückhaltend, schüchtern

Eine unklare und nicht den Umständen angepasste Verhaltensweise kann zu besonders kritischen Situationen führen. Wenn die Kommunikation aus dem kritischen auf einen rebellischen Anteil trifft, so kann – meistens unbewusst – diese Art der Kommunikation sich zu einem offenen oder verdeckten Streit entwickeln. Jeder FMEA-Moderator muss mit diesen Verhaltensweisen vertraut sein und hat in seinem Moderationsbereich für eine klare und eindeutige Kommunikationsform zu sorgen. Jegliche Vernachlässigung dieser Verhaltensweisen kostet im weiteren Verlauf der Moderation zusätzlich Zeit und Aufwand, wenn nicht sogar das Ergebnis der Moderation den zwischenmenschlichen Konflikten zum Opfer fällt.

3.4.2 Konfliktbearbeitung

Konflikte entstehen nicht aus dem nichts, sondern aus meist in der Anfangsphase kleineren Reibungen und Spannungen, die sich im angespannten Umfeld zu großen Konflikten entwickeln. Im Vorfeld ist der eigene Standpunkt klar und deutlich bekanntzugeben und die Kommunikation als Medium zur Entspannung der Situation einzusetzen.

Definieren Sie als Moderator zuerst die für Sie sichtbare Konfliktsituation. Beachten Sie hierbei, dass die dabei herrschenden Kulturen in der zwischenmenschlichen Kommunikation auch auf den ersten Blick für Sie einen Konflikt darstellen könnten, es sich aber um eingespielte und akzeptierte Rituale handeln kann.

Abb. 3.3 Akzeptanz des
Angriffes

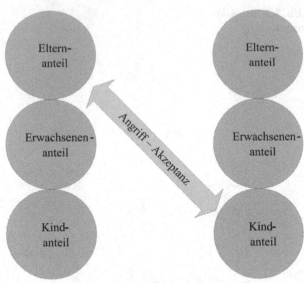

Kommunikationsverhalten zweier
Menschen

Obwohl die Kommunikation auf den ersten Blick als „scheinbar nicht akzeptabel" und von oben herab abläuft, kann es bei beidseitig akzeptiertem Kommunikationsverhalten zu keinem Konflikt kommen.

Greift hier der Moderator in die Kommunikation ein, so wirkt er als Angreifer gegen beide Parteien und es kann – obwohl gut gemeint – ein vom Moderator initiierter Konflikt entstehen (Abb. 3.3).

Merke: Der Moderator klärt die Kommunikationsstrukturen. Er spricht die für die Moderation nicht akzeptablen Verhaltensweisen an und vereinbart klare und eindeutige Kommunikationsregeln. Verhalten, das nur den Moderator stört, aber den Arbeitsprozess innerhalb der Firma nicht beeinflusst, ist von ihm zu erkennen, aber nicht zwangsläufig zu ändern, da er sonst als Gegner auftritt.

Ist die Kommunikation zwischen den Menschen oder Parteien so gestört, dass die Aussagen der einen Partei nicht als Aussage, sondern als Angriff gewertet wird, so hat der Moderator möglichst schnell einzugreifen, damit der Konflikt nicht eskaliert.

Ist der verbale Angriff auf die andere Partei durch persönliche Attacken gekennzeichnet und akzeptiert die andere Partei dies nicht, so weitet sich der Konflikt aus. Hier trifft bei einem verbalen Angriff die persönliche Aussage auf eine andere Sichtweise, die darauf basiert, nicht als untergeordneter oder kindlicher Mensch behandelt zu werden. Es wird innerlich ein Wechsel vollzogen, um der anderen Partei deutlich zu machen, dass man – als Mensch und aktives Mitglied im FMEA-Moderationsteam – nicht so behandelt werden kann (Abb. 3.4).

Es wird meistens mit gleichen oder stärkeren Sprachmustern argumentiert und mit den bei sich nicht akzeptierten Kommunikationsformen werden bei der anderen Partei die

Abb. 3.4 Angriff

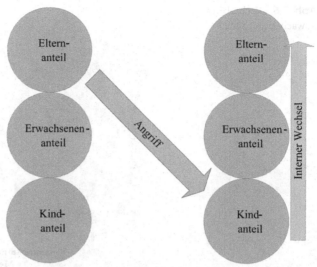

Kommunikationsverhalten zweier
Menschen

Abb. 3.5 Konflikt

Kommunikationsverhalten zweier
Menschen

gleichen Reaktionen ausgelöst. Wird dieser Prozess nicht unterbrochen, verselbständigt er sich und der Konflikt bricht auf der Kommunikationsebene offen aus (Abb. 3.5).

Der Moderator hat hier die Aufgabe, den Konflikt zu unterbrechen und durch die Klärung des Kommunikationsverhaltens eine für alle Seiten akzeptierte Arbeitsatmosphäre zu erreichen, da sonst die Ziele der FMEA-Moderation nicht mehr zu erreichen sind.

Als in einer Konfliktsituation erfolgreichste Vorgehensweise hat sich der unten angeführte Lösungsansatz herausgestellt. Hierbei wird nicht unüberlegt und direkt auf den An-

Abb. 3.6 Wechseln auf die Erwachsenenebene

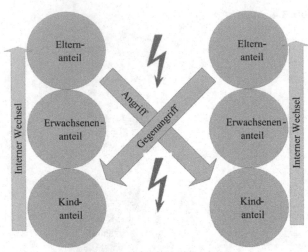

Kommunikationsverhalten zweier Menschen

griff reagiert, sondern es werden durch gezielte Kommunikationsmethoden die Konflikt-potentiale entschärft.

Das Wechseln auf die Erwachsen-enebene wird durch völligen Ver-zicht auf persön-liche Angriffe einge-leitet. Der Sprachgebrauch wechselt vom angreifenden oder ankla-genden „Sie" oder „Du" zu einem neutralen Sprachgebrauch und zu „Ich-Botschaften". Es werden keine Deutungen und Interpretationen als Grundlagen der Kommunikation benutzt, sondern es wird sich nur noch auf die klaren und von beiden Seiten akzeptierten Fakten gestützt.

Auch hier ist zu beachten, dass der Wechsel der Kommunikationsform dauerhaft und auch gegen den Widerstand der anderen Partei bestehen bleiben muss (Abb. 3.6).

Wichtigste Formen dieser Kommunikationsart sind:

Ich-Botschaften

Ich-Botschaften können die Eskalationsspirale unterbrechen, da sie keinerlei Schuld-vorwürfe und Schuldzuweisungen beinhalten. Ich-Botschaften sollen sich möglichst auf die aktuelle Situation beziehen oder in die Zukunft weisen und wenig oder keine Forde-rungen oder Bedingungen enthalten.

Ich-Botschaften sollen folgende Strukturen beinhalten:

1. Beschreibung des Ereignisses, der Situation und der Fakten
2. Beschreibung der eigenen Gefühle, der eigenen Verhaltensreaktionen
3. Nennen der Wünsche, Ziele, Interessen und Erwartungen

Fragen

Durch das gezielte Fragen wird der Gesprächspartner aktiviert und die Thematik kon-kretisiert. Vermeiden Sie nur die Fragen, die sich auf die Vergangenheit beziehen und einen

Rechtfertigungsdruck auslösen können („warum, wieso, weshalb"). Angebrachter sind in diesen Fällen „Wozu- Fragen", denn sie suchen nach Zielen und Absichten für die Zukunft.

Der kontrollierte Dialog

Bei Diskussionen, Konferenzen und Gesprächen fällt immer wieder auf, dass die Partner einander nur selten ausreden lassen und sich gegenseitig nicht zuhören. Die meisten Menschen sind beim Zuhören mehr mit sich selbst und ihren nächsten Argumenten beschäftigt als mit demjenigen, der gerade spricht. Jeder wartet auf sein Stichwort und versucht, so schnell wie möglich seine eigenen Vorstellungen und Ideen einzubringen. Von der Argumentation des anderen wird wenig wahrgenommen. Dies kann bei konfliktgeladenen Themen zu großen Missverständnissen führen. Hier ist es besonders wichtig, möglichst viele Informationen über die Ziele, Lösungsmodelle und Beweggründe des Konfliktpartners zu sammeln.

Beim aktiven Zuhören wird die Aufmerksamkeit bewusst auf den Sprechenden gerichtet und bei der Antwort eine kurze, den wichtigsten Argumenten entsprechende, Zusammenfassung angeboten. Diese Form des Dialoges ist nicht nur im Konfliktfall, sondern auch für alle Gespräche von großer Bedeutung.

Feedback

Ein wichtiger Punkt im Konfliktgespräch ist die Art, wie Sie reagieren, wenn Sie kritisiert werden. Um nicht in altes Konfliktverhalten zurückzufallen, vermeiden Sie folgende Fehler:

1. Unterbrechen des anderen
2. Ignorieren der Gefühle
3. Rechtfertigen und verteidigen
4. Unsachliches Bezweifeln des Sachverhaltes
5. Unsachlich, beleidigt oder gekränkt reagieren

Hier haben Sie die Möglichkeit, vom Konflikt zum Konsens zu gelangen. Auch wenn es im Berufsleben nicht immer eine Einigung geben kann, so sollen die Reaktionen den beruflichen Situationen angemessen sein und eine weitere konstruktive Zusammenarbeit ermöglichen.

3.5 Interkulturelle Moderation

FMEA-Moderation ist, in der fortscheitenden Globalisierung, immer mehr auf den internationalen Fertigungsverbund ausgerichtet. Meist wird in Englisch moderiert, um einem internationalen Anspruch zu genügen. Die eigenen erfolgreichen Werte und Normen werden bedenkenlos während der FMEA-Moderation den Kunden (Teilnehmern der FMEA- Moderation) gegenüber angewandt. Es wird allgemein angenommen, dass die außereuropäischen Moderationsteilnehmer – nachdem die Verkehrssprache als Verständigungsmittel angewandt ist – genauso zufrieden sind wie die deutschen und europäischen

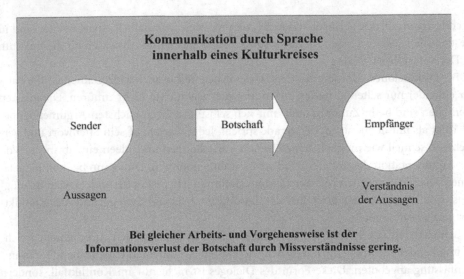

Kommunikation durch Sprache innerhalb eines Kulturkreises

Sender

Botschaft

Empfänger

Aussagen

Verständnis der Aussagen

Bei gleicher Arbeits- und Vorgehensweise ist der Informationsverlust der Botschaft durch Missverständnisse gering.

Abb. 3.7 Kommunikationsstruktur innerhalb eines Kulturkreises

Moderationsmitglieder. In vielen Kulturen stehen aber andere Werte als Qualitätsstandards und Effizienz im Vordergrund. Dort haben zum Beispiel das persönliche Kennenlernen oder die Rituale des Umgangs miteinander genauso wie ein veränderter Zeitbegriff einen hohen Stellenwert. Es ist nicht ausreichend, Kundenorientierung als pure Erfüllung von vertraglichen Pflichten zu sehen. Wichtiger erscheint hier die persönliche Beziehungspflege. Um die persönliche Beziehung aufzubauen und zu pflegen, muss man die kulturellen Besonderheiten des anderen verstehen, die eigene Voreingenommenheit begreifen und flexibel genug sein, um sich an die jeweiligen Situationen anzupassen. Treffen in der FMEA-Moderation Menschen unterschiedlicher Kulturen aufeinander, dann gibt es eine Reihe von Prozessen, die typisch dafür sind (Abb. 3.7).

Der erste Prozess ist meistens durch die Neugier auf die Person des FMEA-Moderators und dessen Verhalten bestimmt. Hier sollte eine nach außen sichtbare positive Moderationsatmosphäre erzeugt werden. Dies sollte jedoch nicht mit Akzeptanz verwechselt werden, da sich die Mitglieder der Moderation noch in der Phase des Abwartens und der Neugierde befinden.

Hier können Probleme nur dann ausgeschlossen beziehungsweise vermindert werden, wenn beide in Bezug auf ihr Verhalten sich aufeinander zu bewegen und einige Eigenschaften des Anderen akzeptieren und gegebenenfalls annehmen. Besonders bei der Vereinbarung von Terminen muss zwischen den Interaktionspartnern eine Einigung über deren Verbindlichkeit gefunden werden. Auch die Aktivität der FMEA-Moderationsmitglieder ist kein Gradmesser der Akzeptanz, da je nach Kulturkreis – meistens im asiatischen Raum, aber auch in der Türkei oder Finnland – sich die Menschen nur selten dadurch auszeichnen, dass sie die Gesprächs- oder Handlungsinitiative ergreifen. Hier ist die nonverbale Kommunikation ein wesentlicher Bestandteil der FMEA-Moderation. Die Menschen hören sich den Standpunkt des FMEA-Moderators an und lassen ihn ausreden ohne ihm direkt zuzustimmen. Erst nachdem sie darüber nachgedacht und das Gesagte

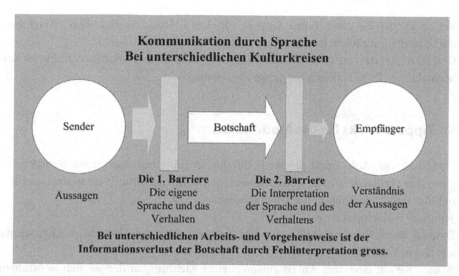

Abb. 3.8 Kommunikationsstruktur bei unterschiedlichen Kulturkreisen

mit ihrem Weltbild und ihrer Arbeitskultur abgestimmt haben, treffen sie Entscheidungen – die pro oder contra der vorgeschlagenen Vorgehensweise sein können (Abb. 3.8).

Im zweiten Prozess werden die kulturellen Unterschiede noch deutlicher. Der Lern- und Übungsprozess kann bei suboptimalem Vorgehen des FMEA-Moderators und möglichen Änderungsvorgaben der Arbeitsweise zu Verweigerung und Konflikten führen. Diese Haltungen werden selten offen dargestellt, so dass zwar vordergründig ein Erfolg in der FMEA-Moderation sichtbar ist, aber die Nachhaltigkeit und damit längerfristige Änderung der Arbeitsweise gefährdet wird. Hier muss der FMEA-Moderator mit viel Fingerspitzengefühl auf die Teilnehmer eingehen und die FMEA-Moderation auf den kulturellen Hintergrund abstimmen. Nur so kann die Moderation erfolgreich sein.

Missverständnisse und Mehrdeutigkeiten sind nicht allein auf die Probleme in der Verständigung zurückzuführen, sondern besitzen ihre Ursachen innerhalb der kulturellen Faktoren. Ein erfolgreicher FMEA-Moderator muss diese Faktoren bei interkulturellen FMEA-Moderationen immer berücksichtigen und seine Arbeits- und Vorgehensweise darauf abstimmen.

Folgende Punkte sind besonders hilfreich:

1. Klären Sie vor der FMEA-Moderation die kulturellen Hintergründe der Teilnehmer
2. Achten Sie auf kulturbedingte Unterschiede im Bereich der verbalen Kommunikation
   - Welche Kommunikationskultur ist in der Firma akzeptiert?
   - Wie werden Anweisungen gegeben?
   - Wie werden Fehler angesprochen, ohne dass ein Gesichtsverlust eintritt?
   - Wie wird gelobt und in welcher Lautstärke wird was kommuniziert?
3. Achten Sie im Bereich der nonverbalen Kommunikation auf:
   - Gesten, Handbewegungen
   - Augenkontakt

4. Verinnerlichen Sie einen tiefen Respekt vor dem Kulturkreis und allen Teilnehmern und treten Sie vor allem bescheidenen und mutig zugleich auf.

5. Beachten Sie das unterschiedliche Risikoverständniss verschiedener Kulturen und Mentalitäten. Protokollieren Sie genau alle Sitzungen.

3.6 Tipps & Tricks für die Moderation

- Planen Sie den Ablauf und die Methodik der FMEA-Moderation unter Berücksichtigung aller verfügbaren Informationen wie Unternehmenskultur, Wissensstand der Teilnehmer und Zieldefinition des Unternehmens.
- Stimmen Sie sich positiv ein.
- Denken Sie an Ihre letzte erfolgreiche Moderation oder etwas besonders Angenehmes aus Ihrem Umfeld.
- Achten Sie auf eine dem Anlass entsprechende Kleidung, in der Sie sich wohlfühlen, aber auch Ihre Firma vertreten.
- Beginnen Sie pünktlich zum angesetzten Zeitpunkt.
- Geben Sie den Teilnehmern eine Struktur durch eine Agenda vor und gliedern Sie die inhaltlichen Punkte.
- Erklären Sie den Teilnehmern die beabsichtigte Vorgehensweise zu den jeweiligen FMEA-Moderationsabschnitten und lassen Sie sich das Einverständnis der Teilnehmer geben.
- Bemühen Sie sich, alle Teilnehmer der Moderation gleichermaßen mit einzubeziehen.
- Sprechen Sie in kurzen und verständlichen Sätzen.
- Machen Sie gezielte Sprechpausen, um den Teilnehmern die Verarbeitung des Gesagten zu ermöglichen.
- Setzen Sie Ihre Stimme gezielt ein, um Aufmerksamkeit zu erzeugen.
- Sprechen Sie laut und deutlich und damit für die Teilnehmer verständlich.
- Ändern Sie während Ihrer Moderation auch die Sprechweise.
- Sprechen Sie die Teilnehmer ihrer FMEA-Moderation namentlich an.
- Setzen Sie Ihre Gestik gezielt ein, um Aufmerksamkeit zu gewinnen.
- Kündigen Sie einen Höhepunkt oder eine Pause an
- Machen Sie jeweils nach maximal 90 min eine kurze Pause, damit die Teilnehmer wieder mit voller Konzentration weiterarbeiten können.
- Sorgen Sie für frische Luft im Raum.
- Fassen Sie die wichtigsten Aussagen Ihrer Moderation kurz und prägnant zusammen.
- Bedanken Sie sich immer bei den Teilnehmern der Moderation.
- Verabschieden Sie ihre Teilnehmer persönlich und bieten Sie weitere Unterstützung an.

Nachhaltige Einführung im Betrieb

Aus Arbeiten von Stefan Dapper

4

Martin Werdich und Stefan Dapper

Die Einführung der FMEA in einen Betrieb gestaltet sich nicht immer einfach und ist von ein paar entscheidenden Faktoren abhängig. Erfolg und Misserfolg liegen hier sehr nah zusammen. Die Einführung der FMEA-Methode lässt sich in drei prinzipielle Schritte unterteilen:

1. Grundsätzliche Einführung der FMEA
2. Durchdringung der FMEA-Methode in alle Unternehmensbereiche
3. Nachhaltige Umsetzung und Pflege der FMEA

Bei der erstmaligen oder grundsätzlichen Einführung der FMEA in einem Betrieb hängt der Erfolg sehr davon ab, welchen Weg das Unternehmen einschlägt. Einführung TOP-DOWN oder BOTTOM-UP haben erfahrungsgemäß sehr unterschiedliche Wirkungen. Ebenso ist die Frage, ob ein interner oder externer Moderator eingesetzt wird, oft der Schlüssel zum Erfolg. Es gibt aber auch grundsätzliche Unternehmenskulturen, die die Einführung einer neuen Methode begünstigen oder stark behindern. Funktionierende interne Kommunikation über alle Unternehmensbereiche hinweg ist hier ein starker und zielführender Faktor.

Die Kommunikation ist auch für die Durchdringung der FMEA in alle Unternehmensbereiche hilfreich. Die Erfahrung zeigt aber, dass es trotz guter Kommunikation eines erfahrenen und aktiven „Treibers" bedarf. Dennoch lässt sich beobachten, dass es einige Monate bis zu zwei Jahre dauern kann, vorausgesetzt der „Treiber" erfüllt seinen Job, bis eine flächendeckende nachhaltige Verbreitung der FMEA stattgefunden hat.

Die Umsetzung im Tagesgeschäft und die Pflege der FMEA erfordern dann noch einmal eine gemeinsame Anstrengung. Ein funktionierendes Regelwerk, in welchem die

M. Werdich (✉)
Am Engelberg 28, 88239, Wangen im Allgäu Deutschland
E-Mail: mwerdich@web.de

S. Dapper
Mühlweg 33, 71093 Weil im Schönbuch Deutschland
E-Mail: Stefan.Dapper@DasIngenieurbuero.de

M. Werdich (Hrsg.), *FMEA – Einführung und Moderation*, DOI 10.1007/978-3-8348-2217-8_4,   97
© Vieweg+Teubner Verlag | Springer Fachmedien Wiesbaden 2012

methodischen und praktischen Ansätze festgeschrieben werden, ist die Basis für die FMEA im täglichen Umgang. Die FMEA wird Bestandteil des Entwicklungsprozesses sowohl in der Produkt- als auch in der Prozess-Phase.

4.1   Motivation der Einführung

Das Wissen um die Garantie- und Gewährleistungskosten, die jährlich eine Rückstellung bis zu 70 % des erwarteten Gewinnes betragen, sollte Motivation genug sein. Zusätzlich kommt hier noch der nicht zu unterschätzende Faktor der Kundenzufriedenheit.

Zusätzlich entsteht im Unternehmen eine hohe Motivation zur Einführung der FMEA dadurch, dass die Entwicklungszeiten und Reaktionszeiten für Änderungen am Produkt immer kürzer werden. Auf bestehendes Wissen zurückzugreifen und sich auf Neuerungen und Veränderungen zu konzentrieren, wird immer mehr zur zwingenden Notwendigkeit. Das Schaffen von Vertrauen durch übersichtliche Strukturen des Betrachtungsumfangs und das Erkennen der logischen Zusammenhänge der Funktionen ist eine nicht zu unterschätzende Größe dabei. Es erlaubt den Verantwortlichen, die wesentlichen Elemente und Funktionen zu konzentrieren.

Da diese Zusammenhänge mittlerweile allgemein anerkannt sind, ist die FMEA ein zentraler Bestandteil des Zertifizierungsprozesses und der Freigabeprozesse für neue Serienprodukte. Erfahrungsgemäß erleben einige Unternehmen die Vorteile der FMEA erst dadurch, dass sie durch bestehendes Regelwerk zur FMEA gezwungen werden. Wenn dann schon Arbeit in die FMEA investiert werden muss, dann soll diese auch so nutzbringend wie möglich sein.

Dies ist ebenfalls einer der Gründe, die FMEA immer früher in den Entwicklungsprozess mit einzubinden.

4.2   Interner oder externer Moderator

Dass ein FMEA-Moderator die Qualität und die Einführung der FMEA entscheidend beeinflussen kann, steht außer Frage. Die Frage, ob es ein interner oder externer Moderator sein soll, kann jedoch nicht pauschal beantwortet werden.

Vorteile eines internen Moderators:

- Er kennt die innerbetrieblichen Abläufe sehr gut.
- Er kennt meist das Produkt und die Produktspezialisten.

Nachteile eines internen Moderators:

- Seine größte Schwierigkeit ist, das ausschließlich methodische Vorgehen von den fachlichen Zwängen zu trennen.

- Seine Aussagen und Meinungen haben oft nur geringes Gewicht unter den Kollegen.
- Er ist dem Management unterstellt – und damit leichter zu beeinflussen (nicht schmerzfrei).
- Er ist evtl. „betriebsblind".
- Interne Moderatoren stammen oft aus der Linie und moderieren nur gelegentlich. Daraus folgen ungenügende Moderations-, Methoden- und Softwarekenntnisse. Somit sind oft die Güte und der Nutzen der FMEA nicht besonders gut.
- Interne Prozesse und administrative Aufgaben können die Anzahl der tatsächlichen FMEA-Arbeitsstunden des internen Moderators sehr weit nach unten bringen. Ein externer Top-Spezialist, der nur seine geleisteten FMEA-Stunden abrechnet, ist somit oft erheblich günstiger, vor allem, wenn man diesen nur ab und zu benötigt. (Frage: Wie viel Prozent der Arbeitszeit Ihres Moderators sind tatsächlich Moderations- bzw. reine FMEA-Arbeit?)

Vorteile eines externen Moderators:

- Zugekaufte Leistung ist anders abrechenbar. Es laufen keine Fixkosten auf.
- Gute externe Moderatoren halten sich auf eigene Kosten auf dem Stand der Technik/ Methode.
- Spezialisierung auf ein einziges Thema (FMEA) und Kennen mehrerer Kunden. Dadurch besitzt ein externer Moderator meist eine hohe Moderations-, Methoden- und Softwarekompetenz.
- Relativ unabhängig von firmeninternen (politischen) Abhängigkeiten.
- Bei externen Moderatoren ist eine höhere Akzeptanz seitens des Team und des Managements gegeben.
- Termine werden besser eingehalten und die Mitarbeit und Zielstrebigkeit ist höher (schließlich kostet der externe ja Geld, der interne ist ja sowieso da).

Nachteile eines externen Moderators:

- Nicht jederzeit verfügbar
- Setup dauert oft länger
- Er bringt seinen eigenen Stil in die Firma, was unter Umständen zu Irritationen in den starren Prozessen führt (könnte aber durch gute interne Koordinatoren als Vorteil genutzt werden).

Je nach Organisation und Größe des Unternehmens kann ein Optimum eine Mischung zwischen internen und externen FMEA-Spezialisten sein. Hier übernehmen die internen am besten die Koordination der FMEAs, Synchronisation der Methodikdetails durch klare Anweisungen und Auswahl der externen Mitarbeiter.

Nach meiner Erfahrung sind zwei Arten von FMEA-Moderatoren auf dem freien Markt. Dies sind zum einen die erfahrenen Experten, die in der Lage sind, Ihre FMEA-Anforderungen so optimal umzusetzen, dass Sie einen optimalen Nutzen in möglichst kurzer Zeit bekommen. Diese Spezialisten sind selten in Vollzeit buchbar, da diese naturgemäß viele verschiedene Kunden haben und viel Zeit für Weiterbildung investieren. Zum anderen sind es die Moderatoren, die eine quasi Festanstellung suchen, meist „Greenhorns" sind und zum halben Preis über mehrere Monate am Stück zu 100 % buchbar sind. Auch hier ist eine Mischung durchaus sinnvoll. Zuerst sollte der Experte die FMEA in die richtige Richtung auf den Weg bringen, um diese dann durch den „Moderator vor Ort" abarbeiten zu lassen.

Beste Ergebnisse und ein optimales Preis-Leistungs-Verhältnis lassen sich mit gelegentlichen Expertenworkshops erreichen (2–4 Mal pro Jahr). In einem ausgesuchten Kreis von externen FMEA-Spezialisten, Verantwortlichen der internen Qualität und den intern tätigen FMEA-Moderatoren kann die FMEA-Qualität relativ zum Aufwand innerhalb kurzer Zeit erheblich gesteigert werden.

4.3 Psychologie erfolgreicher FMEA-Einführung

Der Mensch Das Wichtigste bei der Einführung der FMEA ist der Faktor Mensch. In unserem Fall sind das die vorgesetzten Auftraggeber, die verantwortlichen Projekt- und Produktleiter, die teilnehmenden Spezialisten, die überwachenden Qualitätern und alle anderen eingeladenen Personen. Diesen allen muss geholfen werden, ihre Aufgabe mit FMEA besser zu bewerkstelligen.

Der FMEA-Experte muss den Mehrwert für alle Teilnehmer der FMEA herausarbeiten. Ein paar Beispiele in Kürze:

FMEA ist nur ein Modell Es muss dem Moderator klar sein, dass die Methode FMEA nur ein Modell der Wirklichkeit darstellt und zunächst nicht das Maß der Dinge ist. Daher sollte die FMEA die Realität abbilden. Je mehr Kompromisse gemacht werden müssen, desto weniger wird die Akzeptanz dieser Methode bei den Beteiligten sein.

Vorgesetzter/ Auftraggeber	Erheblich frühere Übersicht der Risiken und den „echten" (unbeschönigten, filterlosen) Stand der Entwicklung. Erhöhte Produktivität der Entwicklung.
Verantw. Projekt- und Produktleiter	Zusammenführen der „Spezialisteninseln", Fäden in die Hand für Tracking, Wissensspeicher als Vorlage (z. B. generische FMEA) für Varianten und Folgeprojekte.
Teilnehmende Spezialisten	Transparentes Hervorheben der Probleme, Rückmeldung zur Projektleitung, Informations- Synchronisation der Produktbeteiligten. Geringerer absoluter Aufwand als ohne FMEA.
Überwachende Qualitäter	Übersichtliche Dokumentation, detaillierte Kontrolle DVP – FMEA-Anforderung. höhere Entwicklungs- und Produktqualität.
Schnittstellenbeauftragte (z. B. Prozess)	Durchgängige Informationen, automatisiertes Übergeben und Hilfe zur Integration, Feedback aus den Bereichen direkt in der FMEA dokumentiert (für die Zukunft).

Viele und unbedachte Regeln für die FMEA (oder besondere Merkmale) können hier mehr Probleme bereiten als vermeiden. Zuwenige Vorgaben sind allerdings ebenso irritierend. Holen Sie sich zum Überarbeiten Ihrer Arbeitsvorschriften einen international tätigen FMEA-Experten mit Kenntnissen aus vielen Projekten aus Firmen von Zulieferern bis zu OEMs (Original Equipment Manufacturer).

Der richtige Zeitpunkt Eine zu spät begonnene FMEA wird niemals die Akzeptanz finden, da eine spät entdeckte notwendige Änderung mehr Arbeit und Geld kostet und das Nachtragen schon längst vollzogener Gedankengänge den Eindruck überflüssiger, zusätzlicher Arbeit bei dem Team weckt.

Der rechtzeitige Start der FMEA als Teil des Entwicklungsprozesses und das strukturierte Arbeiten und Erkennen der Zusammenhänge der Funktionen führt zur wesentlich höheren Akzeptanz als ein blindes Fehlersuchen.

Informationsfluss über die Grenzen Beim Besprechen und Beschreiben der Systemelemente, der Funktionen, der Fehler und der Maßnahmen werden systematisch Informationen über Fachgrenzen ausgetauscht. Somit findet das Team früher zusammen und einige Sackgassen werden vermieden. Das Team wird synchronisiert und lernt schnell, die FMEA als Informationsspeicher zu nutzen.

Der Moderator sowie der Projektleiter sind hier gefordert, diese Informationen auch allen transparent anzubieten.

4.4 Top down –Einführung

Die FMEA kann nur über die Akzeptanz seitens des Managements richtig eingeführt werden. Schließlich sitzen hier die Entscheider für das Budget. Solange FMEA als lästiges Übel gesehen wird, werden kaum Gelder, Ressourcen der Mitarbeiter und FMEA-gerechte Terminpläne eingeplant werden. Dies aber ist Grundvoraussetzung einer guten FMEA.

Es müssen folgende Themenbereiche am besten von der zentralen (Firmen-) Prozessverantwortlichen aktiv betrachtet werden:

- Kultur der Firma und deren Mitarbeiter (Information, Marketing, Top down Rollout)
- Methodentraining (Experten, Moderatoren, Team Mitglieder)
- Software (Anforderungen, Rollout, Pflege)
- Wissensstände und Datenbanken (8D, Leesons Learned, generische FMEA, Key users)
- Anforderungen an das Coaching (Strategie, Regeln, Experten-Tag, Forum)

Stolpersteine in der Praxis (oder: Wie bringe ich eine FMEA sicher zum Scheitern)

5

Martin Werdich und Ralf Baßler

5.1 Ablehnung durch Angst

Ablehnung der Methode durch die Mitarbeiter und Manager wegen Angst vor neuen, komplizierten und komplexen Prozessen.

5.2 Fehlende oder unzureichende Strukturanalyse

5.2.1 Tipps für eine gute Strukturanalyse

Das Nichterarbeiten einer gemeinsam überlegten und optimierten Strukturanalyse kann zu überflüssigen Diskussionen aufgrund von Missverständnissen in den Sitzungen sowie bis zum Nichtverstehen des Produktes führen.

TIPP 1: Eine gute und übersichtliche Strukturanalyse hat mindestens so viele System- elemente wie Zeichnungen, die für das funktionierende Produkt notwendig sind. (Falls nicht, sollte überlegt werden, ob die Zeichnung überhaupt notwendig ist, da diese offen- sichtlich keinerlei Funktionalität hat.)

TIPP 2: Vereinheitlichen Sie in diesem Zuge die Nomenklatur in dem jeweiligen Projekt.

5.2.2 Aufbau der Strukturanalyse

Ralf Baßler

M. Werdich (✉)
Am Engelberg 28, 88239, Wangen im Allgäu Deutschland
E-Mail: mwerdich@web.de

R. Baßler
Robert Bosch GmbH, Robert-Bosch-Straße 1, Bühl Deutschland

M. Werdich (Hrsg.), *FMEA – Einführung und Moderation*, DOI 10.1007/978-3-8348-2217-8_5,   103
© Vieweg+Teubner Verlag | Springer Fachmedien Wiesbaden 2012

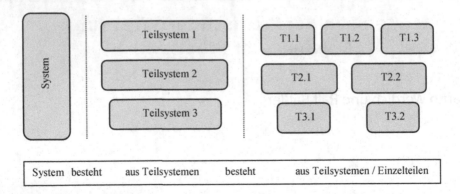

Abb. 5.1 Schema: Strukturanalyse. (Quelle: Ralf Baßler) (s. Kap. 2.4 Strukturanalyse)

Der Aufbau einer Struktur ist immens wichtig für das logische „Sich Wiederfinden" in der FMEA.

Oft wird noch die Struktur in nur 3 Ebenen unterteilt. Dies geschieht durch das Orientieren am Formblatt und Anpassen der Struktur an die 3 Spalten: Fehlerfolge, Fehler und Fehlerursache.

Die Struktur der FMEA sollte aber laut VDA und meinen Erfahrungen den realen Aufbau des zu betrachtenden Produktes widerspiegeln.

In der Praxis hat sich bei der Produkt-FMEA der Aufbau nach hierarchischer Stückliste bewährt. Prinzipiell sind das dann lauter SUB-FMEAs, die vom System, über Zusammenbauebene bis hin zur Bauteilebene, strukturiert aufgebaut sind. Dies hat auch den Vorteil, dass jederzeit einzelne Bauteile, Baugruppen oder Subsysteme wiederverwendet werden können.

Bei der Prozess-FMEA empfiehlt es sich, exakt den Prozess abzubilden, wobei aus Übersichtsgründen durchaus ein weiteres Strukturelement in die FMEA aufgenommen werden kann, welches nur der Übersicht und Einordnung des Produktes in den Linienablauf dient, nicht aber Bestandteil der Betrachtung ist und somit auch nicht im Formblatt erscheint. Intelligente Software kann diese „Übersichtselemente" aus der FMEA bzw. dem Formblättern ausblenden.

Fazit: Die Struktur der FMEA sollte den Produkt- oder Linienaufbau möglichst genau nachbilden (Abb. 5.1).

Strukturanalyse
Input: Konzepte, Entwürfe, Modelle, ggf. Stücklisten, …
Zweck:

- Übersicht des Produktes/Prozesses erstellen
- Gemeinsames Systemverständnis erreichen
- Blockschaltbild bzw. Prozessablaufdiagramm erstellen
- Systemelemente identifizieren und Systemstruktur erstellen, Verantwortlichkeiten einzelner Strukturzweige festlegen

Output: Funktionierende Produkt- bzw. Prozess-Struktur

5.3 Funktionen erfinden

5.3.1 Negative Fehler

„Negative Fehler sind keine Funktionen." (Ein typisches Beispiel ist hier: „Geräusche vermeiden".) Dieser Fehler ist besonders beliebt, wenn ein unerfahrener Moderator meint, jede Anforderung als „Pseudofunktion" abbilden zu wollen. Verschärft wird dieser folgenschwere Fehler, wenn dies auch noch auf dem übergeordneten System erfolgt. Dann nämlich vergrößert sich die FMEA exponentiell ins Unsinnige.

5.3.2 Funktionen in der FMEA-Struktur

Ralf Baßler

Immer wieder werden Funktionen erfunden, wobei der Fantasie der Teilnehmer teilweise anscheinend keine Grenzen gesetzt sind. Funktionen sind keine Ergebnisse von Ratespielen. Funktionen in den obersten Strukturebenen sind in erster Linie die geforderten Merkmale und Anforderungen an das Gesamtsystem.

Funktionen aus der 2. Strukturebene beschreiben die Anforderungen des benötigten Strukturelements zur Erfüllung der Gesamtfunktion.

Nach Möglichkeit wird jede Funktion exakt mit Zahlen, Daten und Fakten belegt. Damit ergeben sich berechenbare Größen und im Optimalfall steht hinter der Verknüpfung von der 1. zur 2. Ebene schon eine Berechnung. (Als Beispiel, um 100 % einer Funktion der Topebene zu erfüllen, sind drei Bauteile der 2. Ebene nötig. Jetzt wird genau beschrieben, was jedes dieser Bauteile erfüllen muss, um den notwendigen Anteil zur Gesamtfunktion beizutragen. Folglich besteht hier schon in der frühen Phase der FMEA die Möglichkeit zu erkennen, dass unter Umständen ein Element der 2. Ebene den geforderten Funktionsumfang gar nicht leisten kann und somit die zwei anderen Elemente zusätzlich einen Part übernehmen müssen. Damit ergeben sich frühzeitig Möglichkeiten, die eine konstruktive Änderung begründen, welche faktisch hinterlegt in die Produktentwicklung eingeführt werden kann.

Diese Erkenntnis führt im Übrigen auch dazu, dass die FMEA von ehemaligen Qualitätssicherungsgedanken weg und zum Produktentstehungsprozess hinrückt.

Die FMEA, das zentrales Element im Produktentstehungsprozess – darauf arbeiten wir hin.

Input der Funktionsanalyse:	Anforderungen (Lastenhefte, Pflichtenheft) Arbeitspläne Zeichnungen, …
Zweck der Funktionsanalyse:	Übersicht der Funktionalität von Produkt/Prozess Erkennen von Wechselwirkungen gemeinsames Verständnis der Anforderungen
Output der Funktionsanalyse:	Funktionale Zusammenhänge (Funktionsnetz) Anforderungskorrekturen Anforderungsergänzungen

5.4   Lügen und betrügen in der Risikobewertung (Schwellenwert)

Die Risikobewertung dient dazu, den Ist-Stand eines betrachteten Projektes zu bewerten und Hinweise bzw. Aussagen über die Dringlichkeit der Abarbeitung der erkannten Fehlermöglichkeiten zu geben.

Wie diese Bewertung vorzunehmen ist (oder auch nicht), ist sicher in genügend Büchern und auch in diesem Buch ausführlich beschrieben. (Siehe Kapitel „Bewertung der Maßnahmen").

Es wird nirgendwo mehr gelogen als bei der Bewertung, gleichgültig ob die Bedeutung, das Auftreten oder die Entdeckung bewertet wird. Schuld ist oft der Versuch, irgendeine vorgegebene RPZ einzuhalten und den Auditoren keine Angriffsfläche zu bieten. Eine im VDA als Beispiel genannte Zahl von RPZ 125 wird oft als Eingriffsgrenze genommen. Es sind sogar schon Direktiven von RPZ > 30 bekannt geworden (Blamage eines großen OEMs vor der gesamten Fachwelt). Wie bereits ausgeführt, ist die RPZ kein zuverlässiger Risikoindikator.

Das Problem ist, dass wir uns bewusst werden müssen, dass ein Auto ein sicherheitsrelevantes Gerät ist und bleibt, das durch Direktiven nicht risikolos werden wird. Für das Produkt wäre es das Beste, wenn alle Beteiligten ehrlich mit den Risiken umgehen lernen. Wer das Risiko nicht kennt, kann es nicht vermindern.

Merke: Ein Schwellenwert führt zu schlechten und verlogenen FMEAs, die dem Produkt mehr schaden als nutzen.

5.5   Kulturloser Einsatz von Werkzeugen

Oft werden Methoden eingeführt, ohne den kulturellen Hintergrund der Mitarbeiter oder die Unternehmenskultur zu beachten.

Mit der Beschaffung eines Werkzeuges wie der FMEA, ist die Kultur einer Firma noch lange nicht umgestellt und das Unternehmen produziert danach nicht ab sofort bessere Qualität. Meist wirkt eine dilettantische oder lieblose Einführung des Werkzeuges sogar kontraproduktiv zur Produktqualität. Die daraufhin folgende Stimmung aller Beteiligten kann eine Firma bis an den Rand der Belastung (und darüber hinaus) führen.

Beispiel DRBFM: Eine der Schwierigkeiten des DRBFM-Einsatzes ist die in vielen Köpfen herrschende Meinung, dass sich diese Methode wesentlich besser für Entwicklungen eignen würde als die bisher zu aufwendige, und allen Entwicklern lästige, FMEA. Diese wurde in diesem Fall aber nie richtig gelebt. Meist wird dann die DRBFM mit dem gleichen (geringen) Engagement betrieben wie die gescheiterte FMEA, so ist auch diese Methode zum Scheitern verurteilt. Hier fehlt oft das Verständnis einer fundierten Ursachenanalyse. (Hier wäre eine fundierte FMEA im Vorfeld – und dort, wo neue oder erhöhte Risiken gefunden werden – eine ergänzende DRBFM besser.)

Noch schlimmer ist es, wenn man die Mitarbeiter mit immer neuen Methoden (da die alten ja nicht gut genug waren) konfrontiert und demotiviert oder aufgrund fehlender Methodenkompetenz der Entscheider die falsche Methode oder Software einsetzt.

Eine FMEA ist inhaltlich immer nur so gut wie die Teilnehmer, wobei die Motivation der Teilnehmer unter anderem auch davon abhängt, wie die FMEA geplant und akzeptiert ist (Starttermin, Ressourcen, Auslastung der MA).

Nur eine professionell koordinierte Top-Down-Einführung in die Methode mit paralleler firmenkultureller Anpassung und Abschaffung von redundanten Arbeiten kann zu einer erfolgreichen und schlussendlich verbesserten Produktqualität führen.

5.6   Redundanzen von Tools

Oft existieren in Unternehmen viele ähnliche Methoden, die alle Zeit und Geld kosten, ohne dass die eine von der anderen profitiert oder aufeinander abgestimmt ist. Schlimm genug, dass es Unternehmen gibt, die ähnliche Methoden (z. B. FMEA und DRBFM) parallel einsetzten, anstatt die Vorteile der passenden Methoden zu nutzen und sie gegenseitig ergänzen.

Es folgen Beispiele von möglichen Doppelarbeiten innerhalb der gleichen Firma. Bei den folgenden Werkzeugen sind große Schnittmengen möglich, die allerdings nur in wenigen Firmen konsequent und automatisiert genutzt werden.

- Anforderungsmanagement
- FMEA
- FTA
- FMEDA
- SCA
- HAZOP
- ETA
- Projektmanagement

Die Gründe, die hierzu führen, sind unterschiedlich:

- Firmenpolitische Machtspielchen auf Kosten der Effizienz des Gesamtkonstrukts
- Unterschiedliche Sichtweisen, um Themen zu betrachten
- Tools, die sehr speziell sind und methodenverwandte Themen nicht bedienen, meist sogar diese mit keiner vernünftigen Schnittstelle versehen
- Sehr hohe Spezialisierung der Entscheidungsträger gepaart mit zuwenig übergreifendem Fachwissen
- Fehlende Methodenkompetenz der Entscheider
- Korruption
- Firmenkultur von Helden und „alten erfahrenen Haudegen"

Hier hilft nur eine konsequente Aufarbeitung der gelebten Prozesse mit Optimierung. Dies darf allerdings nicht nur akademisch und losgelöst von diesen Helden erfolgen.

5.7   FMEA als Anforderungsmanagement

Wie im Kap. 5.3 (Funktionen erfinden) ausgeführt, führt die Abbildung aller Anforderungen des Lastenheftes in der Folgen- oder Fehlerebene zu Vielfachbetrachtungen. Dies schadet der Produktqualität, da sich der Fokus nicht auf die Hauptfunktionen und deren möglichen Fehlfunktionen richtet. Die wirklichen und internen Funktionen werden in dieses Fällen oft nicht ausreichend gefunden oder analysiert.

Zudem verliert das beteiligte Team schnell die Lust an der FMEA, da die Sinnhaftigkeit bei Mehrfachbetrachtungen, besonders bei den inzwischen schnellen Entwicklungszyklen bei gleichzeitig eingeschränkten Kapazitäten, angezweifelt wird. Die Folge ist, dass nicht mehr genügend Konzentration auf die funktionsrelevanten Fehlermöglichkeiten aufgebracht werden kann.

5.8   Die falschen Personen im Team

Eine wunderbar katastrophale Zusammensetzung mit 100 %igem Crash ergibt sich, wenn ein interner junger Moderator und ein – an der FMEA desinteressierten Projektleiter, der womöglich noch neu im Unternehmen ist – gemeinsam versuchen, erfahrene Spezialisten zu steuern. Auf Platz zwei kommt dann gleich, wenn die erfahrenen Spezialisten mehrere ihrer jungen Kollegen zur FMEA-Sitzung schicken, da sie selbst keine Zeit haben.

Auftraggeber:

Ein Auftraggeber, der Kunde oder der Vorgesetzte stören im Allgemeinen die FMEA-Sitzung. Sie alle haben das Potential, die kreative Atmosphäre der Spezialisten aufgrund ihrer Dominanz massiv zu stören. Zudem verleitet das Abhängigkeitsverhältnis dazu, nicht die Wahrheit zu sagen oder nur Teilinformationen zu erwähnen. Als Ausnahme gelten hier die informierenden Sitzungen, in denen die Informationen des genannten Personenkreises abgefragt oder die Ergebnisse zur Diskussion gezeigt werden.

Moderator:

Ein firmenintern „aufgezogener" FMEA-Moderator wird es immer sehr schwer haben, die alt gedienten und erfahrenen Spezialisten in das Team zu integrieren und die für die FMEA-Methode notwendigen Informationen ehrlich, in einem vernünftigen Zeitraum und in der notwendigen Betrachtungstiefe zu bekommen.

Die Entscheidung, ob ein externer oder interner Moderator das FMEA-Team besser führen kann, ist von Fall zu Fall unter Berücksichtigung der Zusammensetzung zu entscheiden.

Projektleiter:

Der Projektleiter ist die zweite Schüsselperson für eine erfolgreiche FMEA. Dieser muss Methodengrundverständnis besitzen und offen den Vorschlägen des Moderators folgen. Aber noch wichtiger als die Methode ist der Wille, eine gute FMEA abzuliefern. Eine zu niedrige Priorisierung bzw. zu lasche Einstellung gegenüber der FMEA-Erstellung führt unweigerlich zu einer halbherzigen, zeitversetzten und somit nutzlosen FMEA. Ein Projektleiter, der die Erstellung der FMEA an den Moderator abgibt, hat weder den Zweck der

FMEA verstanden noch wird er dem folgenden Projekt eine brauchbare FMEA hinterlassen oder durch die FMEA die Qualität des Produktes verbessern.

Ein guter Projektleiter muss die Machtstrukturen in der Firma nicht nur kennen, sondern auch beeinflussen und mit ihnen spielen können. Er muss in der Lage sein, die Spezialisten bei Bedarf in die FMEA-Sitzung zu bringen und ihnen die entwickelten Maßnahmen zu delegieren.

Spezialisten:

Als Spezialisten sollten jeweils die besten der jeweiligen Fachgebiete der Firma sowie der das Projekt betreuende Sachbearbeiter dabei sein. Somit ist gewährleistet, dass das Firmen-Know-how und das Projekt-Know-how zusammenkommen.

Wenn immer alle Spezialisten des FMEA-Teams bei jeder Sitzung dabei sind, werden immer einige untätig und gelangweilt herumsitzen, sich mit ihren E-Mails beschäftigen und unproduktiven Druck mit unnötigen Kommentaren aufbauen. Eine in der Praxis bewährte Zusammensetzung ist: Projektleiter und Moderator sind immer anwesend, wohingegen Spezialisten nur am Anfang und bei konsolidierenden Schnittstellenbesprechungen teilnehmen. Aus den Fachgebieten sollten immer nur die Leute dabei sein, die sich in der Tiefe auskennen. Die Anderen müssen allerdings während der Sitzung telefonisch erreichbar und evtl. abrufbar sein.

5.9   Methodische Diskussionen in der FMEA-Sitzung mit den Fachspezialisten

Diese unnötigen, zeitaufwendigen und nervigen Diskussionen kommen zum Beispiel von:

- Ablehnung der Methode oder der internen Firmenvorgaben
- Störungen durch unsinnige Konzernvorgaben
- Ablehnung des Moderators oder anderer Teammitglieder
- Besserwisserei, Heldentum, Wichtigtuerei
- Aktiver Sabotage
- Immer zutreffend: Unzureichenden Methodenkenntnissen von einzelnen Teammitgliedern

Diese können nur von einem kompetenten und methodensicheren Moderator unterbunden werden. Der Moderator wird dabei unterstützt, wenn die Teammitglieder gut und ausreichend geschult wurden.

Am besten werden Diskussionsansätze vom Moderator als positives Feedback erkannt und sofort als Optimierungsvorschlag in die FMEA eingearbeitet oder die Gegenposition so gut begründet, dass der Teilnehmer ein „AHA"- Erlebnis mit nach Hause nimmt. In beiden Fällen ist das FMEA-Team begeistert.

Wichtig hierbei ist, dass der Moderator schnell und frühzeitig auf Konfliktvermeidung umschaltet.

5.10 Risikobewertung mittels RPZ und Schwellwerten

Wird ausschließlich die RPZ zur Risikobewertung herangezogen, ist es möglich, dass Risiken (aus meiner Erfahrung im Schnitt ca.3–8 %) aus der Betrachtung schlüpfen und somit übersehen werden.

In allen Methodenbeschreibungen (VDA, AIAG, DGQ, …) wird die Verwendung der RPZ nicht als geeignete Risikoabschätzung empfohlen. Die Produkthaftung sagt ganz klar, dass alles für die Sicherheit getan werden muss, das dem Stand der Technik entspricht und wirtschaftlich vertretbar ist.

Klar und deutlich ausgedrückt bedeutet das, wer Schwellwerte für die RPZ vorgibt, wird einige Risiken übersehen und andere Fehler überbewerten. Somit vermeidet eine „Schwellwert-Firma" das optimale Produkt und begibt sich haftungstechnisch auf labilen Boden.

Ausführliche Betrachtungen und alternative Risikoabschätzungen finden Sie ausführlich im Kap. 2.6.

5.11 „FMEA ist ein Qualitätstool"

Die FMEA ist ein Werkzeug, das, im Sinne des VDA, vernünftigerweise schon zu Beginn der Entwicklung eingesetzt wird um Produkte und Prozesse präventiv zu verbessern und zu dokumentieren. Die FMEA ist also eher ein, von Entwicklern benutztes, Entwicklungstool.

Um FMEAs effektiv und effizient durchzuführen, sollte die zentrale Verantwortung weder in den Qualitätsbereichen noch in den einzelnen Abteilungen oder im Projektmanagement liegen. Am besten werden Doppelarbeiten und wilde methodische Ausuferungen vermieden, indem die oberste prozessverantwortliche Stabsstelle gewählt wird. (Diese Erkenntnis haben viele meiner Kollegen und ich in zahlreichen Firmen aller Größenordnungen gewonnen.)

5.12 Denkfallen für Experten (typische Fehler)

Aus einem Vortrag von Winfried Dietz auf dem FMEA Experten Forum 2011.

Auch Experten sind Menschen und somit gar nicht so rational, wie sie sich gerne darstellen. In der FMEA Entwicklung stellen Denkfehler der Beteiligten eine große Herausforderung dar.

Häufung:

Haben die Experten bestimmte Fehlfunktionen in letzter Zeit häufig erlebt, erhöht sich die Wahrscheinlichkeit, dass diese Fehlfunktionen eine dominante Rolle in der FMEA erhalten. Dagegen werden Fehlfunktionen, die lange Zeit nicht mehr aufgetreten sind übersehen oder als unwahrscheinlich eingeschätzt.

Wahrscheinlichkeit:
Obwohl potentielle Fehlfunktionen eines Systems auf verschieden Ursachen beruhen können, legen sich Experten gerne auf jene Ursachen fest, die statistisch am häufigsten vorkommen

Psychatrisierung:
Experten erklären schwer erklärbare Fehlfunktionen damit, dass beteiligten Personen sich nicht korrekt verhalten.

Hoffnung auf guten Ausgang:
Experten identifizieren bestimmte Ursachen unbewusst häufiger, weil diese einfacher zu eliminieren sind.

Vermessenheit:
Experten neigen dazu, ihre Fähigkeiten zu überschätzen. Daher werden identifizierte Ursache – Fehlerbeziehung zu wenig in Frage gestellt.

Versunkene Kosten:
Je mehr Zeit und Arbeit u. Geld bereits in einen bestimmten Ursache- Wirkungs- Zusammenhang investiert wurde, desto geringer ist die Bereitschaft, andere Ursachen in Betracht zu ziehen.

Selektive Wahrnehmung:
Auch Experten erkennen nur noch Ursachen an, die ihre Vermutung stützen und ignorieren widersprechende Fakten.

5.13 „So nicht"-FMEA (typische Fehler-Beispiele)

In diesem Kapitel dürfen Sie sich als FMEA-Auditor fühlen und können selbst aktiv werden. Finden Sie in dem folgenden FMEA-Formblatt so viele Fehler wie möglich (kleiner Tipp: Es sind deutlich über 20 Fehler). Diese Übung hilft Ihnen auf spielerische Art, einen großen Teil Ihres erlernten FMEA-Wissens zu wiederholen (Abb. 5.2).

(Die Lösung wird im Anhang A3 aufgezeigt.)

Fehler Möglichkeit und Einfluss Analyse

Konstruktions- FMEA

System	Lenksystem
Untersystem	Lenksäule
Bauteil	Welle
Model/Jahr	2010
Kernteam	John Meier

verantw. Konstr.: John Meier
Datum: 08.06.2010

FMEA-Nummer:
Seite: 1 von 1
Erstellt von: John Meier
FMEA-Datum: 08.06.2010

Funktion	Möglicher Fehler	Mögliche Folgen des Fehlers	Bed	Klass	Mögliche Ursachen des Fehlers	Auftr	Derzeitige Konstruktions-lenkungsmethode	Entd	RPZ	Empfohlene Abstellmaßnahme	Verantwort. / Termin	Durchgeführte Maßnahme	Bed	Auftr	Entd	RPZ
Auto lenken	falsches Material gewählt	Stabilitäts-probleme und Korrossion	6		Der Konstrukteur des Ztulieferers hat das falsche Material gewählt	1	Chemische Analyse im Labor	2	12							
			8		Der Zulieferer liefert das falsche Material	2			32							
Lärm vermeiden	Lärm	Vorgaben nicht erfüllt	8							Fett in den Lagern	John Meier		6	1	1	6

(Spalte rechts: "action results")

Abb. 5.2 typische Fehler-Beispiele

Software

Martin Werdich

6

Die richtige und passende FMEA-Software zu finden, ist sogar für FMEA-Experten ein aufwendiger und komplexer Prozess mit vielen Unbekannten. Jeder FMEA-Moderator oder Qualitätsexperte kennt die eine oder andere Software besser und ist versucht, die Entscheidung in seine Richtung zu beeinflussen.

Das folgende Kapitel hilft Ihnen dabei, sich in der vielfältigen Angebotswelt besser zurechtzufinden. Hierbei handelt es sich um – aus der Erfahrung mehrerer Moderatoren sowie aus den Anforderungen der betreffenden Richtlinien und Normen – empfohlene Kriterien. Wie Sie diese Kriterien in Ihrer Firma bzw. in Ihrer Produktgruppe gewichten, ist natürlich Ihnen überlassen.

Auszug aus Murphys Computer-Gesetzen (leicht optimiert)

„Idiotensichere Software wird auch nur von Idioten bedient" oder

„Alles, was in einer FMEA schief gehen kann, wird durch die FMEA-Software optimiert und in vielfacher Ausfertigung schiefgehen"

(Meine Erkenntnisse decken sich hier mit Murphy.)

6.1 Generelle Marktübersicht

Zunächst unterscheiden sich völlig unterschiedliche, jedoch teilweise kombinierbare Konzepte:

- „Stand-Alone" (Konzentration ausschließlich auf FMEA, Schwerpunkt Konstruktion)
- FMEA als Teilmodul eines CAQ-Systems (Schwerpunkt Prozess)

M. Werdich (✉)
Am Engelberg 28, 88239, Wangen im Allgäu Deutschland
E-Mail: mwerdich@web.de

M. Werdich (Hrsg.), *FMEA – Einführung und Moderation*, DOI 10.1007/978-3-8348-2217-8_6, 113

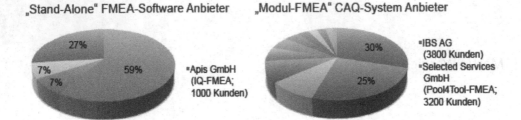

Abb. 6.1 Marktanteil der FMEA-Software- Anbieter

- FMEA als Teilmodul eines Reliability/ FTA Systems (Schwerpunkt FTA)
- FMEA als Teilmodul einer funktionellen Sicherheits Lösung (Schwerpunkt FuSi)

Die auf die FMEA spezialisierte Software wird vorwiegend für die Produkt-FMEA und im Engineering eingesetzt. Im Gegensatz dazu nutzen die FMEA-Module die Funktionalitäten der CAQ-Systeme, indem Fertigungsdaten in die Prozess-FMEA zurückgespeist werden. FMEA Module einer FTA spezialisierten Software konzentrieren sich im allgemeinen auf Formblattbearbeitung (die 5 Schritte der VDA sind kaum darstellbar). Neu dazugekommen ist Software, die nun die Anforderungen der funktionellen Sicherheit mit der modernen FMEA verbindet.

Nach einer Studie von Frank Sommer am Fraunhofer Institut (2008) wurden folgende jeweilige Markführer ermittelt (FTA und FuSi Lösung war 2008 noch kein Thema) (Abb. 6.1):

Die größten Unterschiede in den FMEA-Softwarelösungen liegen in der Anwenderfreundlichkeit während den Moderationen, der korrekten Umsetzung der Methodik und der Schnittstellenfähigkeit.

Bisher konnte sich der Marktführer APIS durch, mit Abstand bester und mobiler Modellierfähigkeit von Systemen und Details, am Produkt-FMEA Markt durchsetzen. Das Apis Tool (IQRM) ist so flexibel, dass nahezu alle FMEA-Anforderungen (und noch mehr) damit abgebildet werden können. Knapp gefolgt von Plato, welches als Datenbanklösung auch von „Halb-Experten" bedienbar ist und inzwischen auch Sonderanforderungen vom VDA umsetzen kann. Auf der letzten Control 2010 (Messe für Qualität in Stuttgart) konnte ich mich auf den knapp 20 FMEA-Software-Messeständen davon überzeugen, dass inzwischen einige der CAQ-Systemanbieter ihr FMEA-Modul so aufgerüstet haben, dass die meisten der Moderatoren- und Normen-Forderungen erfüllt sind. Die CAQ-FMEA-Module sind inzwischen eine ernsthafte Alternative und es lohnt sich, vor der Beschaffung von FMEA-Software den Markt genauer zu untersuchen.

Auf der Control musste ich allerdings auch bedauernd feststellen, dass Anbieter auf dem Markt sind, die jenseits von Gut und Böse nicht einmal die rudimentärsten Anforderungen umsetzen können. Es handelt sich meist um Software, mit der nur reine Prozess-FMEA-Formblätter „gemalt" werden. Von solchen Anwendungen ist generell abzuraten, da mit diesen FMEAs maximal die Anforderung „Kundenzufriedenheit" mit unnötigem Zeitaufwand befriedigt werden kann.

Für die Märkte, für die AIAG-Anforderungen ausreichen, könnte man zunächst annehmen, dass formblattausfüllende Software ausreicht. Aus meiner Erfahrung ist eine FMEA,
die das Produkt bei minimalem Aufwand wirklich optimieren will, auf die grafische Umsetzung der fünf Schritte laut VDA (Struktur-, Funktions-, Fehler-, Maßnahmenanalyse
und Optimierung) angewiesen.

Ein weiteres Kriterium, das die Spreu vom Weizen trennt, sind die angebotenen Schnittstellen. Hierbei sind besonders die XML (MSR), Links (z. B. URL zu Zeile im Anforderungsmanagement), Einbindung von Dokumenten sowie Drag and Drop Möglichkeiten
zu nennen.

Nach aufwendigen Nachforschungen und direkten Gesprächen sammelte ich so viele Buchartikel und Informationen über die Softwarelandschaft, dass diese den Rahmen
dieses Buches sprengen würde. Deswegen und wegen der schnelllebigen Veränderungen
auf dem Softwaremarkt habe ich mich entschlossen, die Ergebnisse separat zusammenzu-
tragen.

6.2 Empfohlene Anforderungen an eine FMEA-Software

Die Software sollte Ihre Moderation unterstützen:

- Hierbei hilft ein grafischer Editor für alle Analysen (Struktur, Funktionen, Fehler, Maß-
  nahmen)
- Navigieren in den einzelnen Editoren mit Ein/Ausschaltoperation
- Einblenden von Zusatzinformationen
- Einbinden/Verknüpfen von/zu anderen Dokumenten
- Eingaben in allen Editoren sollten möglich sein, die automatisch mit den entsprechen-
  den Verknüpfungen realisiert sind

Die Software sollte die Vorgehensweise nach folgenden Normen und Richtlinien ermöglichen:

- VDA Bd. 4 (2007)   Automobil national
- TS 16949   Automobil national/international
- DGQ Bd. 13   alle Bereiche ohne eigene Anforderungen
- EN 60812   Europa
- ISO 14971   Medizin
- AIAG 4th Ed.   USA

Mit der Vorgehensweise und Darstellung der folgenden fünf Schritte und der Abbildung
der beiden Formblätter (VDA 96 und QS 9000) werden die Anforderungen der meisten
Richtlinien und Normen abgedeckt (z. B. ISO 14971 schreibt kein Formblatt vor). Bei Software, bei welcher ein ausgefülltes Formblatt ausreichend ist, wird die Anforderung nach
DGQ und VDA nicht erfüllt.

1. Strukturanalyse eines Produktes oder Prozesses in Strukturelementen
2. Funktionsanalyse
   - Zuordnung von Funktionen/Merkmalen an jedem Systemelement
   - strukturübergreifende Verknüpfung von Funktionen/Merkmalen (Funktionsnetz)
3. Fehleranalyse
   - Zuordnung von Fehlerarten an jede Funktion/jedes Merkmal
   - strukturübergreifende Verknüpfung von Fehlerarten (Fehlernetz)
   - kein automatisches Negieren der Funktion
4. Maßnahmenanalyse
   - Zuordnung von Vermeidungs- und Entdeckungsmaßnahmen an die Fehlerarten (bzw. an die Fehlerursache im Formblatt)
   - Zuordnung von Verantwortlichen, Termin und Stand an jede Maßnahme
   - Darstellung in den Formblättern VDA 2007/DGQ (national) und QS 9000 (international) für jedes einzelne SE
   - Bewertungskataloge (B, A, E, K) müssen angelegt werden können
   - Für B einer Fehlerfolge, die in der Analyse mehrfach vorhanden ist, darf es nicht möglich sein, verschiedene Bewertungen zu vergeben (kein Ausschlusskriterium, reduziert allerdings Fehler bei der Erstellung).
   - Maßnahmen sollten dort stehen, wo diese wirken (Vorteilhaft für die Übersichtlichkeit ist es allerdings, wenn die Maßnahmen auch dort sichtbar sind, wo dann die Ursachen letztendlich bewertet werden).
   - Bewertet werden aber die Ursachen, auf die die Maßnahmen wirken
   - Die Bewertung A/E kann auch bei gleicher Maßnahme unterschiedlich sein
   - Nicht abgeschlossene Maßnahmen müssen gekennzeichnet sein
5. Präsentation und Auswertung
   - Filtern und Suchen nach allen Elementen der Analyse
   - Export der Daten in HTML/PDF/Excel Formal
   - Im- und Export von Daten aus und in XML (MSR)
   - Reihenfolgendarstellung nach individuellen Merkmalen
   - Darstellung von Ist- und Soll-Stand

Weitere Funktionalitätsanforderungen

1. Die Vorbereitungsphase sollte integriert dargestellt werden können. Hierunter zählen: Definitionen, Kataloge, Team, Meilensteine, Protokoll, …)
2. Die Verknüpfung von SE-Funktion/Merkmal – Fehler – VM + EM – V/T und Status darf sich bei Verschiebung nicht lösen. (Beispiel: Wenn eine Funktion in ein anderes Strukturelement verlagert wird, sollten die vorhandenen Verknüpfungen mit den Fehlermöglichkeiten, VM + EM usw. zunächst mit verlagert werden und sich nicht lösen.)
3. Teilstrukturen müssen mit dem kompletten Inhalt exportiert, kopiert und verknüpft werden können. Getrennt werden nur die übergreifenden Verknüpfungen der Teilstruktur (eine Kennzeichnung der Trennung ist hilfreich). Strukturen und Teilstrukturen müs-

sen transportabel sein. Die Übergabe von einem Rechner auf den anderen ist umso sinnvoller, wenn diese Teilstrukturen mit Änderungen wieder zurückgeführt (konsolidiert) werden können. Wird hier mit einer Datenbank gearbeitet, ist der Zugriff auf alle Strukturen entsprechend der Berechtigung immer gegeben.

4. Bei Änderungen im Text oder in der Bezeichnung muss die Software prüfen, wo das Element noch verwendet wird und nachfragen, wo die Änderung überall einfließen soll (nur 1x, selektiert oder überall).

5. Durchgängige Verknüpfung der einzelnen Editoren. (Beispiel: Wird im Fehlernetz ein neuer Fehler eingefügt, muss dieser auch im Formblatt an der richtigen Stelle stehen und umgekehrt.)

6. Bei Verwendung einer bereits in anderen SE verwendeten Funktion ist es nützlich, die dafür gefundenen möglichen Fehler, Fehlerfolgen, Ursachen und Maßnahmen anzeigen lassen zu können (Lessons Learned).

7. Übergabemöglichkeiten an Funktionale Sicherheit, Anforderungsmanagement, Maßnahmenmanagement, Projektmanagementsystemen, ….

Folgende weitere Fragen sollten zwischen Softwarelieferant und Erwerber geklärt sein:

- Wie viele Mitarbeiter müssen die FMEA-Software bedienen?
- Wie viele Software-Releases werden pro Jahr zur Verfügung gestellt?
- Welche Betriebssysteme werden unterstützt?
- Passen die Lizenzkonstellationen zu unserer Firma?
- Sind alle für unsere Firma geltenden Normen implementiert?
- Sind interne Vorgaben integrierbar?
- Sind interne Formulare abbildbar?
- Welche Datenbank ist vorhanden und welche Daten werden benötigt?
- Welche Schnittstellen benötigen wir?

Die Unterschiede zwischen Datei- und Datenbankansätzen sind nicht so gravierend wie zunächst vermutet. Auswertungen über mehrere Dateien, Übernahmen, globale Aktualisierungen und Lessons Learned sind in sämtlichen Ansätzen genauso möglich wie das Abkoppeln für mobile Einsätze.

Für eine der wichtigsten Features von Softwarehäusern und deren Software halte ich die Hilfe, die sie ihren jetzigen und zukünftigen Kunden anbieten und wie freundlich, professionell und flexibel sie auf deren Fragen, Wünsche und Anforderungen reagieren. Bei meinen Nachforschungen habe ich so einige Erfahrungen mit hervorragendem sowie miserablem Marketing erleben dürfen. Es ist für mich unverständlich, wie Firmen es sich heute noch leisten können, mit dem „ich bin der Beste – und Du hast keine Ahnung"-Prinzip nach Außen aufzutreten.

Eine FMEA-Software hat neben den Grundanforderungen noch weitere Soll-Anforderungen. Daher ist es sinnvoll, diese – wie an nachfolgendem Beispiel gezeigt – in einer Kriterienanalyse (s. Kap. 9.4 Kriterienmethode) darzustellen. (Sie müssen nur noch die Bewertungszahlen für Ihre Applikationen einsetzen) (Abb. 6.2).

Ziel: beste FMEA Software für unsere Firma

MUSS-Kriterien		Variante 1		Variante 2	
		Erfüllungsgrad MUSS	+/-	Erfüllungsgrad MUSS	+/-
1.	Analysen grafisch darstellbar und editierbar	alles über Grafikeditoren	+	nur Struktur und Funktionen	+
2.	Vorgehensweise nach den Normen ermöglicht	komplett nach Norm umsetzbar	+	komplett nach Norm umsetzbar	+
3.	freie Verknüpfung von Fehlern und Funktionen	alles frei verknüpfbar	+	Fehler werden autom. Verknüpft	-

SOLL-Kriterien		Gew. 1-10	Erfüllunggrad SOLL	0-10	Pkt.	Erfüllunggrad SOLL	0-10	Pkt.
1.	Schnittstellen ex- und import	5	kompliziert	6	30	über DB	10	50
2.	Bedienbarkeit	10	nur Experten	6	60	relativ einfach	10	100
3.	Prozessablaufdiagramm	3	ja aber aufwendig	10	30	nein		
4.	FTA	3	ja aber aufwendig	10	30	nein		
5.	Anforderungs-management	3	nur bei teurer Ausbaustufe	10	30	nur über Verknüpungen	6	18
6.	Maßnahmenverfolgung	8	PM-Tabellen	10	80	PM-Tabellen	10	80
7.	Sprachen schaltbar	10	ja	10	100	ja	10	100
8.	simultane Bearbeitung	6	ja aber fehleranfällig	8	48	bedingt möglich	6	36
9.	Paretoanalyse ist/soll	10	ja	10	100	nur ist	5	50
10.	Risikomatrixen	8	nur BxA	4	32	nur BxA	4	32
	Gesamtpunkte				540			466

Abb. 6.2 Soll- und Muss Kriterien für FMEA-Software

6.3 Marktüberblick

Während meiner Nachforschungen habe ich einige Kriterien entwickelt und bei vielen Softwareherstellern angefragt. Die Ergebnistabelle würde den Rahmen des Buches sprengen und die Tabelleninhalte würden sich ständig ändern. Daher werde ich Ihnen nun die Namen der wichtigsten mir bekannten Anbieter nennen und die Kriterien auflisten (Abb. 6.3, 6.4).

Als Fazit meiner Untersuchungen kann ich sagen, dass der Markt aktuell stark in Bewegung ist und ständig neue Marktsegmente und somit neue Software-Anforderungen auf

SW Bezeichnung
aktuelle Version
Spezialisierung
Moderationsunterstützung
grafische Strukturanalyse
beliebig viele Ebenen
grafischer Funktionsbaum
grafischer Fehlerbaum
Bewertungskataloge umschaltbar
Lessons learned (Wissensdatenbank)
Prozessablaufdiagramm
Fehlerbaummodellierung (FTA)
Sprachen umschaltbar
Variantenmanagement
Maßnahmenmanagement
Import Stücklisten / autom. Systemaufbau
Mehrdimensionale Sichten
Blockdiagramm Erstellung
Auswertungen, Ausgaben
Paretoanalyse
Risikomatrix BxA
erweiterte Risikomatrix
Ishikawa Diagramm
3D-Ampelfaktor
Control Plan
E-Mail Ausgaben
Fehlerbaumberechnung (FTA)
Auswertungen selbst definiert
Schnittstellen
Schnittstellen zu anderen Tools
Austauschformate
Referenzierung
Dokumente anhängen
Zuordnung von Dokumenten
Export nach MS Office
Plug-in Fähigkeit
Sonstige Features
simultane Bearbeitung
Änderungsmanagement FMEA (Rückverfolgbarkeit)
integriertes Anforderungsmanagement
Links zum ext. Anforderungsmanagement
Betriebszustände darstellen
Funktionale Sicherheit (FuSi)
Risikoanalyse nach ISO 14971 Medizinprodukte
implementierte Normen
Unicode asiatische Schrift
Master- und Projekt-FMEA
Besondere Merkmale
Offline Bearbeitung
Kennzahlenmanagement
Aufbau einer Fehlerprozessmatrix (FPM)
Vorlagenmanagement (Freigegebene Templates),
Software allgemein
unterstützte Betriebssysteme
zentrale Datenhaltung
abbildbare Formulare
Lizenzkosten
Releases pro Jahr

Abb. 6.3 Mögliche Software-Auswahl-Kriterien

Abb. 6.4 Auszug einiger
Firmen mit FMEA-
Software

Firma	Spezialisierung	site
AHP	CAQ	www.ddw.de
ASI DataMyte	CAQ	www.asidatamyte.com
Babtec	CAQ	www.babtec.de
Böhme und Weihs	CAQ	www.boehme-weihs.de
CAT	CAQ	www.catstuttgart.de
IBS AG	CAQ	www.ibs-ag.de
IQS	CAQ	www.iqs.de
Pickert + Partner	CAQ	www.ahp-gmbh.de
SAP	ERP	www.sap.de
Apis	FMEA	www.apis.de
MBFG	FMEA	www.irmler.com/fmea.htm
Plato	FMEA	www.plato-ag.de
isograph	FTA	www.isograph-software.com/
item	FTA	www.itemuk.com
relex	FTA	www.relexsoftware.de
Relia Soft	FTA	www.reliasoft.com
Engineers Consulting	FuSi	www.engineers-consulting.de/
Ikv technologies AG	FuSi	www.ikv.de

die Softwareschmieden zukommen. Viel getan hat sich in den letzten Jahren bei den CAQ-Anbietern und deren FMEA-Modulen. Viele von ihnen sind inzwischen, meiner Meinung nach, schon recht brauchbar.

Als Prognose scheint mir, dass zukünftig ein FMEA-Modul benötigt wird, das:

- Komplexe System-, Funktions- und Fehlerbäume übersichtlich grafisch editieren kann.
- Fehlerbäume den mechatronischen und FTA-Anforderungen genügen.
- Durch einen Projektleiter bedient werden kann.
- Mit offenen Schnittstellen in CAQ-Systeme eingebunden werden kann.
- Über flexible Ausgabeschnittstellen alle in der FMEA vorhandenen Informationen in beliebiger Kombination, Filterung, Gruppierungen und Sortierungen darstellen kann.
- Maßnahmenrückmeldungen über eine einfache Maske durch „FMEA-Laien" erfolgen kann.
- Bewertung und Abbildung des „Ampelfaktors" ermöglicht.
- Flexibel auf neue Anforderungen bei der Anwendung der FMEA-Methode reagieren kann.

Produkthaftung in Deutschland

Andreas Reuter

Jeder in Produktions- und Distributionskette für den Produktfehler Verantwortliche haftet für Schäden, die durch den Produktfehler entstehen, wenn die Kausalität zwischen Produktfehler und Schaden vom Geschädigten bewiesen ist. Die Ausnahme ist ein erfolgreicher Entlastungsbeweis bei nachweislicher Betrachtung aller Pflichten.

Die FMEA ist im Bereich Konstruktion und Prozess als Entlastungsbeweis anerkannt und zugelassen, da diese Stand der Technik ist und die Dokumentationspflicht erfüllt.

7.1 FMEA und Produkthaftung

Kundenzufriedenheit und wirtschaftliche Vorteile sind starke Argumente für die fachlich richtige und sorgfältige Durchführung einer FMEA. Die Produkthaftung liefert ein weiteres Argument, warum Sie systematisch FMEAs nach dem Stand der Technik durchführen sollten: eine Vernachlässigung der im Verkehr geschuldeten Sorgfalt kann – wie beispielsweise aktuell durch den weltweiten Rückruf von Toyota demonstriert – zu gewaltigen wirtschaftlichen Belastungen, bei durch vermeidbare Fehler verursachten Unfällen mit Verletzten oder gar Toten in letzter Konsequenz sogar ins Gefängnis führen. Diese letzte Konsequenz unterstreicht auch die Bedeutung der Produkthaftung für das Inverkehrbringen von Produkten. Ausgehend vom Leitsatz guten Designs „Form follows function" könnte man das für die Produkthaftung in folgender Reihe abbilden:

A. Reuter (✉)
Robert Bosch GmbH,
Burgenlandstraße 31-35, 70469 Stuttgart Deutschland

M. Werdich (Hrsg.), *FMEA – Einführung und Moderation*, DOI 10.1007/978-3-8348-2217-8_7,   121
© Vieweg+Teubner Verlag | Springer Fachmedien Wiesbaden 2012

- Manufacturer defines function
- Form follows function
- Function follows safety

Diese Reihe beschreibt das Primat der Sicherheit in der Vermarktung von Produkten, dem sich alle anderen Interessen der Beteiligten unterzuordnen haben und das (notfalls) mit der ganzen Strenge hoheitlicher Gewalt durchgesetzt wird.

7.2 Produkthaftung – was ist das?

Produkthaftung wird durch den Laien häufig in einem sehr weiten Sinne verwendet, der sämtliche Varianten einer Haftung für fehlerhafte Produkte mit einbezieht. Der Jurist – und so auch die nachfolgende Darstellung mit Blick auf die FMEA – grenzt diesen Begriff dagegen auf die deliktische Produkthaftung ein. Dennoch erscheint sinnvoll, auch die anderen Bereiche einer Haftung für fehlerhafte Produkte kurz darzustellen. Nur so kann der Blick auf die deliktische Produkthaftung geschärft werden, die für die FMEA aus rechtlicher Sicht relevant ist.

In Deutschland (wie auch in anderen Nationen) gibt es bislang kein in sich geschlossenes Gesetz zur Haftung für fehlerhafte Produkte, vielmehr finden sich die relevanten gesetzlichen Regelungen in vier Rechtskreisen.

7.2.1 Vertragsrecht – Gewährleistung

Fehler am Produkt selbst sind Gegenstand der vertraglichen Mängelhaftung (Gewährleistung). Welche Rechte dem Käufer des fehlerhaften Produkts zustehen (Nacherfüllung, Aufwendungs- und Schadenersatz, Minderung oder Rücktritt vom Vertrag), richtet sich nach dem mit dem Verkäufer des Produkts geschlossenen Vertrag. Der Hersteller des Produkts haftet nur, wenn er gegenüber dem Käufer eine eigene vertragliche Verpflichtung (Herstellergarantie) übernommen hat. Dem unbeteiligten Dritten stehen Mängelhaftungsansprüche aus Vertrag nicht zu.

Ein Fernseher, der „Schneetreiben" zeigt, ist sein Geld nicht wert. Ob der Käufer des Fernsehers vom TV-Händler eine Beseitigung des Mangels verlangen kann, richtet sich ausschließlich nach den Regelungen des Kaufvertrages (vertragliche Mängelhaftung). Die Oma des Käufers, die wegen des Fehlers ihre „daily soap" verpasst, hat als am Kaufvertrag unbeteiligte Dritte (natürlich) keinerlei Ansprüche aus vertraglicher Mängelhaftung gegen den TV-Händler.

Die Mängelhaftung richtet sich als vertraglicher Anspruch des Käufers ausschließlich gegen den Verkäufer eines fehlerhaften (nicht notwendigerweise gefährlichen) Produkts, ohne Rücksicht auf die Position des Herstellers. Sie unterliegt der kurzen Verjährung von vertraglichen Ansprüchen (nach deutschem Recht: 24 Monate ab Lieferung).

Gegenstand des Vertragsrechts sind auch Regelungen zu vertraglichen Nebenpflichten, d. h. Pflichten im Interesse einer ordnungsgemäßen Erfüllung der vertraglichen

Hauptleistungspflicht (Lieferung des Produkts). Das kann beispielsweise die Offenlegung produktrelevanter Informationen einschließen (u. a. die vom Hersteller durchgeführte FMEA), Maßnahmen zur Qualitätssicherung oder die zur schnellen, mit den Partnern in der Lieferkette abgestimmte Reaktion bei Hinweisen auf mögliche Sicherheitsrisiken.

7.2.2 Deliktische Produkthaftung

Die (deliktische) Produkthaftung dient dem Schutz von jedermann (Produktnutzer sowie unbeteiligte Dritte) vor unsicheren Produkten. Die Produkthaftung regelt den Ersatz von Folgeschäden, die als Folge der Verletzung von Gesundheit oder Eigentum durch Produktfehler verursacht wurden. Diese Haftung ist unabhängig vom Abschluss vertraglicher Regelungen. Dagegen sind Fehler an dem vom Hersteller gelieferten Produkt selbst nicht Gegenstand der Produkthaftung. Deren Regelung ist Aufgabe der vertraglichen Mängelhaftung. Aus Sicht der Produkthaftung kann das Produkt durch den Fehler unbrauchbar sein, solange es nicht Gefahren für Gesundheit oder Eigentum Dritter birgt (Folgeschaden außerhalb des vom Hersteller gelieferten Produkts).

Implodiert die Röhre des Fernsehers und brennt deshalb die Wohnung aus, haftet der Hersteller nach den Regelungen der Produkthaftung ohne Rücksicht auf den zwischen Käufer und TV-Händler geschlossenen Vertrag. Wenn bei dem Brand unbeteiligte Dritte verletzt werden, können auch diese ihren Schaden gegen den Hersteller, nicht aber gegen den Verkäufer des Geräts geltend machen.

Die Produkthaftung gibt dem durch unsichere Produkte Geschädigten während der gesamten üblichen Nutzungsdauer des betroffenen Produkts Ansprüche gegen dessen Hersteller, ohne Rücksicht auf bestehende Verträge.

7.2.3 Öffentliches Recht

Die zivilrechtliche Haftung für fehlerhafte Produkte aus Vertrag bzw. aus der deliktischen Produkthaftung wird ergänzt durch die öffentlich-rechtlichen Regelungen des Geräte- und Produktsicherheitsgesetzes (GPSG). Dieses räumt der öffentlichen Verwaltung im Interesse des Schutzes des Bürgers vor Gefahren infolge unsicherer Produkte weitgehende Befugnisse zur hoheitlichen Durchsetzung einer angemessenen Produktsicherheit ein. Da das GPSG die Vorgaben der EU-Produktsicherheitsrichtlinie 2001/95/EG umsetzt, finden sich entsprechende Regelungen auch in allen anderen EU-Staaten.

Nach § 4 Abs. 1 GPSG muss ein Produkt entweder den in einer harmonisierten EU-Norm (Veröffentlichung im EU-Amtsblatt) festgelegten Anforderungen entsprechen oder aber nach § 4 Abs. 2 GPSG in jedem Fall so beschaffen sein, dass es die Sicherheit und Gesundheit von Verwendern nicht gefährdet. Die Verletzung dieser Anforderungen ist Dreh- und Angelpunkt für ein behördliches Handeln zur Abwehr einer Gefährdung der öffentlichen Sicherheit im Rahmen der hoheitlichen Marktüberwachung.

Der Gesetzgeber verlangt in § 8 Abs. 2 GPSG von „den zuständigen Behörden eine wirksame Überwachung des Inverkehrbringens von Produkten sowie der in den Verkehr gebrachten Produkte auf der Grundlage eines wirksamen Überwachungskonzepts" über die gesamte Nutzungsdauer bis hin zu deren Entsorgung.

Wenn die Behörde den Verdacht hat, dass ein Produkt so beschaffen ist, dass es die Sicherheit von Verwendern oder Dritten gefährdet, muss sie die zur Gewährleistung der öffentlichen Sicherheit erforderlichen Maßnahmen treffen. Dazu erhält sie durch das GPSG weitreichende Befugnisse, von einer Untersagung der Ausstellung eines solchen Produkts über die Durchführung von Prüfungen, die Anordnung eines Rückrufs durch den Hersteller bis hin zur öffentlichen Warnung und Durchführung eines Rückrufs durch die Behörde selbst. Wichtig für die Unternehmen ist in diesem Zusammenhang, dass die Behörden nach § 8 Abs. 4 GPSG nur dann tätig werden dürfen, wenn der betroffene Hersteller nicht in eigener Verantwortung die nach Überzeugung der Behörde notwendigen Maßnahmen einleitet – mit anderen Worten, wenn Sie im Fall des Falles nachweisen, dass Sie sich angemessen um die Abwehr der von Ihren Produkten möglicherweise ausgehenden Gefahren kümmern, kann und darf die Behörde nicht einschreiten.

7.2.4 Strafrecht

Abgerundet wird der Schutz des Bürgers vor unsicheren Produkten durch die Ahndung einer fahrlässigen oder vorsätzlichen Körperverletzung in §§ 223 ff. Strafgesetzbuch (StGB) oder einer Tötung in § 212 bzw. § 222 StGB. Auch wenn bislang nur sehr wenige Ermittlungsverfahren zu einer Anklage und letztendlich Verurteilung der verantwortlichen Mitarbeiter des Herstellers geführt haben, darf die Bedeutung strafrechtlicher Ermittlungsverfahren auf keinen Fall unterschätzt werden. Zum einen wird bei jedem Unfall mit Personenschaden, bei dem der Verdacht auf eine Verursachung durch ein fehlerhaftes Produkt besteht, von Amts wegen ein Ermittlungsverfahren eingeleitet. Zum anderen besteht ein nicht unerhebliches taktisches Interesse des Geschädigten, die Staatsanwaltschaft durch eine Strafanzeige einzuschalten – einmal um ohne Kostenrisiko an zusätzliche Informationen und Beweise zu kommen, zum anderen um den Hersteller des betreffenden Produkts unter Druck zu setzen.

Die Strafbarkeit knüpft an einer strafbaren Handlung oder Unterlassung an. Strafbar ist jeder, der einen Tatbeitrag geleistet, d. h. zum Eintritt des Unfalls beigetragen hat. Bei der Handlung geht es darum, dass der Mitarbeiter des Herstellers des fehlerhaften Produkts (unabhängig von seiner Stellung in der Hierarchie) die Gefahr erkannt hat oder hätte erkennen müssen und den Eintritt des Unfalls tatsächlich hätte verhindern k önnen.

Die Geschäftsführung eines Herstellers von Lederpflegemitteln (Erdal-Fall, BGH NJW 1990, 2560) wird darüber informiert, dass diese Pflegemittel bei den Verwendern erhebliche Gesundheitsschäden verursachen können. Weil die Ursache unklar war und eine Veränderung der Rezeptur nicht zum Erfolg führte, wurde das Produkt mit einem überarbeiteten Warnhinweis weiter vertrieben.

*Alle 5 Mitglieder der Geschäftsführung wurden verurteilt, weil sie wussten, dass das be-
treffende Produkt schwere Gesundheitsschäden verursachen konnte und sie das Produkt
trotzdem weiter in den Verkehr gebracht hatten.*

Bei der Unterlassung geht es darum, dass ein Mitarbeiter im Rahmen seiner Aufgaben
auch dafür verantwortlich ist, das Inverkehrbringen unsicherer Produkte zu verhindern
(Garantenstellung). Wenn er das Inverkehrbringen eines unsicheren Produkts und damit
den Eintritt des Unfalls bei einer Ausführung seiner Aufgaben mit der im Verkehr geschuldeten Sorgfalt hätte verhindern können, er diese aber nicht angewendet hat, kommt
zumindest eine Strafbarkeit wegen eines Fahrlässigkeitsdelikts in Betracht.

*Der für die Qualitätssicherung im Produktionswerk Verantwortliche stellt fest, dass die
Arbeitsanweisung zur Herstellung des Produkts in der Nachtschicht nicht eingehalten wurde.
Da die Kunden wegen schon zuvor eingetretener Lieferverzögerungen sehr verärgert sind,
sperrt er das Fertigungslos nicht, sondern lässt es ohne weitere Prüfung ausliefern. Deshalb
kommt es zu einem Unfall.*

Eine Strafbarkeit ist dann gegeben, wenn die Handlung oder Unterlassung des Be-
schuldigten die Verletzung (mit) verursacht hat. Diese Verursachung (Kausalität) muss die
Staatsanwaltschaft nicht unbedingt wissenschaftlich exakt, aber doch zur Überzeugung
des Gerichts beweisen.

*Im Olivenöl-Fall (NStZ 1994, 37) wurde Speiseöl durch verunreinigtes Rapsöl gestreckt.
Nach dem Genuss des Öls erkrankten mehrere tausend Menschen, vermutlich starben sogar
mehrere hundert Betroffene. Obwohl nicht jeder Betroffene erkrankte und eine Kausalität
der Verunreinigung für die Gesundheitsverletzung im Einzelfall nicht wissenschaftlich exakt
nachgewiesen werden konnte, wurden die Verantwortlichen verurteilt, da ihr Verhalten aufgrund der Gesamtschau der Ereignisse nach der Überzeugung des Gerichts für die Erkran-
kung der Betroffenen ursächlich waren.*

*Die Strafe wird dem verurteilten Mitarbeiter persönlich auferlegt. Daneben steht die pro-
dukthaftungsrechtliche Verantwortung des Herstellers für den Ersatz der durch eine Verletzung bzw. Tötung erlittenen (Folge-) Schäden einschließlich Schmerzensgeld.*

7.2.5 Internationale Produkthaftung

Produkthaftung ist seit Beginn der Entwicklung menschlicher Gesellschaft Bestandteil
von Recht und Ordnung. So wie der frühe Mensch die Gesellschaft anderer Menschen
zu seinem Schutz suchte, brauchte er klare Regeln zu seinem Schutz vor Übergriffen
genau dieser anderen Mitglieder seiner Gesellschaft. In der ältesten, uns bekannten Ko-
difikation, dem Kodex Hammurabi (ca. 1.700 vor Christus) findet sich bereits ansatz-
weise das vom römischen Recht rund 2.000 Jahre später auf folgenden Nenner gebrachte
Konzept:

> Wer Gesundheit oder Eigentum Dritter verletzt, muss den daraus entstehenden Schaden
> ersetzen.

Dieses Konzept wurde als Grundlage für die Produkthaftung in alle für uns relevanten Rechtsordnungen übernommen. Damit stellt die Produkthaftung die älteste Form des Verbraucherschutzes überhaupt dar. Das erklärt auch, warum die Produkthaftung trotz weltweit recht unterschiedlicher Rechtssysteme dennoch einem dogmatisch einheitlichen Grundkonzept folgt.

Dieses produkthaftungsrechtliche Grundkonzept ist – wie vorstehend für Deutschland beschrieben – weltweit in gleicher Weise aufgebaut: Ausgehend vom Deliktsrecht – „jedermanns Gesundheit oder Eigentum ist geschützt vor Verletzung durch unsichere Produkte" – finden sich Regelungen zum Schutz des Verbrauchers auch im Vertragsrecht (Mängelhaftung, Verletzung vertraglicher Nebenpflichten), im öffentlichen Recht (Aufgaben und Befugnisse der Behörden) sowie im Strafrecht (Körperverletzung, Tötung).

Danach wird ein Produkthaftungsfall in zwei Stufen geprüft. Zuerst ist die Frage zu beantworten, ob es überhaupt einen Anspruch aus deliktischer Produkthaftung gibt (Haftung dem Grunde nach). Diese Fragestellung ist – unabhängig vom jeweiligen nationalen Rechtssystem – weltweit vergleichbar mit der Konsequenz gelöst, dass Sie nach weltweit einheitlichen Kriterien beurteilen können, was Sie tun müssen, damit Produkthaftungsfälle gar nicht erst auftreten. In welchem Umfang die Verantwortlichen dann zu haften haben (Haftung der Höhe nach), wenn ein Produkthaftungsfall trotz aller Anstrengungen nicht vermieden werden konnte, wird in einem zweiten Schritt geprüft. Die Haftung der Höhe nach wird von Land zu Land unterschiedlich beurteilt werden. Unterschiedliche Kulturkreise und unterschiedliche Rechtssysteme führen im konkreten Einzelfall zu einem unterschiedlichen Haftungsumfang, wie sich dies aus dem Vergleich der Berichterstattung über Produkthaftungsfälle in den USA mit entsprechenden Fällen in Europa unschwer entnehmen lässt. Das sachgerechte Vorgehen im Einzelfall ist dann aber Aufgabe der Juristen, die Sie im Fall des Falles ohnehin einschalten müssen!

7.3 FMEA und Verkehrssicherungspflichten

Die Produkthaftung hat sich zunächst als Anspruch auf Ausgleich von Schäden entwickelt, die dem Nutzer eines Produkts oder auch unbeteiligten Dritten dadurch entstehen, dass ein Produkt nach dem Stand der Technik vermeidbare Fehler aufweist. Dieser Ansatz hat aber zwei grundsätzliche Schwächen: zum Einen greift er erst, wenn es schon zu spät ist, d. h. erst dann, wenn ein Unfall bereits zum Schaden geführt hat. Zum Anderen verlangen die allgemeinen Regeln des Prozessrechts, dass der Geschädigte zur Überzeugung des Gerichts den Nachweis führt, dass sein Schaden dadurch verursacht wurde, dass das betreffende Produkt nicht die Sicherheit bot, die man nach dem Stand der Technik hätte erwarten dürfen. Die Ausgestaltung der Produkthaftung als deliktischer Schadensersatzanspruch führt zu einer Benachteiligung des Geschädigten, da dieser anders als der Hersteller in der Regel nicht über die zur Anspruchsbegründung benötigten Informationen verfügt. Um dies auszugleichen, hat die Rechtssprechung die Verkehrssicherungspflichten sowie eine damit verbundene Beweislastumkehr zugunsten des Geschädigten entwickelt. Legt der vom Geschädigten vorgetragene Sachverhalt nach den Regeln des ersten Anscheins nahe, dass der ihm entstandene Schaden durch einen vermeidbaren Produktfehler verursacht wurde, muss der Hersteller dieses Produkts beweisen, dass er seinen Verkehrssicherungspflichten genügt hat und sein Produkt deshalb zum Zeitpunkt des Inverkehrbringens die Sicherheit bot, die man nach dem Stand der Technik erwarten durfte.

Das vorstehend dargestellte Grundkonzept der Produkthaftung sucht einen Ausgleich gegensätzlicher Interessen: auf der einen Seite sucht der Verbraucher nach Sicherheit, auf der anderen Seite gibt es keine absolut sicher funktionierende Technik, d. h. Sicherheit könnte nur durch einen Verzicht auf technische Produkte erreicht werden, das will aber niemand.

Sie schneiden sich beim Apfelschälen mit dem scharfen Messer so in den Finger, dass Sie ärztliche Hilfe in Anspruch nehmen müssen. Da Messer nur ungefährlich sind, wenn ihnen jede Schärfe abgeht, ist die von des Messers Schärfe ausgehende Gefahr unvermeidbar. Die Tatsache, dass das Messer scharf ist, stellt keinen Fehler im Sinne der Produkthaftung dar. Deshalb wird der Hersteller des Messers nicht für die Kosten der ärztlichen Behandlung aufkommen müssen.

Außerdem erhöht (einwandfrei funktionierende) Technik in vielen Fällen nicht nur den Komfort, sondern auch die Sicherheit des Verwenders. Die Frage ist deshalb, wie es gelingen kann, die Segnungen der Technik zu nutzen und gleichzeitig das damit verbundene Risiko so niedrig wie möglich zu halten.

7.3.1   Stand der Technik

So lange von einem Produkt im Einzelfall nur solche Gefahren ausgehen, die nach dem Stand der Technik unvermeidbar sind, muss sein Hersteller nicht befürchten, für die Folgekosten einer Verletzung aufkommen zu müssen, die durch eine solche, unvermeidbare Gefahr verursacht wurde. Der Stand der Technik ist ein Bezugspunkt im Sinne eines objektiven Maßstabs für die Sicherheit, die der Hersteller für seine Produkte gewährleisten muss, zum anderen aber auch Bezugspunkt für die Frage, ob er mit der im Verkehr geschuldeten Sorgfalt vorgegangen ist, d. h. ob ihm für den Eintritt eines Unfalls ein Verschuldensvorwurf gemacht werden kann. Wäre der Unfall vermeidbar gewesen, wenn der Hersteller die zum Zeitpunkt des Inverkehrbringens bekannten und verfügbaren Maßnahmen zur Abwehr der für den Unfall ursächlichen Gefahr eingesetzt hätte?

Beim Stand der Technik werden im Wesentlichen zwei Stufen unterschieden:

- Anerkannte Regeln der Technik
Hierunter versteht man allgemein verfügbare technische Erkenntnisse zu bewährten, im Betrieb erprobten Anwendungen. Anerkannte Regeln der Technik finden häufig ihren Niederschlag in allgemeinen Normen, wie z. B. DIN, EN oder ISO, oder in branchenspezifischen Normen wie VDA oder VDE.

- (Neuester) Stand von Wissenschaft und Technik
Hierunter versteht man die neuesten Erkenntnisse im betreffenden Bereich, die irgendwo auf der Welt publiziert wurden. Diese Erkenntnisse können – oft im Widerspruch zu den

häufig unreflektierten Erwartungen des Verwenders dieses Begriffs z. B. in Lastenheften – nicht betriebserprobt sein, da sie ja gerade brandneu sind. Die Verpflichtung auf den Stand von Wissenschaft und Technik erfordert eine systematische Auswertung aller weltweit veröffentlichten Erkenntnisse mit entsprechend hohem Aufwand.

Welcher der beiden Maßstäbe anzulegen ist, richtet sich nach den Umständen des Einzelfalls. Wenn der Hersteller für sein Produkt ohne besondere Risiken bewährte Technologie einsetzt, macht es wenig Sinn, den Stand von Wissenschaft und Technik als Maßstab anzulegen. Anders verhält sich das, wenn er ganz neue Technologien mit noch unbekannten Risiken einsetzen will.

So haben die Hersteller von Handys gemeinsam mit den Netzbetreibern Grundlagenforschung finanziert, um die langfristigen Folgen der Belastung des menschlichen Organismus durch elektromagnetische Strahlung besser einschätzen zu können. Die Hersteller von Kernkraftwerken mussten die neuesten Ergebnisse der Grundlagen- und Anwendungsforschung vorweisen, bevor die Behörden zur Genehmigung ihrer Anlagen bereit waren. Zur Verlängerung der zeitlich befristeten Betriebsgenehmigungen müssen die Kraftwerksbetreiber Gutachten auf dem neuesten Stand der einschlägigen Forschung vorlegen, um eine weiterhin bestehende Unbedenklichkeit ihrer Anlagen zu belegen.

Manchmal dauert es viele Jahre, bis sich unbezweifelbare Fortschritte in der Sicherheit durch eine neue Technologie im Markt durchsetzen, weil diese häufig mit einer Einschränkung der Bequemlichkeit (z. B. Sicherheitsgurte) und/oder einer Erhöhung der Kosten (z. B. ESP) verbunden sind. Deshalb ist es häufig nur mit Hilfe der Zulassungsvorschriften (allgemeine Betriebserlaubnis) möglich, diese Fortschritte allen Produktnutzern zugänglich zu machen.

Airbags werden seit mehr als 25 Jahren angeboten. Trotz der dadurch erreichten, nachhaltigen Verbesserung der Sicherheit für die Fahrzeuginsassen war es bis Ende 2004 möglich, Fahrzeuge ohne Airbags in den Verkehr zu bringen. Bislang ist kein Fall bekannt geworden, in dem Schadenersatzansprüche mit dem Fehlen von Airbag-Systemen (= Unterschreiten der berechtigterweise erwarteten Sicherheit) begründet wurden.

Vor diesem Hintergrund muss leider festgestellt werden, dass es keinen berechenbaren Maßstab für die Sicherheit gibt, die die Allgemeinheit zu Recht erwarten darf. Ein Hersteller muss daher jedes Produkt für sich betrachtet auf möglicherweise von ihm ausgehende Gefahren untersuchen. Je größer die Gefahr im Einzelfall ist und je häufiger sich eine solche Gefahr verwirklichen kann, desto intensiver muss sich der Hersteller im Rahmen der Gefährdungs- und Risikoanalyse die Frage stellen, ob und wie sich eine solche Gefahr durch die Konstruktion seines Produkts in einem vertretbaren Rahmen halten lässt.

Verschärft wird die Unsicherheit durch ein aktuelles Urteil des BGH zu den technischen Anforderungen an ein Airbag-System (BGH 16.06.2009 – VI ZR 107/08):

Bei einem Ausweichmanöver gerät der Fahrer eines BMW 330d auf dem Seitenstreifen in grobe Schlaglöcher. Dadurch verursachte Schwingungen lösen die Seiten-Airbags aus, obgleich es nicht zu einer Kollision mit einem anderen Fahrzeug kam. Die Auslösung erfolgte im Rahmen der technischen Spezifikation, d. h. es lag keine Fehlfunktion vor.

Der Fahrer behauptet, durch das Auslösen der Airbags sei er an der Halsschlagader verletzt worden und habe dadurch einige Tage später einen Hirnschlag erlitten. Er macht Schmerzensgeld neben den Kosten der ärztlichen Behandlung geltend.

Dazu führt der BGH aus, dass ein produkthaftungsrechtlich relevanter Konstruktionsfehler dann gegeben sei, wenn das Produkt schon nach der Konzeption unter dem gebotenen Sicherheitsstandard bleibt, d. h. wenn nicht die Maßnahmen getroffen sind, die zur Gefahrvermeidung objektiv erforderlich und dem Hersteller zumutbar sind. Erforderlich seien die Sicherheitsmaßnahmen, die nach dem neuesten Stand von Wissenschaft und Technik konstruktiv möglich sind und als geeignet und genügend erscheinen, um Schäden zu verhindern. Die so gegenüber der bisherigen Position scheinbar deutlich verschärfte Anforderung relativiert der BGH aber im gleichen Atemzug, indem er einschränkend feststellt, dass die Möglichkeit der Gefahrvermeidung nur dann gegeben sei, wenn praktisch einsatzfähige Lösungen zur Verfügung stehen. Hiervon könne grundsätzlich erst dann ausgegangen werden, wenn eine sicherheitstechnisch überlegene Alternativkonstruktion zum Serieneinsatz reif ist. Im Ergebnis läuft das aber auf die Anwendung des allgemeinen Standes der Technik hinaus, der nach einer gängigen Definition von Erkenntnissen und Lösungen bestimmt wird, die wissenschaftlich gesichert, praktisch erprobt und ausreichend bewährt sind. (so z. B. in § 7.1 DIN 45020– Mess- und Prüfmittelmanagement). Damit relativiert der BGH die im „Airbag-Fall" zunächst scheinbar kompromisslos erhobene Forderung nach einer Anwendung sämtlicher, nach dem neuesten Standes von Wissenschaft und Technik verfügbaren Sicherheitsvorkehrungen selbst mit der Einschränkung, dass solche Vorkehrungen serienreif und zu zumutbaren Kosten verfügbar sein müssten. Womit der BGH im Ergebnis wieder auf das Anforderungsprofil der nach dem allgemeinen Stand der Technik verfügbaren Sicherheitsvorkehrungen zurück rudert. Dennoch ist zumindest unklar, ob das Urteil nicht doch zu einer bedeutsamen Verschärfung der Rechtslage für die Hersteller führt. Bislang konnte ein Hersteller sein Produkt so lange unverändert herstellen, so lange sich neue Sicherheitsanforderungen nicht allgemein als Stand der Technik durchgesetzt hatten. Das Airbag-Urteil könnte nun dazu führen, dass ein Hersteller bei Bekanntwerden einer neuen Option zur Erhöhung der Sicherheit den Nachweis führen muss, dass und warum diese für sein Produkt technisch ungeeignet oder deren Einführung ihm jedenfalls nicht zumutbar ist. Der Unterschied zur bisherigen Rechtslage mag zwar subtil erscheinen, die daraus wohl für den Hersteller resultierende Verpflichtung, sein Produkt bei jeder technischen Innovation mit Auswirkungen auf die Sicherheit erneut auf den Prüfstand zu stellen, dürfte in der Unternehmenspraxis mit einer erheblichen zusätzlichen Belastung sowie einer deutlichen Erhöhung rechtlicher Risiken einhergehen.

In vielen Qualitätssicherungsvereinbarungen wird die Verpflichtung zur Einhaltung des neuesten Standes von Wissenschaft und Technik undifferenziert verwendet. Den dazu erforderlichen Aufwand für Literaturrecherche können die Lieferanten im Zweifel gar nicht leisten, bei einem bewährten Produkt ohne besondere Risiken macht dieser Maßstab auch keinen Sinn – im Gegenteil, dort sind die betriebsbewährten Regeln der Technik gefragt. Der Blick auf die Qualitätssicherungsvereinbarung ist auch deshalb wichtig, weil die dort akzeptierte Anforderung an den Stand der Technik auch der für das Produkt erstellten FMEA zugrunde zu legen ist. Akzeptieren Sie im Vertrag freiwillig überzogene Anforderungen, wird die dann nach den eigentlich angemessenen Kriterien durchgeführte FMEA diesem Anspruch nicht genügen können und schon allein deshalb fehlerhaft sein.

Der Maßstab für die im Verkehr geschuldete Sorgfalt richtet sich nach der eingesetzten Technologie und dem sich aus den jeweiligen Produkten ergebenden Risiko. Ausschreibungen und Qualitätssicherungsvereinbarungen müssen Sie auf den dort zugrunde gelegten Maßstab prüfen. Die Verpflichtung zur Einhaltung des neuesten Standes von Wissenschaft und Technik sollten Sie nur eingehen, wenn es im konkreten Fall ausnahmsweise doch einmal angemessen ist.

Ein bei Technikern weit verbreiteter Irrtum besteht in dem Glauben, auf der sicheren Seite zu sein, wenn die Regeln der Technik und alle einschlägigen Normen eingehalten wurden. Grundsätzlich sind die Regeln der Technik oder anwendbare Normen lediglich die Untergrenze der anzuwendenden Sorgfalt – hinsichtlich der Produkthaftung zählt aber nicht die angewendete Sorgfalt, sondern nur das Ergebnis, d. h. die Einhaltung der von der Allgemeinheit erwarteten Sicherheit. Wenn die Regeln der Technik bzw. anwendbare Normen eingehalten wurden und das Produkt trotzdem nicht die Sicherheit bietet, die die Allgemeinheit erwarten darf, haftet der Hersteller zumindest nach den Regeln des Produkthaftungsgesetzes – er hat zwar nicht die im Verkehr geschuldete Sorgfalt verletzt, ein Fehler seines Produkts hat aber dennoch einen Unfall verursacht, und damit ist die Voraussetzung für eine (Gefährdungs-) Haftung bereits gegeben. Kann der Hersteller nicht beweisen (Beweislastumkehr!), dass er sein Produkt im Sinne der Produkthaftung fehlerfrei in den Verkehr gebracht hat, haftet er auch nach allgemeinen deliktischen Haftungsregeln (§ 823 BGB – wobei das im Ergebnis praktisch keinen Unterschied macht!).

Weil es auf den Erfolg ankommt, d. h. darauf, dass das jeweilige Produkt die Sicherheit bietet, die die Allgemeinheit berechtigterweise erwarten darf, ist auch vorstellbar, dass es zwar anwendbare Normen nicht erfüllt, aber trotzdem nichts passiert. Wenn nichts passiert, gibt es auch keine Haftung. Falls aber etwas passiert, wird der Richter sich kaum davon überzeugen lassen, dass die Missachtung der anwendbaren Normen keine (Mit-) Ursache für den Unfall gesetzt hat. In diesem Fall steht dann nicht nur die Haftung für die Folgekosten des Unfalls, sondern auch die strafrechtliche Verantwortung des verantwortlichen Mitarbeiters im Raum, weil er die im Verkehr geschuldete Sorgfalt (vorsätzlich?) nicht eingehalten hat.

Bei der Prüfung ist der Stand der Technik zu berücksichtigen, der zum Zeitpunkt des betreffenden Produkts erreicht war. Diese Stichtagsbetrachtung hat zwei Blickwinkel:

Für den Blick in die Vergangenheit, d. h. für die bereits in den Verkehr gebrachten Produkte, bringt die Stichtagsbetrachtung Rechtssicherheit: Entspricht das Produkt bei Inverkehrbringen (Auslieferung durch den Hersteller) den berechtigten Sicherheitserwartungen, wird es nicht dadurch „unsicher" im Sinne der Produkthaftung, dass zu einem späteren Zeitpunkt Verbesserungen der Sicherheit möglich werden.

Ein „Brezel-Käfer" aus den Fünfziger-Jahren des vorigen Jahrhunderts darf noch heute am Verkehr teilnehmen, obgleich er nicht über Sicherheitsgurte, Knautschzonen oder sonstige, heute übliche Sicherheitseinrichtungen verfügt. Kommt es deshalb zu einer nach heutigen Maßstäben vermeidbaren Verletzung, haftet der Hersteller dafür nicht.

Für den Blick in die Zukunft bedeutet das aber, dass Sie dem (dann) alten Stand der Technik entsprechende Produkte ab dem Zeitpunkt nicht mehr ausliefern dürfen, ab dem ein neuer Stand der Technik etabliert ist. Das Design Ihrer Produkte muss deshalb eine Anpassung an eine Weiterentwicklung des Standes der Technik ermöglichen, da Sie andernfalls die Fertigung Ihrer Produkte ab dem Zeitpunkt einstellen müssen, ab dem Ihre Produkte nicht mehr die Sicherheit bieten, die nach dem dann neuen Stand der Technik erwartet werden darf. Haben Sie zu diesem Zeitpunkt die Vorlaufkosten für Entwicklung, Fertigungseinrichtungen, etc. noch nicht amortisiert, müssen Sie diese als Verlust verbuchen, im schlimmsten Fall sogar Ihre Fabrik schließen.

Diese auf den ersten Blick vielleicht eher theoretisch erscheinende Konsequenz musste beispielsweise Pierburg ganz praktisch bewältigen, als Emissionswerte in die Zulassungsvorschriften für PKW aufgenommen wurden, die mit Vergasermotoren ohne geregelten Katalysator nicht mehr erreicht werden konnten.

Für alle Hersteller der Automobil-Industrie wird diese Problematik Mitte 2011 virulent, wenn die ISO 26262 (Funktionale Sicherheit) in Kraft treten wird und eine nicht geringe Zahl von Herstellern entsprechende Anforderungen nicht wird erfüllen können.

7.3.2   Konstruktionspflichten

Bei der Entwicklung seiner Produkte muss ein Hersteller mit dem branchenüblichen Aufwand sicherstellen, dass seine Produkte die Sicherheit bieten, die die Allgemeinheit erwarten darf. Dazu gehört auch die Durchführung einer angemessenen Risikoprävention, wie z. B. eine formale Freigabe vor Beginn der Serienproduktion sowie deren Absicherung durch geeignete Instrumente, wie z. B. FMEA oder FTA, Erprobungen etc., jeweils abhängig von dem vom jeweiligen Produkt ausgehenden Risiko. Die FMEA leistet hierbei eine ganz wesentliche Unterstützung, da mit dieser Methode ausgehend von der für das Produkt vorgesehenen Funktion sowie des vorhersehbaren Einsatzes die in Betracht kommenden Risiken analysiert und die zur Gefahrenabwehr nach dem Stand der Technik zur Verfügung stehenden Möglichkeiten ermittelt werden. Schließlich werden die zur Abwehr der als relevant erkannten Risiken notwendigen Maßnahmen sowie die für deren Durchführung Verantwortlichen festgelegt und dokumentiert.

Durch die ISO 26262 werden nicht nur die formalen Rahmenbedingungen für die funktionale Sicherheit bei der Entwicklung von elektrischen Systemen mit Schutzfunktion sowie deren Dokumentation im Sicherheitslebenszyklus neu definiert und deutlich verschärft, auch werden – abhängig von dem durch das im Automotive Safety Integrity Level (ASIL) zum Ausdruck kommenden Gefährdungspotential – deutlich verschärfte Design-Vorgaben festgelegt. Sie müssen deshalb die Umsetzung der Norm bereits heute auf der Grundlage des veröffentlichten Norm-Entwurfs (ISO DIS 26262) vorbereiten, da Sie sonst

2011 den Nachweis nicht führen können, dass Sie den nach Inkrafttreten der ISO 26262 etablierten Stand der Technik mit der im Verkehr gebotenen Sorgfalt beachten.

7.3.3 Fabrikationspflichten

Auch bei der Herstellung seiner Produkte muss der Hersteller mit dem branchenüblichen Aufwand sicherstellen, dass seine Produkte die Sicherheit bieten, die die Allgemeinheit erwarten darf. Neben Fertigungs- und Prüfeinrichtungen auf dem Stand der Technik sowie der Beschäftigung ausreichend qualifizierter Mitarbeiter gehört dazu auch ein branchenübliches Qualitätsmanagement nach DIN ISO 9000 ff., das auch die Vorlieferanten mit einschließt. In der Automobilindustrie wird ein weiter verschärftes Qualitätsmanagement nach ISO/TS 16 949 vorausgesetzt.

Die Anforderungen an ein Qualitätsmanagement muss der Hersteller gegenüber seinen Vorlieferanten in Qualitätssicherungsvereinbarungen vertraglich festlegen, damit der Hersteller seinerseits seinen Kunden gegenüber ein einheitliches Qualitätsniveau gewährleisten kann.

Für den Zukauf von Teilen bzw. Baugruppen gilt Folgendes:

- Ein Hersteller komplexer Produkte darf nach der ständigen Rechtsprechung des BGH keine „Blackbox"-Erzeugnisse zukaufen (z. B. Atemüberwachungsgerät – BGH NJW 94, 3349). Die im Verkehr geschuldete Sorgfalt zwingt ihn, das reibungslose Zusammenspiel aller Zukaufteile/Baugruppen/Software mit seinem Erzeugnis durch angemessene Untersuchung und ggf. Erprobung sicherzustellen.
- Der Abschluss von vorformulierten Qualitätssicherungsvereinbarungen allein ist keinesfalls ausreichend, um die im Verkehr geschuldete Sorgfalt zu erfüllen. Vielmehr muss der Hersteller durch
  - Zertifizierung (Bescheinigung, dass der Lieferant so organisiert ist, dass er Qualität liefern kann, wenn er will), und
  - Auditierung (Überprüfung vor Ort, was der Lieferant tatsächlich tut, um die Qualität seiner Produkte sicherzustellen), und
  - regelmäßige Kontrolle, ob der Lieferant hält, was er mit Abschluss der Qualitätssicherungsvereinbarung und beim Audit versprochen hat, sicherstellen, dass auch die Vorlieferungen den Erwartungen der Allgemeinheit an die Sicherheit seines Produkts gerecht werden.
- Im eigenen Interesse müssen Sie sich vergewissern, ob Ihre Lieferanten über eine angemessene Versicherungsdeckung für durch Fehler der zugelieferten Teile verursachte Schäden (Unfallfolgekosten und Rückruf) verfügen. Wenn es schon zu einem Großschaden kommt, sollte der Vorlieferant nicht auch noch zusätzlich um seine Existenz kämpfen müssen, sondern in der Lage sein, sich voll auf die Bewältigung der Krise zu konzentrieren.

In jedem Fall muss der Hersteller für eine sorgfältige Klärung aller Schnittstellen mit seinen Lieferanten sorgen. Mit Ausnahme der rein ökonomischer Schadensprävention geschuldeten Prüfung einer angemessenen Versicherungsdeckung des Vorlieferanten, sind auch vorgenannte Fabrikationspflichten Bestandteil einer ordnungsgemäßen FMEA, die sich keineswegs auf die reinen Konstruktionsanforderungen eines Produkts beschränken darf, sondern sich auch mit sich den aus Fertigung, Logistik und Vertrieb ergebenden Risiken sowie daraus ggf. resultierenden Maßnahmen befassen muss.

7.3.4 Instruktionspflicht

Ein in Konstruktion und Herstellung fehlerfreies Produkt kann durch eine fehlerhafte Bedienung zur Gefahr werden. Deshalb muss der Hersteller durch eine auf die potenziellen Nutzer abgestimmte Instruktion dafür sorgen, dass diese das Produkt richtig einsetzen und sicher bedienen. Auch dieser Themenkreis ist Bestandteil einer ordnungsgemäß erstellten FMEA.

Das beginnt mit der richtigen Handhabung vor Gebrauch oder Inbetriebnahme. Auf Umstände, die bei Transport und Lagerung zu beachten sind, muss außen auf der Transportverpackung hingewiesen werden.

Wenn ein Produkt zerbrechlich oder kälteempfindlich ist, muss darauf so auf der Verpackung hingewiesen werden, dass der Spediteur oder Lagerarbeiter das erkennen kann. Der Hinweis in einer innen im Paket liegenden Gebrauchsanleitung kommt zu spät!

Montage und Inbetriebnahme erfordern genaue, auf den potenziellen Nutzer abgestimmte Hinweise. Dabei muss auf den Empfängerhorizont abgestellt werden. Laien benötigen ganz andere, viel einfacher zu verstehende Hinweise. Ist die Montage und Inbetriebnahme eines Verbraucherprodukts zu schwierig, muss es notfalls neu konstruiert werden, um auch dem Verbraucher mit zwei linken Händen den Erfolg zu garantieren. Auch hier muss daran gedacht werden, dass der Kunde für ein perfekt funktionierendes Produkt bezahlt. Gelingt es nicht, die Konstruktion des betreffenden Produkts auf eine „idiotensichere" Montage und Inbetriebnahme auszurichten, muss u. U. sogar das Vertriebskonzept überdacht werden.

Die Beschreibung des richtigen Gebrauchs ist nicht nur bei Verbraucherprodukten eine Herausforderung. Probleme bereiten auch immer wieder Produkte, die für den Fachkunden bestimmt sind. Ingenieure unterstellen ihren Kollegen gerne zu viel Sachkunde. Deshalb muss auch in diesen Fällen immer wieder von Neuem überlegt werden, ob nicht auch einer Fachkraft der eine oder andere Hinweis auf Umstände gegeben werden muss, dessen Kenntnis auch bei Fachkräften nicht vorausgesetzt werden kann.

Starter für Nutzfahrzeuge wurden in der Vergangenheit immer aufrecht eingebaut, ein Hinweis auf die zulässige Einbaulage war deshalb nie notwendig gewesen. In der neuen Fahrzeuggeneration eines Kunden, der diese Starter schon seit Jahren erfolgreich einsetzt, sieht die Fahrzeugentwicklung einen gekippten Einbau vor, da die zwischenzeitlich beengten Verhältnisse im Motorraum die bisher übliche Einbaulage nicht mehr zulassen. Durch Kondenswasser, das jetzt nicht mehr abfließen kann, kommt es zu Kurzschlüssen.

Die Beschreibung des richtigen Einsatzes (Applikation) und der Ausschluss einer nicht zulässigen Verwendung sind Herausforderungen, denen sich heute jeder Hersteller unbedingt stellen muss. Die richtige und umfassende Beschreibung der freigegebenen

Applikation sowie eine Begrenzung oder gar der Ausschluss eines nicht zulässigen Einsatzes in der technischen Spezifikation helfen nicht nur Ansprüche aus Produkthaftung zu vermeiden, sondern auch eine Mängelhaftung aus Liefervertrag (vereinbarte Beschaffenheit)!

Die Pflicht zur Instruktion des Nutzers eines Produkts erschöpft sich nicht in einer umfassenden Instruktion des Vertragspartners. Vielmehr ist die Gebrauchsanleitung als Ergänzung eines Produkts zu verstehen, das als Ganzes (Konstruktion und Instruktion) den Erwartungen der Allgemeinheit an seine Sicherheit entsprechen muss.

Der Hersteller einer Presse vereinbart mit dem Käufer, dass dieser sein Personal im sicheren Umgang mit der Presse umfassend schult und bringt anstelle der vorgeschriebenen Schutzvorrichtungen ein großes Warnschild an, um vor der Verletzungsgefahr im laufenden Betrieb zu warnen.

Als Grundregel ist zu beachten, dass eine Instruktion oder eine Warnung niemals konstruktive Mängel ausgleichen können. Nur Risiken, die durch eine nach dem Stand der Technik sichere Konstruktion allein nicht vermeidbar sind, dürfen durch Instruktion oder Warnhinweise verringert werden. Das Warnschild würde den Hersteller der Presse deshalb nicht vor Ansprüchen aus Produkthaftung schützen.

Die Warnung vor einem „erwartungsgemäßen" Fehlgebrauch wird den Hersteller ebenfalls vor einige Probleme stellen, die nur umrissen werden können. Der erwartungsgemäße Fehlgebrauch ergibt sich daraus, wozu nach allgemeiner Lebenserfahrung und konkreten Erkenntnissen aus der Produktbeobachtung die eigenen bzw. vergleichbare Produkte verwendet werden, obgleich sie dafür weder bestimmt noch geeignet sind. Solche Fälle werden aber erst zum „erwartungsgemäßen" Fehlgebrauch, wenn sie sich so häufen, dass mit ihnen regelmäßig gerechnet werden muss. Dann aber muss der Hersteller mit geeigneten Maßnahmen reagieren, beispielsweise mit einer entsprechenden Instruktion oder sogar einer geänderten Konstruktion.

Zusammenfassend ist festzustellen, dass eine sachgerechte Instruktion als Maßnahme im Rahmen der FMEA für alle in der Risikoanalyse erkannten Gefahren festzulegen ist, denen durch eine entsprechende Konstruktion allein nicht angemessen begegnet werden kann. Das bedeutet aber auch, dass Sie für jede Instruktion, die Sie in der FMEA als geeignete Maßnahme zur Gefahrabwehr festlegen, gleichzeitig begründen müssen, warum konstruktive Maßnahmen zur Abwehr des betreffenden Risikos nicht verfügbar oder Ihnen nicht zumutbar sind.

7.3.5   Produktbeobachtungspflicht

Es reicht nicht aus, dass Sie sich mit der im Verkehr gebotenen Sorgfalt darauf konzentrieren, Ihre Produkte so herzustellen, dass diese bei Inverkehrbringen die Sicherheit bieten, die die Allgemeinheit berechtigterweise erwarten darf. Die von der Rechtsprechung entwickelten Verkehrssicherungspflichten verlangen, dass Sie Ihre Produkte auch über deren gesamte, verkehrsübliche Nutzungsdauer im Feld darauf beobachten, ob sich nicht später doch noch unerwartete Sicherheitsrisiken bemerkbar machen. Erkennen Sie bei der Beobachtung Ihrer Produkte im Markt, dass sich bislang nicht berücksichtigte Risiken bemerkbar machen (z. B. vorzeitige Alterung, eine nicht freigegebene Verwendung, etc.), müssen Sie diesen neu erkannten Gefahren angemessen begegnen.

Die Verpflichtung zur Produktbeobachtung wirft für die tägliche Praxis regelmäßig größere Schwierigkeiten auf, da einerseits der dafür zu leistende Aufwand, andererseits Art und Umfang der Reaktionspflichten bei Feststellen möglicher Sicherheitsrisiken unklar sind.

Zur Produktbeobachtung müssen zunächst die Fachmedien ausgewertet werden. Das schließt für den Automobiltechniker nicht nur „Auto, Motor und Sport" ein, sondern neben den Verbands- und Fachzeitschriften im jeweiligen Bereich auch Tagespresse und vor allem das Internet. Gerade Letzteres ist schwer zu greifen, da es hier keine festen Adressen gibt. Hier müssen Sie mit Hilfe von Suchbegriffen wie „Fehler", „Produkthaftung", „Risiko", „Beanstandung", „Gefahr" etc. in Verbindung mit der Eingabe der eigenen Erzeugnisse herausfinden, ob Ihr Produkt gerade Thema ist und welche Chatrooms gerade „in" sind.

Die Einrichtung einer passiven Produktbeobachtung (Reaktion des Herstellers auf bei ihm eingegangene Kundenbeschwerden) dürfte je nach Branche eher keine besonderen Probleme aufwerfen. Entscheidend ist, dass alle Beanstandungen zentral erfasst und umgehend analysiert werden. Falls sich Beanstandungen als berechtigt erweisen, muss eine angemessene Reaktion ohne unnötige Verzögerung sichergestellt sein. Bei Einrichtung eines modernen Qualitätsmanagementsystems nach DIN ISO 9000 ff. bzw. ISO/TS 16 949 (Automobilindustrie) sollte dies eigentlich schon allein im Interesse einer angemessenen Kundenpflege sichergestellt sein.

Erhalten Sie Hinweise auf Probleme aus der Kombination des eigenen, fehlerfreien Produkts mit Erzeugnissen Dritter, wird es schon schwieriger, da Sie doch relativ wenig Spielraum haben: Sie können zwar warnen, zur Not auch öffentlich, darüber hinaus können Sie aber nicht mehr viel tun – es sei denn, Sie würden Ihre eigenen, eigentlich fehlerfreien Produkte zurückrufen. (Das dürfte allerdings nur im extremen Ausnahmefall geschuldet sein). Verbreitet sich eine riskante Kombination mit fremden Produkten, müssen Sie darauf im Sinne eines erwartungsgemäßen Fehlgebrauchs eingehen und entweder konstruktive Gegenmaßnahmen treffen oder in Ihrer Instruktion angemessen davor warnen.

Über eine Zeitungsannonce in der Auto-Bild erfährt der Hersteller von Motorsteuerungen, dass ein Tuner ein Tuning-Kit für mit seiner Einspritzanlage ausgerüstete Motoren anbietet. Außer der angepriesenen Leistungssteigerung sind technische Einzelheiten nicht angegeben, d. h. es ist nicht erkennbar, ob die mit einem solchen Vorgehen verbundenen Risiken vom Tuner angemessen berücksichtigt wurden.

In einem solchen Fall müsste der Hersteller den Anbieter eines solchen Tuning-Kits schriftlich darauf hinweisen, dass die Veränderung durch die Serienfreigabe nicht abgedeckt ist und deshalb Risiken aufgrund der höheren Belastung und aufgrund möglicher Wechselwirkungen nicht ausgeschlossen werden können. Außerdem ist dann ohnehin eine neue Allgemeine Betriebserlaubnis (ABE) für das Fahrzeug einzuholen.

Reagiert der Tuner auf ein solches Schreiben nicht (was die Regel ist), bleibt nur noch die Möglichkeit einer öffentlichen Warnung oder einer Information der zuständigen Behörden. Da der Hersteller aber gar nicht über die Informationen verfügen wird, die erforderlich sind, um beurteilen zu können, ob tatsächlich ein Risiko vorliegt, dürfte ein solches Vorgehen zum Scheitern verurteilt sein – bzw. zu einer einstweiligen Verfügung des betreffenden Unternehmens gegen ihn führen. Begründung: unlauterer Wettbewerb und geschäftsschädigendes Verhalten. Offen bleibt die Frage, ob der Hersteller in jedem Einzelfall untersuchen muss, ob ein Risiko tatsächlich vorliegt. Diese Frage dürfte letztendlich auch danach zu entscheiden sein, welches Risiko tatsächlich im Raum steht: Besteht nur das Risiko eines Sachschadens, gibt es keinen Anlass, zum Schutz des Nutzers einzugreifen. Schließlich hat er diesen Eingriff eigenverantwortlich entschieden und dabei ganz bewusst das Risiko eines vorzeitigen Verschleißes seines Fahrzeugs in Kauf genommen. Auch ist jedem Führerscheinbesitzer bekannt, dass jede wesentliche Veränderung seines Fahrzeugs ein Erlöschen der ABE zur Folge hat. Liegen dem Hersteller aber konkrete Hinweise dafür vor, dass solche Veränderungen Gefahr für Leib und Leben bedeuten können (z. B. aufgrund entsprechender Berichterstattung in den Medien), muss er über Abmahnschreiben hinaus aktiv werden. In solchen Fällen wird ein Einschalten der zuständigen Behörde eher erfolgreich sein. Da es in diesem Bereich wenig Präzedenzfälle gibt (auch die Entscheidung des BGH im „Honda-Fall" (BGHZ 99, 167) lässt offen, ob Honda über eine öffentliche Warnung hinaus hätte weitere Maßnahmen einleiten müssen, um eine Haftung abzuwenden), kann nur empfohlen werden, sich im konkreten Einzelfall an einen kompetenten Berater zu wenden. Sie müssen dann die Frage

> Was kann mein Kunde, was kann die Öffentlichkeit von meinem Unternehmen vernünftigerweise erwarten?

mithilfe des „Bauchs" kundenorientiert beantworten. Mit der richtigen Antwort können Sie punkten – mit der falschen Entscheidung riskieren Sie eine massive Schädigung Ihres Images, wie das Beispiel Toyota plastisch aufzeigt. Mit anderen Worten, die Entscheidung zum weiteren Vorgehen darf nicht allein technische und kaufmännische Gesichtspunkte berücksichtigen, vielmehr müssen Sie hier auch das Marketing mit einbeziehen.

7.4   FMEA – von der Idee bis zur Entsorgung

Die FMEA wurde zwar nicht als Methode zur Vermeidung produkthaftungsrechtlicher Ansprüche entwickelt, sondern um die jeweiligen Qualitätsanforderungen zu gewährleisten, d. h. im Grunde nicht mehr und nicht weniger als die Zufriedenheit der Kunden. Da diese über die gesamte Nutzungsdauer bis hin zur Entsorgung des Produkts anhalten soll, muss die FMEA nicht nur bis zur Serienfreigabe, sondern sogar über die Einstellung der Fertigung hinaus bis zum Ende der üblichen Nutzungsdauer des zuletzt gefertigten Produkts fortgeschrieben werden. Werden die Kundenanforderungen an Qualität und Sicherheit so mit Hilfe der FMEA konsequent erfüllt, sind damit automatisch auch sämtliche Anforderungen aus der produkthaftungsrechtlichen Verkehrssicherungspflichten umgesetzt. Entscheidend ist dabei allerdings, dass die FMEA nicht mit der Serienfreigabe abgeschlossen wird, sondern in regelmäßigen, vom Risiko abhängigen Abständen (z. B. jährlich) darauf überprüft wird, ob die den festgelegten Maßnahmen zur Gefahrenabwehr zugrunde gelegten Annahmen weiterhin zutreffen oder ob technische Änderungen (Zulieferungen, Fertigungsprozess, etc.) eine Änderung oder Ergänzung der notwendigen Maßnahmen angebracht erscheinen lässt. Die regelmäßige Überprüfung der FMEA ist zur Erfüllung der produkthaftungsrechtlichen Verkehrssicherungspflichten zwingend geboten, wird aber nicht selten unterlassen – mit der Konsequenz, dass es nach dem Auftreten von Problemen im Feld extrem schwierig wird nachzuweisen, dass diese rechtzeitig erkannt und angemessene Gegenmaßnahmen eingeleitet wurden, d. h. der Nachweis der im Verkehr geschuldeten Sorgfalt wird nicht gelingen.

Methoden und Begriffe im Umfeld (und deren Schnittstellen zur FMEA)

8

Martin Werdich

In diesem Kapitel haben Sie die Möglichkeit, etwas über den üblichen FMEA-Horizont hinauszuschauen, um Zusammenhänge und Prozessschwächen schneller zu erkennen. Sollten Sie in Ihrem Unternehmen nach Studium der folgenden Methoden und Begrifflichkeiten Doppelarbeiten identifizieren können, so ist das volle Absicht (Abb. 8.1, 8.2, 8.3).

8.1 Überblick

8.2 Risikomanagement – Einführung

Aus Vorträgen und Büchern von Dr. Roland Franz Erben und Frank Romeike Die Zeiten, in denen Risiken allein mit Intuition, Erfahrung und Bauchgefühl gesteuert werden konnten, sind (leider?) lange vorbei. Heute sind unsere kognitiven Fähigkeiten und unser Reaktionsvermögen von der Komplexität und Dynamik der Risiko-Landschaft oft heillos überfordert.

Risikomanagement ist ein interdisziplinärer und zentraler Bestandteil der Unternehmensführung, da es ein unverzichtbarer Werttreiber ist. Ebenso ist es eine gesetzliche Verpflichtung, „geeignete Maßnahmen zu treffen, insbesondere ein Überwachungssystem einzurichten, damit den Fortbestand der Gesellschaft gefährdende Entwicklungen früh erkannt werden" (§ 91 Abs. 2 AktG) oder „die voraussichtliche Entwicklung mit ihren wesentlichen Chancen und Risiken zu beurteilen und zu erläutern" (§ 289 Abs. 1 HGB bzw. § 315 Abs. 1 HGB).

M. Werdich (✉)
Am Engelberg 28, 88239, Wangen im Allgäu
Deutschland
E-Mail: mwerdich@web.de

M. Werdich (Hrsg.), *FMEA – Einführung und Moderation*, DOI 10.1007/978-3-8348-2217-8_8, 139

	FMEA	FMECA	FMEDA	HAZOP	FTA
Personal-aufwand	Moderat	Moderat	Moderat	Moderat	Moderat
Zeitauf-wand	Hoch	Hoch	Hoch	Hoch	Hoch
Nötige Methoden Know-How	Hoch	Hoch	Hoch	Niedrig	Sehr hoch
Analyse-richtung	Bi-direktional	Bi-direktional	Bottom-Up	Bottom-Up	Top-Down
qualitativ/ quantitativ	Qualitativ	quantitativ	quantitativ	qualitativ	quantitativ
grob/ detailliert	grob oder detailliert	grob oder detailliert	detailliert	grob	grob oder detailliert
Einfach- / Mehrfach-fehler	Einfach-fehler	Einfach-fehler	Einfach-fehler	Einfach-fehler	Mehrfach-fehler
Anwen-dungs-bereich	System, Mechanik, HW, Pro-zess, (SW)	System, Mechanik, HW, Pro-zess, (SW)	HW	System, Mechanik, HW, Pro-zess, (SW)	System, Mechanik, HW, SW

Abb. 8.1 Überblick über FMEA- und verwandter Methoden (Adam Schnellbach)

Es geht im Risikomanagement um systematisches Erfassen und Bewerten von Risiken sowie die Steuerung von Reaktionen und Maßnahmen auf die gefundenen Risiken. Damit wird der Informationsstand des Entscheiders erheblich um wesentliche Informationen erweitert (Abb. 8.4).

Im Risikomanagement in Firmen geht es auch um die Glättung der Ertragsschwankungen (Abb. 8.5).

Die Glättung wird erreicht, indem die Risiken und somit auch die Chancen verringert werden. Eine zu starke Ertragsschwankung macht Unternehmen anfälliger für Heuschrecken und Insolvenz durch unvorhergesehene Ereignisse (z. B. Markteinbruch, Brand, Sabotage, …).

8.2.1 Risikoeinschätzung (Wie unsicher ist sicher genug?)

„The risks that kill you are not necessarily the risks that anger and frighten you." Peter Sandman

Um die Brücke zur FMEA (= Risikoanalyse) zu verdeutlichen, könnte dieser Satz auch so interpretiert werden: Die gefährlichen Risiken sind die, die Du nicht kennst oder ernst genug genommen hast.

Risiko ist ein Konstrukt – so weit, so gut. Der Umstand, dass die Risiko-Wahrnehmung und -Bewertung von Mensch zu Mensch äußerst unterschiedlich ausfallen kann, gehört zweifellos zu den Binsenweisheiten des Risikomanagements. Auch aus wissenschaftlicher Sicht gibt es an dieser Tatsache nichts mehr zu rütteln. In zahlreichen Unter-

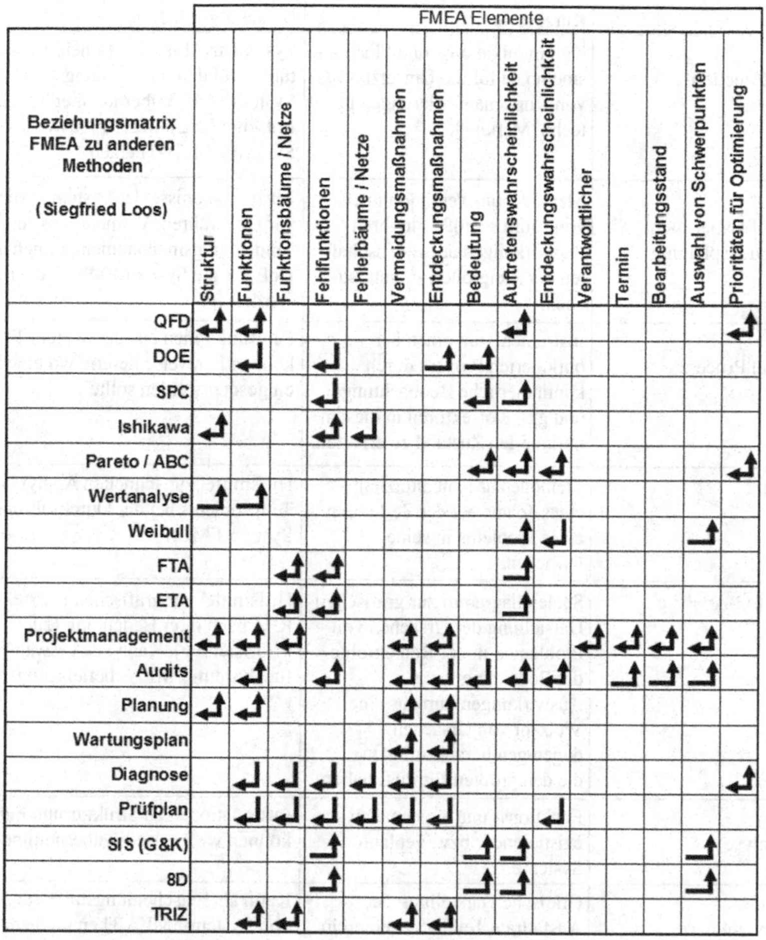

Beziehungsmatrix FMEA zu anderen Methoden (Siegfried Loos)	FMEA Elemente														
	Struktur	Funktionen	Funktionsbäume / Netze	Fehlfunktionen	Fehlerbäume / Netze	Vermeidungsmaßnahmen	Entdeckungsmaßnahmen	Bedeutung	Auftretenswahrscheinlichkeit	Entdeckungswahrscheinlichkeit	Verantwortlicher	Termin	Bearbeitungsstand	Auswahl von Schwerpunkten	Prioritäten für Optimierung
QFD	↲	↲						↲							↲
DOE		↲		↲			↲	↲							
SPC				↲				↲	↲						
Ishikawa	↲			↲	↲										
Pareto / ABC								↲	↲	↲					↲
Wertanalyse	↲	↲													
Weibull								↲	↲						↲
FTA			↲	↲					↲						
ETA			↲	↲					↲						
Projektmanagement	↲	↲	↲			↲	↲				↲	↲	↲	↲	
Audits		↲		↲		↲	↲	↲	↲	↲			↲	↲	↲
Planung	↲	↲				↲	↲								
Wartungsplan						↲	↲								
Diagnose		↲	↲	↲	↲	↲	↲								↲
Prüfplan		↲	↲	↲	↲	↲	↲				↲				
SIS (G&K)				↲					↲	↲					↲
8D				↲					↲	↲					↲
TRIZ		↲	↲			↲	↲								

Abb. 8.2 Beziehungsmatrix FMEA und weitere Methoden (Siegfried Loos)

suchungen [vgl. hierzu beispielsweise WHO 1999, S. IX] wurde die Abhängigkeit unserer Risiko-Wahrnehmung von unterschiedlichen Einflussfaktoren analysiert. Als Ergebnis lässt sich festhalten, dass unsere Einschätzung von Risiken unter anderem davon abhängt, …

… ob wir Risiken beeinflussen können oder nicht: Obwohl eine Fahrt im Auto statistisch gesehen um ein Vielfaches riskanter ist als eine Flugreise, befällt viele Menschen ein ungutes Gefühl, sobald sie den Flieger besteigen. Im Flugzeug ist man dem Können der Piloten, Fluglotsen und Techniker quasi „schutzlos" ausgeliefert. Beim Autofahren hat man dagegen – im wahrsten Sinne des Wortes – das Steuer selbst in der Hand. Somit können auch die Risiken (scheinbar!) autonom gesteuert werden.

… ob wir Risiken freiwillig oder unfreiwillig eingehen: Des Weiteren wird unsere Risiko-Wahrnehmung in ganz entscheidendem Maße davon beeinflusst, ob wir ein Risiko frei-

Methode	Kurzbeschreibung	Beziehung zur FMEA
QFD (Quality Function Deployment	Kommunikations- und Planungsmetho de für die Umsetzung von Kundenanforderungen in techn. Merkmale	Systemstruktur, Funktionen, Funktionsstrukturen und deren Bedeutung können für die System-FMEA übernommen werden. Entscheidungshilfe zur Auswahl von System-FMEA-Themen.
DoE (Design of Experiments Stat. Versuchsplanung	Methode, um Veränderungen von Einflussgrößen in ihren Auswirkungen auf Eigenschaften der Zielgrößen zu untersuchen.	Einzelergebnisse der System-FMEA können zur DoE führen. Vermeidungs- u. Entdeckungsmaßnahmen können aus der DoE für die System-FMEA generiert werden.
SPC (Statistical Process Control)	Instrument, um einen bereits optimierten Prozess durch kontinuierliche Beobachtung und ggf. Korrekturen in diesem optimierten Zustand zu erhalten.	Fehlfunktionen aus der System-FMEA können Hinweise liefern, wo eine SPC eingesetzt werden sollte.
Ishikawa	Methode zur Unterstützung eines Teams bei der Zerlegung eines Problems in seine Ursachen.	Hilfsmittel zur schnellen Analyse eines Teilproblems bei der Durchführung einer System-FMEA
Pareto/ABC-Analyse	Säulendiagramm zur grafischen Darstellung der Ursachen von Problemen in der Reihenfolge der Bedeutung ihrer Auswirkungen, um aus einer Vielzahl von Ursachen diejenigen herauszufinden, die den größten Einfluss haben.	Hilfsmittel zur grafischen Darstellung der RPZ nach ihrer Bedeutung (zur Priorisierung). Kann als Auswahlverfahren für System- FMEAs herangezogen werden.
WTU (Wertanalyse)	Funktions- und Kostenanalyse existierender bzw. geplanter Systeme	Informationen zu Struktur und Funktionen können wechselseitig übernommen werden.
Weibull / Badewannenkurve	Grafische Darstellung der Ausfallrate Teilen/Systemen in Abhängigkeit vom Betriebsalter	Kann als Entscheidungshilfe zur Auswahl von System-FMEA Themen dienen und Hinweise zu Auftretenswahrscheinlichkeiten geben.
FTA (Fehlerbaumanalyse)	Stellt logische Verknüpfungen von Komponenten und Teilsystemausfällen grafisch als Fehlerbaum dar. Das Auftreten des unerwünschten Ereignisses ist eine Funktion der Wahrscheinlichkeit.	Funktionsbäume, Funktionen, Fehlerbäume und Fehlfunktionen können zwischen beiden Methoden ausgetauscht werden. Die FTA kann Aussagen zu Auftretenswahrscheinlichkeiten liefern.

Abb. 8.3 Beziehungsmatrix FMEA und weitere Methoden (Siegfried Loos)

willig eingehen oder mehr oder weniger dazu gezwungen werden. Als geradezu klassisches Beispiel mag hier der Kettenraucher gelten, der gegen die Aufstellung eines Mobilfunksendemastes in seiner Nachbarschaft demonstriert. Eine einzige Zigarette schädigt seinen Körper wahrscheinlich mehr, als wenn er sein gesamtes Leben unter einem Funkmasten

Methode	Kurzbeschreibung	Beziehung zur FMEA
ETA (Ereignisablaufanalyse)	Stellt logische Verknüpfungen von Komponenten und Teilsystemausfällen grafisch als Freignisbaum dar. Das Auftreten der unerwünschten Ereignisse ist eine Funktion der Wahrscheinlichkeit.	Funktionsbäume, Funktionen, Ereignisablaufbäume und Fehlfunktionen können zwischen beiden Methoden ausgetauscht werden. Die EA kann Aussagen zu Auftretenswahrscheinlichkeiten liefern.
PM Projektmanagement	Methode zur Planung und zum Controlling von Projekten.	Strukturelemente, Funktionen und Funktionsabläufe sind zwischen beiden Methoden austauschbar. PM kann Vermeidungs- und Entdeckungsmaßnahmen der System-FMEA nutzen. PM kann als Instrument zur Abarbeitung der System-FMEA dienen und als Auswahlverfahren für System-FMEAs herangezogen werden. Mit Hilfe der System-FMEA kann ein Projektablauf auf seine Fehler und deren Folgen überprüft werden.
Audits	Systematische unabhängige Untersuchung und Dokumentation einer Aktivität und deren Ergebnisse.	Prozess-Struktur, Fehlfunktionen, Entdeckungs- und Vermeidungsmaßnahmen sind zwischen beiden Methoden austauschbar. Audit vor Erstellung der System-FMEA: Informationen für die durchzuführende FMEA ermitteln. Audit nach Erstellung der System-FMEA: um Wirksamkeit und Umsetzung der Maßnahmen zu überprüfen.
Planung	Fertigungsplanung (FPL); Werksplanung (Layoutplanung, Maschinenplanung, Anlagenplanung); Betriebsmittelplanung	Inhalte aus der Planung liefern Informationen zu Strukturelementen, Systemstruktur, Funktionen/Aufgaben, Vermeidungs- u. Entdeckungsmaßnahmen für die System-FMEA. System-FMEA-Inhalte liefern Informationen zu Layout, Fertigungsplan, Betriebsmittel, Maschinen, Anlagen, Optimierung von Prüfabläufen und Schulungsmaßnahmen für die Planung.

Abb. 8.3 (Forsetzung)

Methode	Kurzbeschreibung	Beziehung zur FMEA
Wartungsplan	Übersichtsplan zur Wartung von Maschinen, Anlagen und Fahrzeugen.	Vermeidungs- und Entdeckungsmaßnahmen der System-FMEA liefern Informationen zur Erstellung des Wartungsplanes. Inhalte des Wartungsplanes können Vermeidungs- und Entdeckungsmaßnahmen der System-FMEA sein.
Diagnose	Hilfsmittel zur Fehlerursachenfindung.	Fehlerbäume und Fehlfunktionen können in Diagnosesysteme übernommen werden.
Prüfplan / Prüfanweisung	Festlegung zu Prüfschärfen, Merkmalen, Prüfmitteln, Zeitpunkt und Ort etc. unter Berücksichtigung der Fertigungskette.	Inhalte des Prüfplanes können Vermeidungs- und Entdeckungsmaßnahmen der System-FMEA sein. Inhalte der System-FMEA können Hinweise liefern, wo ein Prüfplan erforderlich ist und welche Merkmale, an welcher Fertigungsfolge zu prüfen sind.
SIS / 8D / G&K-Statistiken (Schadens-Informations-System)	Schadensstatistiken, Ursachenforschung und Zusatzinformationen aus dem Feld	Inhalte der Schadensstatistiken können Hinweise auf Top-Fehler und deren Bedeutung sowie auf Fehlerursachen und deren Auftretenswahrscheinlichkeit liefern.
TRIZ	Theorie zur Lösung erfinderischer Probleme	Funktionen, Zusammenhänge und Verknüpfungen sind die gemeinsame Ausgangsbasis für Weiterentwicklungen.

Abb. 8.3 (Forsetzung)

sitzen würde. Trotzdem empfindet er die Gefahren des Mobilfunks als schwerwiegender, weil er – im Gegensatz zu seinem Nikotinkonsum – kaum eine Möglichkeit hat, sich bewusst für oder gegen die Inkaufnahme des Risikos zu entscheiden.

… wie beängstigend die Risikofolgen erscheinen: Unabhängig von der tatsächlichen „Schwere" oder den Mortalitätsraten bestimmter Krankheiten lösen einige Leiden größere Ängste aus als andere. Krebs ist beispielsweise eine Krankheit, die viele Menschen als äußerst beängstigend empfinden. Dementsprechend werden Technologien und Produkte, die im Verdacht stehen, Krebs zu verursachen, häufig sehr viel kritischer betrachtet als dies der Fall wäre, wenn sie „nur" für Herz-Kreislauf-Beschwerden verantwortlich wären.

… ob uns Risiken vertraut oder fremd sind: Menschen neigen dazu, Risiken aus ihrer eigenen Erfahrungswelt zu überschätzen: Arbeitslose erwarten für das Land höhere Arbeitslosenzahlen als der Durchschnittsbürger. Wenn einer meiner Freunde in Duisburg überfallen worden wäre, würde ich diese Stadt – losgelöst von allen Kriminalitätsstatistiken – immer für extrem gefährlich halten. Ähnliche Phänomene zeigen sich auch im Zusammenhang mit neuen, unbekannten und komplexen Technologien: So wurde beispielsweise im Jahr 1835 anlässlich der ersten Eisenbahnfahrt in Deutschland eindringlich vor den vielfältigen Gesundheitsgefahren gewarnt, die bei schneller Fortbewegung auftreten

Abb. 8.4 Was wir tun ist riskant … – Was wir nicht tun aber auch!

Abb. 8.5 Glättung der Ertragsschwankungen

können. Zur Erinnerung: Der „Adler" erreichte auf seiner Strecke zwischen Nürnberg und Fürth eine Spitzengeschwindigkeit von gerade einmal 28 km/h.

… ob wir uns mit anderen vergleichen: Vor allem in Bezug auf Krankheiten unterschätzen die meisten Menschen ihr eigenes Risiko. Beispielsweise attestieren sich sogar Hochrisikogruppen wie etwa Raucher, dass ihre ganz persönliche Anfälligkeit für Herz-Kreislauf-Erkrankungen deutlich geringer sei als im Durchschnitt der Bevölkerung. Diese feste Überzeugung, dass „es einen selbst schon nicht treffen wird" bezeichnen Wissenschaftler als „komparativen unrealistischen Optimismus" oder „einzigartige Invulnerabilität".

… ob wir die Risiko-Folgen als fair oder unfair ansehen: Risiken, die von Technologien und Produkten ausgehen, von denen in erster Linie andere profitieren, werden im Allgemeinen überschätzt. Hochspannungsleitungen, die über das eigene Territorium verlaufen, aber nur die Nachbargemeinde mit Elektrizität versorgen, empfinden die Bewohner eines Ortes als wesentlich gefährlicher als die Überlandleitungen, über die der Strom ins eigene Dorf fließt.

… ob die Risiko-Folgen früher oder später eintreten: Wenn es um Risiken für sich und andere geht, denkt der Mensch zumeist opportunistisch und egoistisch. Risiken, die ihm hier und jetzt kleine Unannehmlichkeiten bereiten, empfindet er bedrohlicher als zukünftige Mega-Gefahren, die seine ganze Spezies auslöschen können. Aufgrund dieser Konditionierung schlagen wir uns lieber mit unseren alltäglichen Sorgen herum, als die wirklichen Probleme der Menschheit – Klimakollaps, demografische Entwicklung, Armut etc. – in Angriff zu nehmen.

Zugegebenermaßen haben die bisher durchgeführten Untersuchungen zum Thema Risiko-Wahrnehmung überwiegend einen medizinischen, psychologischen, gesellschafts- oder verhaltenswissenschaftlichen Hintergrund. Allerdings entfalten die hier gewonnenen Ergebnisse natürlich auch weitreichende ökonomische Bedeutung – und dies gilt sowohl auf einzelwirtschaftlicher Ebene wie auch für ganze Volkswirtschaften. So setzt der Wille (beziehungsweise der Risiko-Appetit) eines Volkes zunächst einmal die Rahmenbedingungen, unter denen dann auch die Unternehmen agieren müssen. Die Akzeptanz neuer Technologien in der Bevölkerung und damit die gesetzlichen Restriktionen für deren Erforschung und Anwendung sehen in einer Gesellschaft mit eher vorsichtiger Mentalität wie der unsrigen natürlich ganz anders aus als in Ländern mit einer risikofreudigeren Kultur wie etwa den USA.

Gerade für Unternehmen aus „Hochrisikobranchen" wie etwa Chemie, Pharmazie, Mobilfunk, Energie, Lebensmittel etc. stellt der Faktor „Risiko-Wahrnehmung in der Öffentlichkeit" ein erhebliches externes Risiko dar. Fraglich ist allerdings, ob sie diesem Risiko auch wirklich hilflos ausgeliefert sind. Das eigentliche Problem ist ja in der Regel nicht die objektive, wissenschaftlich-technisch Abschätzung der Technikfolgen, sondern deren gesellschaftliche Bewertung. Die hier oftmals herrschende Irrationalität resultiert zumeist aus mangelnder Information und Transparenz – also durchaus Faktoren, bei denen aus Unternehmenssicht mannigfaltige Möglichkeiten zur Einflussnahme und Verbesserung bestehen. Offenheit und Kommunikation wird somit zu einer der wichtigsten Maßnahmen im Rahmen eines ganzheitlichen und proaktiven Risikomanagements (nicht zuletzt aus diesem Grund basiert ja auch das „Baseler Eigenkapitalgebäude" auf einer Säule „Offenlegung" beziehungsweise „Markttransparenz").

Offenheit und Information nach Außen müssen allerdings auch durch Offenheit und Transparenz nach Innen ergänzt werden. Dass eine möglichst „gute" (wie auch immer dies definiert sein mag) Risiko-Wahrnehmung einen zentralen Erfolgsfaktor darstellt, liegt auf der Hand: Unterschätzte Risiken können die Existenz des Unternehmens gefährden, überschätzte Risiken hindern es daran, durch die entschlossene Wahrnehmung der entsprechenden Chancen seinen Wert zu steigern.

Um eine differenzierte Risiko-Wahrnehmung zu etablieren und damit die Basis für den intelligenten Umgang mit riskanten Situationen zu schaffen, bedarf es allerdings nicht nur „harter" formal-organisatorischer Maßnahmen wie etwa der Erarbeitung einer Risiko-Strategie mit möglichst exakter Beschreibung des Risiko-Appetits und deren unternehmensweiten Etablierung über Leitlinien und Arbeitsanweisungen. Wie so oft haben sich in der Praxis vor allem die vielfältigen „weichen" Faktoren der Risiko-Kommunikation und -Kultur als erfolgskritisch erwiesen. Allen voran sind in diesem Zusammenhang so genannte Risiko-Komitees zu nennen – Gesprächskreise, in denen Mitarbeiter unterschiedlicher Abteilungen die Chancen und Risiken ihres jeweiligen Bereiches und des Gesamtunternehmens offen und ohne Tabus diskutieren können. Naturgemäß wird beispielsweise ein Mitarbeiter im Einkauf bestimmte Gefahrenpotenziale völlig anders

Abb. 8.6 Abwägung von
Risiko und Chance

einschätzen als ein Controller oder der Syndikus des Unternehmens. Gerade durch diese unterschiedlichen Sichtweisen und Erfahrungen der Beteiligten gelingt es jedoch häufig, eine abgestimmte und interdisziplinär fundierte Einschätzung der unterschiedlichen Risiken zu erreichen.

Der oft und gern zitierte „Blick über den Tellerrand" stellt daher weitaus mehr als nur eine anregende Beschäftigungstherapie für Mitarbeiter und Führungskräfte dar: Beim Thema Risiko-Wahrnehmung ist er wohl der wichtigste Erfolgsfaktor überhaupt.

„Warning! Hot coffee can cause severe burns! Not responsible for loose fitting lids! Coffee stains can be permanent! Two cup limit recommended! Do not drink hot coffee while driving a car! Decaffeinated coffee may still contain slight amounts of caffeine!" (Warnhinweis auf dem Pappbecher einer US-Kaffeehauskette)

8.2.2 Was ist ein Risiko?

Die Beschreibung eines Ereignisses (Abb. 8.6) …

- mit möglicher negativer Auswirkung = Risiko
- mit möglicher positiver Auswirkung = Chance

Die Höhe des Risikos selbst wird in der Risikomatrix definiert. Die Risikomatrix definiert sich im Allgemeinen aus Eintrittshäufigkeit zu Schadensausmaß. Diese Definition drückt aus, dass bei einem geringen Schadensausmaß eine höhere Eintrittswahrscheinlichkeit akzeptiert wird. Die Matrix wird mit Ampelfarben in einen akzeptablen, Vorsicht gebietenden und in einen inakzeptablen Bereich aufgeteilt. Eine einfache Multiplikation, wie sie oft vorgeschlagen wird, um das Risiko zu bestimmen, liefert unzuverlässige Werte, da die Bereiche unsymmetrisch sind (Abb. 8.7).

Diese Risikomatrix kann zunächst im Groben die Risiken übersichtlich aufzeigen. Der Betrachter sieht aber auch viele Dinge nicht. In der FMEA ist z. B. die Eintrittswahrscheinlichkeit aufgeteilt in Auftreten und Entdecken und ist somit für den Produktentstehungsprozess besser geeignet. Doch es gibt noch andere wichtige Fragen, die damit nicht aufgezeigt werden können.

Abb. 8.7 Risikomatrix

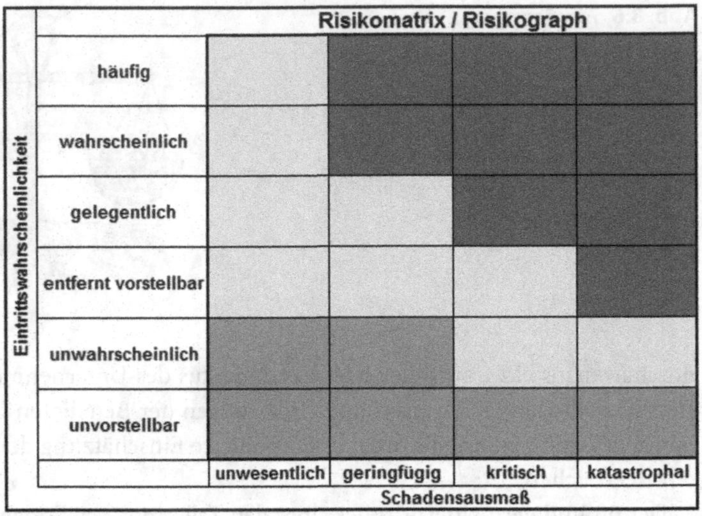

		Risikomatrix / Risikograph			
Eintrittswahrscheinlichkeit	häufig				
	wahrscheinlich				
	gelegentlich				
	entfernt vorstellbar				
	unwahrscheinlich				
	unvorstellbar				
		unwesentlich	geringfügig	kritisch	katastrophal
		Schadensausmaß			

Zum Beispiel sagt die Risikomatrix nichts über die zeitliche Dimension sowie eventuelle Verzögerungswirkungen eines Schadens aus (Persistenz): Sind vielleicht erst unsere Kinder beziehungsweise auch die nachfolgenden Generationen von den Schäden betroffen? Stichwort Treibhauseffekt, Gentechnik etc. Erkranke ich sofort oder erst nach einer langen Inkubationszeit?

Über Irreversibilität, das heißt die Nichtwiederherstellbarkeit des Zustandes vor dem Schadenseintritt, erfährt man ebenfalls nichts. Dabei ist es sehr wohl ein Unterschied, ob Tiere und Pflanzen unwiederbringlich ausgestorben sind oder ihre Population lediglich vorübergehend etwas zurückgegangen ist.

Auch im Hinblick auf die räumliche Ausdehnung (Ubiquität) eines Schadens erhalten wir keinerlei Informationen. Während die meisten natürlich oder technisch bedingten Risiken (wie etwa ein Blitzschlag, Hagelschauer, Erdbeben bzw. Zugunglück, Rechenzentrumsausfall, Brückeneinsturz) lokal begrenzte Schäden verursachen, können sich beispielsweise aggressive Krankheitserreger sehr schnell über ein größeres Gebiet verteilen. Und von der nuklearen Wolke, die von Tschernobyl gen Westen zog, waren auch Menschen betroffen, die Tausende Kilometer vom Unglücksort entfernt lebten.

8.2.3   Risikosteuerungsstrategien

1. Risikovermeidung (funktioniert nur mit strategischen Entscheidungen)
2. Risikoverminderung oder -begrenzung (es müssen personell, technisch oder organisatorische Maßnahmen greifen)
3. Risikoabwälzung (z. B. an Versicherungen, Risikotransfer oder alternative Risikofinanzierungen)
4. Risikoakzeptanz (das Risiko wird selbst getragen)

Abb. 8.8 Graph: Schadenseintrittswahrscheinlichkeit
über Schadensausmaß

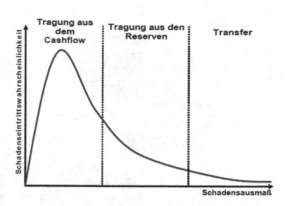

In der folgenden Abbildung sehen Sie Handlungsempfehlungen, die für jedes Risiko separat diskutiert werden. Je höher das Schadensausmaß (Kosten), desto eher müssen die
Risikokosten abgegeben werden. Je geringer das Schadensausmaß, desto eher können die
Kosten im Auftretensfall selbst abgefangen werden und die Kosten für z. B. Versicherungen sind geringer bzw. werden die erwarteten Gewinne erhöhen (Abb. 8.8).

8.2.4   Risikomanagement- Prozess

Die Phasen des Risikomanagements sind (Abb. 8.9 und 8.10):

1. Risiken identifizieren
2. Risiken bewerten
3. Risiken steuern
4. Risiken überwachen

8.2.5   Optimieren von Risikokosten

Ziel ist nicht die Risiko- Vermeidung, sondern die Risiko- Optimierung!

Wie in der FMEA ist hier eine Optimierung zwischen dem Nutzen und dem Aufwand
mit Analytik, Sinn und Verstand zu finden.

8.2.6   Risikomanagement und FMEA

Wer Risiken steuern will, muss sie alle erst kennen. Hierbei ist die Analysetechnik mittels
FMEA höchst geeignet.

Die FMEA bzw. die FMECA wird in der soeben veröffentlichten ISO 31010 „Risk as-
sessment techniques" sowie der ON-Regel 49000 „Risikomanagement für Systeme und
Organisationen" explizit als eine geeignete Methode für die Risikobewertung angeführt.

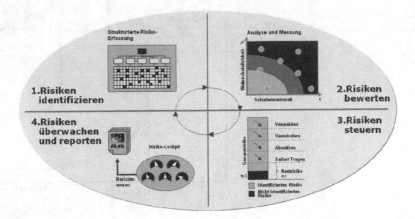

Abb. 8.9 Phasen des Risikomanagements

Abb. 8.10 Risikooptimierung

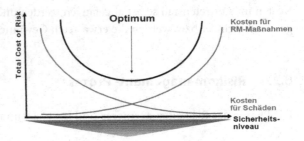

Somit erschließt sich für die FMEA ein riesiges Betätigungsfeld, das sich über alle Bereiche, wo Menschen vorausschauend an komplexen Projekten arbeiten müssen, erstreckt. Es folgen Beispiele, wo ich erwarte, dass sich die FMEA-Methodik in den nächsten Jahren als gängige Risikoanalyse etablieren wird:

- Medizintechnik
- Banken und Versicherungen
- Architektonische Großprojekte
- Projekte in Sozialgemeinschaften oder in der Politik
- Personalentwicklung

Voraussetzung ist hierzu, dass sich die Methodik flexibel in die Bereiche einpasst. Falls es möglich wird, dies von einer zentralen Organisation zu steuern, wäre allen Bereichen geholfen, da die Methodik dadurch noch weiter optimiert wird. (Branchenübergreifendes Lernen)

8.3   Funktionale Sicherheit

Adam Schnellbach, Alexander Schloske, Matthias Rauschenbach, Daniel Goldbach
und Hariet Wennmacher

Die Funktionale Sicherheit wird in diesem Kapitel lediglich grob skizziert. Die Methodik basiert auf der generischen Norm IEC 61508. Eine Ausführung über dieses Thema unter Berücksichtigung der Vorgehensweise gemäß dem Standard ISO 26262 und einem Vergleich beider Methoden wird im nächsten Update implementiert.

Mit der Komplexität elektrischer, elektronischer und programmierbar elektronischer Systeme (E/E/EP Systeme und Komponenten) steigt auch die Vielfalt der Fehlermöglichkeiten. Die Anwendung einer Methode zur Vermeidung systematischer Fehler und zur sicheren Beherrschung von Ausfällen ist erforderlich.

Die Funktionale Sicherheit ist die Fähigkeit eines elektrischen/ elektronischen oder programmiert elektronischen Systems, im Falle eines Fehlers in einem sicheren Zustand zu bleiben oder einen sicheren Zustand einzunehmen und ist somit eine Systemeigenschaft. Sie bezeichnet den Teil der Gesamtsicherheit eines Systems, der von der korrekten Funktion der sicherheitsbezogenen (Sub-) Systeme zur Risikominderung abhängt.

Die Funktionale Sicherheit wird erreicht durch

- Forderung nach Sicherheitsfunktionen (8.3.3)
- Forderung nach Sicherheitsintegrität (8.3.3)

Ein System ist funktionell sicher, wenn das Restrisiko akzeptabel ist. Normalerweise ist immer ein Restrisiko vorhanden (no risk – no chance). Die Funktionale Sicherheit hat allerdings die Aufgabe, das Restrisiko auf ein akzeptiertes Maß zu drücken.

Da Sicherheit auch erreicht werden kann, indem notfalls die bestimmungsgemäße Funktion eingestellt und ein sicherer Zustand eingenommen wird, spricht man auch von der Sicherheitsintegrität des Systems.

Anmerkung des Herausgebers: Ein echtes Zero-Risk ist meiner Meinung nach nicht erreichbar. In manchen Industriezweigen, wie z. B. bei Atomkraftwerken, wird allerdings offiziell mit Zero Risk gearbeitet. Dies kann ich mir nur erklären, wenn das Zero > 0 definiert wird.

8.3.1   Die Rolle der FMEA in der Funktionalen Sicherheit

Insbesondere die FMEA gemäß der VDA-Vorgehensweise gewinnt in diesem Zusammenhang als zentrale und durchgängige Analysemethode an Bedeutung, da mit ihr neben der üblichen Risikominderung durch Vermeidungs- und Entdeckungsmaßnahmen die Fehlerauswirkungen von Funktions-/Bauteilausfällen im Gesamtsystem systematisch und nachvollziehbar abgebildet und bewertet werden können.

Normender funktionalen Sicherheit

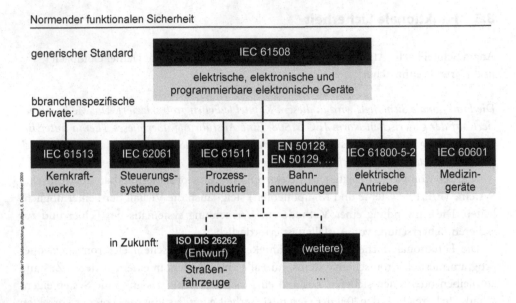

Abb. 8.11 Die IEC 61508 und ihre Derivate. (Quelle: Dipl.- Ing. M Rauschenbach)

Die Durchführung einer Konstruktions-FMEA auf der Bauteilebene unterstützt bei-spielsweise die Ermittlung und Bestätigung der Sicherheitskennwerte (SFF, PFH, PFD, DC ⇒ 8.3.5)

Die FMEDA dient zusätzlich zur Auswertung der Ausfallwahrscheinlichkeit von Elektronikkomponenten im System mit potenziell sicherheitskritischen Folgen.

8.3.2 Standards

IEC 61508

Diese internationale Norm, in Deutschland auch als DIN EN 61508 oder VDE 0803 bekannt, bildet den generischen Standard für die Funktionale Sicherheit. Sie gilt branchenübergreifend.

Ihr Ziel ist es, einen allgemeingültigen Lösungsweg für alle Tätigkeiten innerhalb des Sicherheitslebenszyklus für Systeme, welche aus elektrischen/elektronischen oder pro-grammiert elektronischen (E/E/PE) Komponenten bestehen, aufzuzeigen. Solche System-komponenten können z. B. das Antiblockiersystem eines Kfz oder das Fly by Wire System eines Flugzeuges sein, welches auf die kontinuierliche Ausführung der Sicherheitsfunktio-nen angewiesen ist.

Durch ihre Allgemeingültigkeit erleichtert die IEC 61508 die Entwicklung anwen-dungsspezifischer Normen wie z. B. der ISO 26262 für die Automobilindustrie (Abb. 8.11).

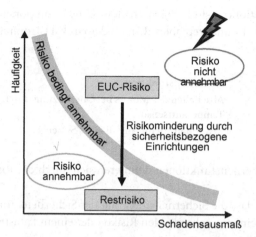

- **DIN EN 61508: risikobasierter** Ansatz
- Festlegung von Anforderungen für sicherheitsbezogene Systeme
- Gewährleistung einer angemessenen funktionalen Sicherheit
- tolerierbares Risiko durch gesellschaftliche und politische Auffassung bestimmt

Abb. 8.12 Graph: Tolerierbares Risiko. (Quelle: Dipl- Ing. M. Rauschenbach)

Die Geltungsbereiche der Norm sind Konzept → Planung → Entwicklung → Realisierung → Inbetriebnahme → Instandhaltung → Modifikation → Außerbetriebnahme → Deinstallation

ISO DIS 26262– Funktionale Sicherheit für elektrische und elektronische Systeme in Straßenfahrzeugen

Der zehnteilige Entwurf ISO DIS 26262 „Road vehicles – Functional safety" ist seit Juli 2009 öffentlich verfügbar. Mit der ISO 26262 wächst die Familie der Normung zur funktionalen Sicherheit nach dem generischen Standard IEC 61508 (DIN EN) um eine weitere Norm für sicherheitsbezogene elektrische und elektronische Systeme in der Automobilbranche. Die 26262 ist seit November 2011 im Bereich Automotive verpflichtend gültig.

8.3.3   Wichtige Begriffe und Definitionen in der FuSi

Risiko Kombination von Ausmaß und Auftretenswahrscheinlichkeit des Schadens [DIN EN 61508– 5]

$$R = \text{Eintrittswahrscheinlichkeit} \cdot \text{Ausmaß}$$

Die Gesellschaft definiert, wann ein Risiko akzeptabel oder nicht mehr akzeptabel ist (Abb. 8.12).

Sicherheitsrelevante Systeme Sicherheitsrelevante Systeme sind Systeme, die Sicherheitsfunktionen erfüllen müssen.

Sicherheitsfunktionen Sicherheitsfunktionen sind Eigenschaften einer Komponente eines sicherheitsrelevanten Systems, die ein unakzeptables Risiko oder ein katastrophales Vorkommnis vermeiden sollen.

Sicherheitsrelevantes System	Sicherheitsfunktion
Regelkreis bei Überhitzung des Motors	Abschalten des Motors bei Überhitzung durch Temperatursensor
Alle redundanten Systeme	Redundanz beim Ausfall eines Systems

Die Leistungsanforderungen an die Sicherheitsfunktionen definieren sich durch die Risikobewertung.

Das Ziel ist es nun, sicher zu stellen, dass die Sicherheitsintegrität der Sicherheitsfunktionen ausreichend ist, damit niemand einem unakzeptablen Risiko oder einem katastrophalen Vorkommnis ausgesetzt ist.

Sicherheitsintegrität Ist die „Wahrscheinlichkeit, dass ein sicherheitsrelevantes System die geforderten Sicherheitsfunktionen unter allen festgelegten Bedingungen innerhalb eines festgelegten Zeitraums anforderungsgemäß ausführt." (DIN EN 61508-4)

Ist die Wahrscheinlichkeit, dass zufällige Hardware-Ausfälle und systematische Ausfälle der sicherheitsrelevanten Komponenten nicht zu inakzeptablen Risiken führen.

Die Sicherheitsintegrität wird durch den Sicherheitsintegritätslevel SIL (in der ISO 26262 ASIL) bewertet.

8.3.4 Der Sicherheitsintegritätslevel (SIL) nach IEC 61508

Der SIL ist das Maß für die notwendige bzw. erreichte risikomindernde Wirksamkeit der Sicherheitsfunktionen. Der Level der geforderten Sicherheitsintegrität wächst mit der Bewertung des Schadens und der Häufigkeit, mit der eine Person der Gefahr ausgesetzt ist.

Die SIL-Klassifizierung erfolgt durch die Gefahren- **und Risikoanalyse.** Ein Hilfsmittel für die Ermittlung von Fehlfunktionen und Folgen kann beispielsweise die FMEA sein.

Mit dem Risikograph, wie in Abb. 8.13 dargestellt, können nun die Risiken klassifiziert werden.

Mit den ermittelten Fehlfunktionen und Folgen aus der FMEA lässt sich nun – mithilfe des Risikographs – der erforderliche SIL finden.

Zugehörige Klassifizierung

Schadensausmaß

S1: leichte Verletzung einer Person; kleinere schädliche Umwelteinflüsse

S2: schwere irreversible Verletzung einer oder mehrerer Personen oder Tod einer Person; vorübergehende größere schädliche Umwelteinflüsse

S3: Tod mehrerer Personen; lang andauernde größere schädliche Umwelteinflüsse

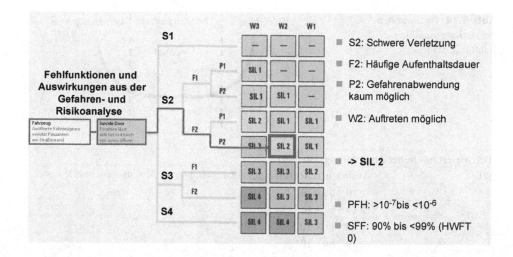

Abb. 8.13 Risikograph zur Ermittlung des SIL nach IEC 61508-5. (Quelle: Dr. A. Schloske)

S4: katastrophale Auswirkungen, sehr viele Tote

Aufenthaltsdauer von Personen

F1: selten bis öfter

F2: häufig bis dauernd

Gefahrenabwendung

P1: möglich unter bestimmten Bedingungen

P2: kaum möglich

Wahrscheinlichkeit

W1: eher unwahrscheinlich

W2: möglich

W3: sehr wahrscheinlich

Ist der SIL bekannt, kann man – anhand folgender Tabelle aus der IEC 61508– den PFD (probability of dangerous failure on demand) für niedrige Anforderungsraten oder den PFH (probability of dangerous failure per hour) für eine hohe Anforderungsrate herauslesen.

Betriebsart mit niedriger Anforderungsrate PFD	
SIL	Mittlere Ausfallwahrscheinlichkeit der entworfenen Funktion bei Anforderung
4	$\geq 10^{-5}$ bis $< 10^{-4}$
3	$\geq 10^{-4}$ bis $< 10^{-3}$
2	$\geq 10^{-3}$ bis $< 10^{-2}$
1	$\geq 10^{-2}$ bis $< 10^{-1}$

PFD Probability of dangerous failure on demand Für Low-Demand Systeme bzw. Betriebsart mit niedriger Anforderungsrate - > seltener als 1/Jahr

Abb. 8.14 Badewannen-
kurve: Rate zufälliger
Bauteilsausfälle λ

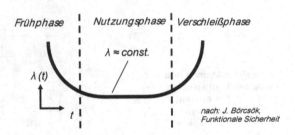

Betriebsart mit hoher Anforderungsrate PFH

SIL	Wahrscheinlichkeit eines gefahrbringenden Ausfalls pro Stunde
4	$\geq 10^{-9}$ bis $< 10^{-8}$
3	$\geq 10^{-8}$ bis $< 10^{-7}$
2	$\geq 10^{-7}$ bis $< 10^{-6}$
1	$\geq 10^{-6}$ bis $< 10^{-5}$

PFH Probability of dangerous failures per hour Für High-Demand Systeme bzw.
Betriebsart mit hoher Anforderungsrate bzw. kontinuierlicher Anforderung

Für das Beispiel in Abb. 8.14 ergibt sich aus obiger Tabelle ein PFH $\geq 10^{-7}$ bis $< 10^{-6}$
Entsprechende Tabellen finden sich in der IEC 61508 auch für die Sicherheitskennwerte
Diagnosedeckungsgrad DC und den **Anteil ungefährlicher Ausfälle SFF**, welche sich
aus den Werten für die Ausfallraten λ berechnen lassen.

Auf dieser Basis und dem Vergleich zwischen Soll-Vorgabe und Ist-Werten lassen sich
Maßnahmen zur Verbesserung der Systemzuverlässigkeit, Absicherungs- und Diagnosefunktionen sowie Vorgaben für die systematische Testplanung und die Betriebs- und Ser-
vicedokumentation ableiten. Mit diesen Verbesserungsmaßnahmen der Hardware-Archi-
tektur und der Diagnosefunktionen beeinflusst man umgekehrt natürlich auch wieder den
Diagnostic Coverage (DC).

8.3.5 Sicherheitskennwerte nach IEC 61508

Die Gesamtausfallrate λ
    Die Gesamtausfallrate λ ergibt sich aus der Summe aller
    Ungefährlichen Fehler λ_S
    Gefährlichen, entdeckten Fehler (dangerous and detected failure) λ_{DD}
    Gefährlichen unentdecktem Fehlern (dangerous and undetected failure) λ_{DU}

$$\lambda = \Sigma \lambda_S + \Sigma \lambda_{DD} + \Sigma \lambda_{Du}$$

Entwicklung der Gesamtausfallrate im Laufe des Sicherheitslebenszyklus $\lambda(t)$
Während der Frühphase des Sicherheitslebenszyklus gelingt es in relativ kurzer Zeit, die
Gesamtausfallrate erheblich zu reduzieren, was hauptsächlich auf eine Reduktion von λ_{DD}
zurückzuführen ist.

Während der Nutzungsphase bleibt der Wert nahezu konstant, da die Geräte auf diese Phase ausgelegt sind.

Während der Verschleißphase steigt die Anzahl der zufälligen Ausfälle in gleicher Weise an wie sie in der Frühphase reduziert wurde.

DC: Diagnostic coverage (Diagnoseentdeckungsgrad)

$$DC = \frac{\Sigma \lambda_{DD}}{\Sigma \lambda_{DD} + \Sigma \lambda_{DU}}$$

SFF: Safe Failure Fraction
  (Anteil ungefährlicher Ausfälle)

$$SFF = \frac{\Sigma \lambda_S + \Sigma \lambda_{DD}}{\Sigma \lambda_S + \Sigma \lambda_{DD} + \Sigma \lambda_{DU}}$$

8.3.6   Anforderungen an Management während des Sicherheitslebenszyklus

Das Management sollte Personen, Abteilungen oder Organisationen für die Ausführung und Überprüfung der entsprechenden Phasen des Sicherheitslebenszyklus festlegen und dabei die Kompetenzen der beteiligten Personen sicherstellen.

In einem weiteren Schritt müssen vom Management die angewandten Maßnahmen und Methoden festgelegt werden.

8.3.7   Anforderungen an die Dokumentation während des Sicherheitslebenszyklus

Die Dokumentationsstruktur besteht aus

- Sicherheitsplan
- Sicherheitskonzept (z. B. Pflichtenheft)
- Sicherheitsanforderungen (z. B. Lastenheft)
- Validierungs- und Verifikationsplan

Die Dokumentation hat die Aufgabe,

- Informationen zu jeder abgeschlossenen Phase des gesamten Sicherheitslebenszyklus für wirkungsvolle Durchführung der Tätigkeiten zu beinhalten,
- Einzelheiten in der Beschreibung der jeweiligen Abschnitte aufzuführen,
- Informationen für Management, Verifikation und Beurteilung der funktionalen Sicherheit zur Verfügung zu stellen und deren Ergebnisse wiederzugeben,
- Anforderungen an die äußere Form zu erfüllen
- den Beteiligten bedarfsgerecht zur Verfügung zu stehen.

8.4   FTA (Fault Tree Analysis)

Adam Schnellbach, Hariet Wennmacher

Die Fehlerbaumanalyse (engl. Fault Tree Analysis) ist, im Gegensatz zur ursprünglich induktiven FMEA, ein deduktives (Top to down) Verfahren, um die Wahrscheinlichkeit eines systemischen Ausfalls zu bestimmen. Das System wird für einen bestimmten Versagensfall logisch unterteilt und die Komponenten, die den Fehler verursachen könnten, werden ausgewertet.

Es handelt sich dabei um eine Systemanalyse nach DIN 25424, welche zur Analyse aller Systeme geeignet ist.

Die Analysemethode wurde 1962 von Bell Telephone Laboratories entwickelt und von Boeing Company optimiert.

Mithilfe der FTA ist es möglich, ein zu analysierendes System qualitativ und quantitativ im Hinblick auf das Ausfallverhalten auswertbar abzubilden.

Der Fehlerbaum ist eine grafische Darstellung der logischen Zusammenhänge, die zu einem vorgegebenen Ereignis führen.

Bei der Aufspaltung eines Fehlerereignisses in mehrere Unterereignisse kommt es zu verschiedenen Fehlerquellen. Ein Ereignis, das unzerlegbar ist (z. B. Menschliches Versagen) oder das nicht weiter untersucht werden soll, ist ein sogenanntes „Grundereignis". Grundereignisse sind Ereignisse, an denen die Analyse abgebrochen wird. Das heißt, der Fehlerbaum wird solange erweitert, bis an den Spitzen des Baumes nur noch Grundereignisse stehen. Die Ereignisse müssen unabhängig voneinander sein.

8.4.1   Der Fehlerbaum

Vorgehensweise zur Erstellung

- Topfehler definieren
- Suche nach unmittelbaren, nötigen und hinreichenden Fehlern und Konditionen oder deren Kombinationen, welche Topfehler verur-sachen können
- Logische Verknüpfung der Fehler und Konditionen
- Vorgang wiederholen, bis diejenige Ebene erreicht wird, welche unabhängige Basisfehler oder bestehende Ausfallraten beinhaltet

Aufbau des Fehlerbaums

Die FTA wird als logisches Diagramm mit den Symbol- Hauptgruppen (Abb. 8.15):

1. Ereignisse *(Events)* und
2. logische Verknüpfungen *(Gatter/ Gates)* dargestellt.

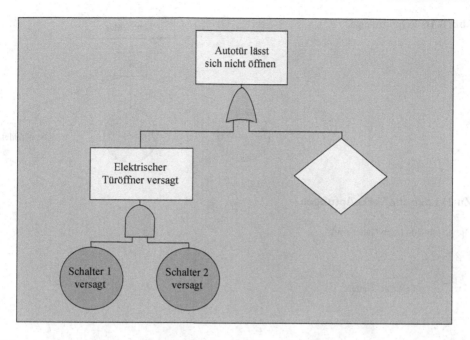

Abb. 8.15 Beispiel für einen Fehlerbaum

Die Türe lässt sich nicht öffnen, weil entweder der elektrische Türöffner versagt ODER die mechanische Türöffnung klemmt.

Der elektrische Türöffner besitzt zwei redundante Schalter. Nur wenn Schalter 1 UND Schalter 2 nicht schalten, versagt auch der elektrische Türöffner.

Zu 1) Ereignisse

Die wichtigsten Ereignisse sind:

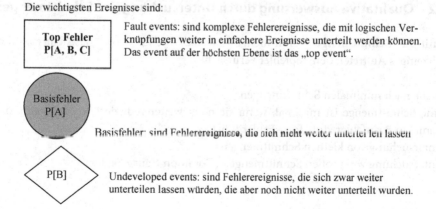

Top Fehler P[A, B, C]   Fault events: sind komplexe Fehlerereignisse, die mit logischen Verknüpfungen weiter in einfachere Ereignisse unterteilt werden können. Das event auf der höchsten Ebene ist das „top event".

Basisfehler P[A]

Basisfehler: sind Fehlerereignisse, die sich nicht weiter unterteilen lassen

P[B]   Undeveloped events: sind Fehlerereignisse, die sich zwar weiter unterteilen lassen würden, die aber noch nicht weiter unterteilt wurden.

Abb. 8.16 Schnittmenge

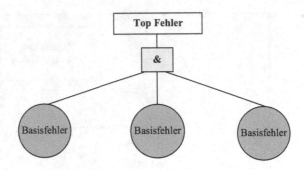

Zu 2) Logische Verknüpfungen

Die gebräuchlichsten Gatter sind:

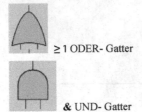

≥ 1 ODER- Gatter

& UND- Gatter

Auch andere Bool'sche Operationen wie NAND, NOR, XOR sind erlaubt. Allerdings können diese mathematisch auch durch die in der Industrie üblichen einfachen Gatter NOT/ AND/ OR dargestellt werden.

Der verwendete Teilsatz der Operationen muss am Anfang des FTA-Aufbaus festgelegt werden (Abb. 8.16).

8.4.2 Qualitative Auswertung durch Untersuchung der Schnittmengen

Definition Schnittmenge Schnittmenge ist die Menge von Basisfehlern, deren gleichzeitiges Auftreten den Topfehler verursacht.

- Suche nach minimalen Schnittmengen
  Eine Schnittmenge ist minimal, wenn sie nicht weiter reduziert werden kann, d. h., wenn ein Basisfehler zum Top –Fehler führt.
- Untersuchung von kleinen Schnittmengen
- Untersuchung von großen Schnittmengen (Common Cause Fehler)

8.4.3 Quantitative Auswertung

Für die Berechnung der Wahrscheinlichkeit werden die Gesetze für Durchschnitt und Vereinigung verwendet.

$$P[A \cap B] = P[A]^*P[B|A] \qquad P[A \cup B] = P[A] + P[B] - P[A \cap B]$$

FTA in APIS

In APIS werden $P[A]$, $P[B]$... mit α, β, λ, μ bezeichnet und genau definiert:

α: die Wahrscheinlichkeit für die Fehlerart
β: die Wahrscheinlichkeit für die Fehlerfolge
λ: die Ausfallrate für das Systemelement
μ: die Reparaturrate für das Systemelement.

Die Eingabe dieser Werte an jedem Knoten des Fehlerbaumes ist für die Berechnung der Nichtverfügbarkeit H und der Fehlerhäufigkeit Y erforderlich. Die Berechnung erfolgt gemäß DIN 25424.

Sämtliche Eingabewerte müssen größer 0 sein. Die Werte für α und β dürfen zudem nicht größer als 1 sein. Wenn alle Nachfolger eines Logik-Knotens mit Werten für H und Y versehen sind, dann werden diese Werte auch für diesen Logik-Knoten berechnet. Auf diese Weise werden die Werte zur Wurzel des Fehlerbaumes propagiert.

8.4.4   Vergleich FMEA – FTA

Gemeinsamkeiten

*   Sowohl die FTA als auch die moderne Art, eine FMEA durchzuführen, sind deduktive Top-down-Methoden.
*   Beide Methoden verfolgen die Ziele, die Ursachen eines Top Level Fehlers und die Folgen eines Lower-Level-Fehlers zu finden.

Unterschiede

FTA		FMEA	Bemerkung
Quantitative Methode	$\neq$	Qualitative Methode	
Mehrfachfehler	$\neq$	Einfachfehler	Analyse der Diagnosen in mechatronischen Systemen und SW ist in der FTA einfacher
Fehlerbaum	$\sim$	Fehlernetz	Das Fehlernetz beinhaltet NUR ODER- Gatter Jedes Fehlernetz kann mittels FTA dargestellt werden, aber nicht umgekehrt
Normale Ereignisse	$\neq$	-	Werden in der FMEA nicht dargestellt

8.5   FMEDA

Peter Hartmann, Marcus Heine

Die Abkürzung FMEDA steht für „Failure Modes, Effects and Diagnostic Analysis", zu
Deutsch „Fehler-Möglichkeits, Einfluss- und Diagnosenanalyse", und stellt eine Erweiterung der FMEA um quantitative Kenngrößen dar. Die FMEDA ist eine systematische Analysetechnik. Sie wurde entwickelt, um technische Systeme oder Produkte auf die Erfüllung
bestimmter Sicherheitslevel zu überprüfen. Diese Überprüfung erfolgt auf Grundlage der
Ausfallraten, Ausfallarten und Diagnosefähigkeiten des Systems oder Produktes.

Die FMEDA ist ein gesamtheitlicher Ansatz, bei dem alle Bauteile des zu beurteilenden
Systems betrachtet werden. Dabei wird für jedes Bauteil des Systems ein Urteil darüber
getroffen, ob der Ausfall dieses Bauteils sicherheitskritisch ist oder nicht. Mit den Ausfalldaten über alle Bauteile werden anschließend, je nach Norm geforderte Metriken berechnet, die Aufschluss über den Sicherheitslevel des Systems geben.

8.5.1   Entwicklung/Geschichte

Mit steigender Komplexität und Sicherheitsrelevanz von Systemen (Flugzeuge, Autos etc.)
wurde es zunehmend wichtiger, die Zuverlässigkeit (also die Abwesenheit von Fehlern) der
Systeme zu gewährleisten. Für die Entwicklung solcher Systeme ist die FMEA eine etablierte und viel genutzte Methode. Jedoch ist die FMEA eine rein qualitative Analyse. Das heißt,
dass alle Bewertungen innerhalb der Analyse relativ zueinander abgeschätzt werden. Es
gibt jedoch keine konkreten Mengen- oder Messgrößen, die in die Analyse einfließen können. Somit können zwei FMEAs, die unabhängig für dasselbe Produkt durchgeführt werden, zu verschiedenen Ergebnissen kommen, ohne dass eine von beiden falsch sein muss.

Um also die Zuverlässigkeit von komplexen sicherheitskritischen Systemen zu bewerten, muss eine Analyse auf Basis von nachvollziehbaren, quantitativen Daten erfolgen. Um
dies zu ermöglichen, wurde im Laufe der 80er Jahre die Methodik zur FMEDA ausgebaut.
Sie erweitert die Analyse um quantitative Kenngrößen, mit denen die Zuverlässigkeit eines
Systems in Abhängigkeit von der Zeit bewertet werden kann.

Seit dem Jahr 2000 und vor allem mit der Einführung der IEC 61508, kommt der FME-
DA-Methodik eine immer größere Bedeutung zu. Die Norm erkennt die Methode offiziell
an und basiert die Entscheidung, ob ein System sicher genug ist, auf Berechnungsergebnis-
sen der FMEDA. Auch in der aktuell im Entwurf befindlichen ISO 26262 für den Automotivebereich sind die Ergebnisse einer FMEDA ein zentrales Kriterium für die Bewertung
der Sicherheit eines Systems.

8.5.2   Integration in das Funktionale Sicherheitsmanagement

Zunächst soll der Begriff Sicherheit definiert werden. Er bedeutet die Abwesenheit von
nicht tolerierbaren Risiken von physischen Verletzungen oder Schäden an der Gesundheit

von Menschen, entweder direkt oder indirekt als Folge von Schäden an Objekten oder der Umwelt. (IEC/SC65A/WG14, 2005)

Das Funktionale Sicherheitsmanagement befasst sich mit den Anforderungen an den gesamten Produktentstehungsprozess, um die Sicherheit von Produkten zu gewährleisten.

Im Laufe dieses Prozesses wird unter anderem eine Gefährdungsanalyse durchgeführt. Sie ermittelt sämtliche Gefährdungen, die von einem Produkt ausgehen können. Auf Basis dieser Gefährdungen werden Sicherheitsziele definiert, die – je nach Schwere der Folgen der Gefährdung – einen gewissen Sicherheitsintegritätslevel erfüllen müssen. Ob nun ein Produkt diesen Sicherheitsintegritätslevel tatsächlich erfüllt, kann mit einer FMEDA aufgezeigt werden (belegt werden muss dieses auf jeden Fall, die Möglichkeiten dafür sind entweder die FMEDA oder eine FTA).

8.5.3   Beschreibung der Methodik

Wie bereits erwähnt, wird in der FMEDA das gesamte System bewertet. Die Berechnungen einer FMEDA beruhen dabei auf den Ausfallraten der Bauteile. Letztendlich müssen also alle Bauteile des Systems analysiert werden. Zunächst werden dafür alle Bauteile sowie deren Ausfallraten zusammengetragen. Dies erfolgt meist mit Hilfe von Stücklisten, Schaltplänen oder Ähnlichem. Um die Übersicht zu erhöhen, werden die Bauteile in Baugruppen zusammengefasst. Jede Baugruppe wird anschließend evaluiert. Bei der Fehlerbewertung werden die möglichen Fehler eines jeden Bauteils untersucht. Der Ausfall eines Bauteils kann dabei auf verschiedene Arten geschehen. So kann ein Transistor zum Beispiel durch einen Kurzschluss, Unterbrechung oder Drift von Parametern ausfallen. Jede diese Ausfallarten eines Bauteils muss zusätzlich auf deren Auswirkung auf die Sicherheitsfunktion des Systems bewertet werden. Als Kenngröße der Fehlerbewertung kann damit die Ausfallrate für gefährliche und unerkannte Ausfälle eines jeden Bauteils und jeder Ausfallart berechnet werden. Um die Ausfälle zu reduzieren und die Sicherheit zu erhöhen, kann jeder Fehlerart auch eine Diagnose zugewiesen werden, mit der es möglich ist, diesen Ausfall zu erkennen. Mit all diesen Daten werden für die Auswertung der FMEDA Metriken berechnet. Anhand dieser Metriken kann konkret die Erfüllung gewisser Sicherheitsstandards widerlegt bzw. nachgewiesen werden (Abb. 8.17).

Die FMEDA nimmt also eine umfassende Betrachtung des Systems vor und berücksichtigt u. a.:

* Alle Komponenten eines Designs
* Die Funktionen jeder Komponente
* Die Fehlerarten jeder Komponente
* Den Einfluss jeder Fehlerart auf die Produktfunktionalität
* Die Fähigkeit einer Diagnose, den Fehler zu erkennen
* Die Operationsprofile (umgebungsspezifische Belastungsfaktoren wie Temperatur, Druck, Luftfeuchte etc. – dies schlägt sich in der Ausfallrate eines Bauteils nieder)

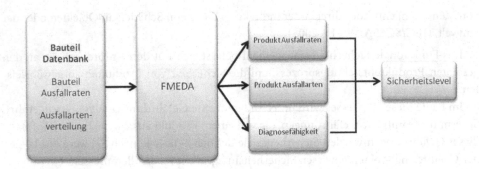

Abb. 8.17 Schema: FMEDA nach Grebe und Goble 2007

Ausfall eines Bauteils

Die Ausfallrate eines Bauteils beschreibt, wie wahrscheinlich ein Bauteil innerhalb eines Zeitintervalls ausfällt. Eine gebräuchliche Einheit ist zum Beispiel FIT (Failures in Time). Besitzt ein Bauteil zum Beispiel die Fehlerrate 1 FIT, so bedeutet das, dass das Bauteil statistisch 1 mal innerhalb von 10^9 h ausfallen wird (also 1 mal alle 114155 Jahre). Die Ausfallraten von Bauteilen werden aus einer Kombination von mathematischen Modellen, Laborversuchen sowie der Auswertung von Feldausfällen ermittelt. In einschlägigen Datenbanken sind diese Ausfallraten sowie die Verteilung der Ausfallarten (durch was ist das Bauteil ausgefallen) dokumentiert. Die Wahrscheinlichkeit, dass ein Ausfall eines Bauteils auf eine bestimmte Art erfolgt, wird dabei Fehlersplit genannt (so fällt zum Beispiel eine Diode zu 70 % durch einen Kurzschluss aus). Solche Datenbanken enthalten die Ausfallraten für elektrische, elektronische, programmierbar elektronische (E/E/PE) und auch mechanische Bauteile. Die Ausfallraten sind auch immer abhängig von der Umgebung, in der sie eingesetzt werden sowie Belastungsprofilen.

Aufteilung der Fehler

Jedes Bauteil in einem System erfüllt eine andere Funktion. Je nach Kritikalität der Funktion bzw. dem Einfluss des Bauteils muss ein Ausfall des Bauteils nicht eine Funktion des Systems beeinträchtigen bzw. keine Gefährdung hervorrufen. Deshalb wird der Ausfall eines Bauteils weiter unterteilt in die folgenden 4 Kategorien: λ_{SU}, λ_{SD}, λ_{DU}, λ_{DD} (Abb. 8.18).

8.5.4 Durchführung einer FMEDA

Im Nachfolgenden soll die Durchführung einer FMEDA anhand eines kurzen Beispiels verdeutlicht werden. In dem Beispiel soll die Sicherheit eines Bremssystems evaluiert werden. Dazu wird das System zunächst analysiert, seine Funktionen aufgestellt und die ver-

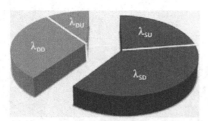

λ_{SU}	(safe undetected) – Anteil sicherer Ausfälle, die nicht von einer Diagnose erkannt werden
λ_{SD}	(safe detected) – Anteil sicherer Ausfälle, die von einer Diagnose erkannt werden
λ_{DU}	(dangerous undetected) – Anteil gefährlicher Ausfälle, die nicht von einer Diagnose erkannt werden
λ_{DD}	(dangerous detected) – Anteil gefährlicher Ausfälle, die von einer Diagnose erkannt werden
Ausfallrate des Bauteils = $\lambda_{ges} = \lambda_{SU} + \lambda_{SD} + \lambda_{DU} + \lambda_{DD}$	

Abb. 8.18 Aufteilung der Fehler

antwortlichen Bauteile identifiziert. Wie bereits erwähnt, ist die FMEDA ein Werkzeug innerhalb einer größeren Prozesskette.

Bevor die FMEDA also überhaupt durchgeführt wird, ist bereits folgendes geschehen:

- Aufbau des Systems bestimmt (Bauteile, Funktionen)
- Gefährdungen des Systems bestimmt
- Folgen/ Schwere der Gefährdungen bestimmt
- Sicherheitsintegritätslevel für das System festgelegt.

Mit der FMEDA kann nun geprüft werden, ob die Sicherheitsintegritätslevels von dem System eingehalten werden (Abb. 8.19).

Hier soll die FMEDA lediglich exemplarisch für einen Teil des Systems durchgeführt werden. Dazu wird die Baugruppe der Nabenbremseinheit betrachtet. In folgender Abbildung ist die durchgeführte Analyse zu sehen (Abb. 8.20).

Nachdem die Gesamtausfallrate der Baugruppe bestimmt ist (zum Beispiel durch Herstellerangaben oder Zuverlässigkeitsvorhersagen), werden alle Ausfallarten (Failure Modes) identifiziert. Der Failure Split beschreibt, wie wahrscheinlich diese Ausfallart bei einem Ausfall ist. Nachdem die Konsequenzen des Fehlers beschrieben sind, erfolgt eine Abschätzung der sicheren Fehler dieser Ausfallart. Eine Festlegung von möglichen Diagnosen und deren Effektivität, also der Diagnosendeckungsgrad, schließt die Eingaben für die FMEDA ab. Über interne Berechnungen werden die Ausfallraten für das gesamte Produkt berechnet. Auf Basis von diesen Daten können Metriken berechnet werden. Die Interpretation dieser Metriken und eventuelle Schlussfolgerungen obliegen dann jeweiligen normativen Bestimmungen.

IEC 61508 Berechnungen

Abb. 8.19 Beispiel: Gesamtes Bremssystem

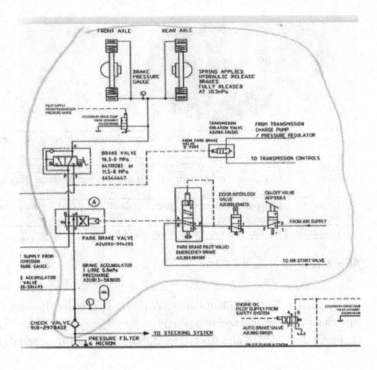

Bremssystem FMEDA

Nabenbremseinheit
(Ausfallrate λ = 20000 FIT)

								Interne Berechnungen			
Failure Mode	Failure Split	Effect on Safety System	Safe Failures (%)	Detection Method / Diagnostics	Diagnostic Coverage		λ_{sd} [FIT]	λ_{su} [FIT]	λ_{dd} [FIT]	λ_{du} [FIT]
gebrochene Feder	5%	Bremskraft reduziert	50%	Inspektion / Testen	0%		0	500	0	500
Falsches Öl	10%	Bremsen nicht mehr möglich	0%	Inspektion / Testen	0%		0	0	0	2000
abgenutzte Beläge	80%	Bremskraft reduziert	50%	Entstehung erkennbar durch Bremsbelag- Indikatoren	100%		8000	0	8000	0
Kolben festgeklemmt	5%	Bremsen nicht mehr möglich	0%	Inspektion / Testen	0%		0	0	0	1000
						Σ	8000	500	8000	3500

Auswertung					
Σλ sicher =	8500	**SFF**	**83%**		
Σλ gefährlich =	11500			**PFD**AVG	**3,50E-06 h⁻¹**
Σλ gesamt =	20000				
Σλ gefährlich unerk. =	3500	**DC**	**70%**		
Σλ gefährlich erk. =	8000				

Abb. 8.20 FMEDA Nabenbremseinheit

In der IEC 61508 (DIN EN 61508 – Funktionale Sicherheit sicherheitsbezogener elektrischer/ elektronischer/programmierbarer elektronischer Systeme, 2003) werden verschiedene Metriken für die Evaluation von sicherheitskritischen Systemen definiert und genutzt. Die IEC 61508 arbeitet dabei mit den Metriken SFF, DC, PFHavg und PFDavg, die in folgender Tabelle näher erläutert werden:

Metrik	Beschreibung	Berechnung
SFF	Safe Failure Fraction – der Anteil ungefähr-licher Ausfälle des Teilsystems	$SFF = \frac{\sum \lambda_s + \sum \lambda_{DD}}{\sum \lambda_s + \sum \lambda_D}$
DC	Diagnostic Coverage – Diagnosedeckungs-grad, Anteil der gefährlichen Ausfälle die durch Diagnosen erkannt werden können	$DC = \frac{\sum \lambda_{DD}}{\sum \lambda_D}$
PFHavg	Mittlere Ausfallwahrscheinlichkeit je Stunde für die Sicherheitsfunktion eines E/E/PE sicherheitsbezogenen Systems	Vorgehen: 1. Betriebsart bestimmen 2. Architektur bestimmen 3. Parameter bestimmen (λ_{du}, beta, beta detected, DC, MooN) Für Details siehe IEC 61508-6
PFDavg	Mittlere Wahrscheinlichkeit für einen Ausfall bei Anforderung für die Sicherheitsfunktion eines E/E/PE sicherheitsbezogenen Systems	

8.5.5   Weiterentwicklungen

Im Laufe der Nutzung der FMEDA-Methodik wurde diese immer weiter verfeinert. Dies geschah auf zwei Ebenen. Zum einen wurde die Methodik selbst modifiziert. So wurden die klassischen Ausfallmöglichkeiten von sicher und gefährlich erweitert und Fehlermodi wie „not part" und „no effect" wurden hinzugefügt, um eine genauere Betrachtung der Systeme zu ermöglichen. Auf der anderen Seite gab es auch beträchtliche Fortschritte bei den verfügbaren Daten von Ausfallraten von Komponenten, also genau die Informa-tion, auf der sämtliche Berechnungen einer FMEDA basieren. Durch neue und exaktere mathematische Modelle sowie einer zunehmenden Zahl von Feldversuchen werden die Daten immer genauer und extensiver. So bestehen heute auch schon etablierte Datenban-ken mit Ausfalldaten für mechanische Komponenten. Dadurch kann die FMEDA-Metho-dik nun auch für elektronisch-mechanische Mischsysteme oder auch rein mechanische Systeme verwendet werden.

Besonders durch die anstehende Einführung der internationalen Norm ISO 26262 für den Prozess der funktionalen Sicherheit im Automotivebereich wurde die FMEDA weiter modifiziert und gewinnt zunehmend an Bedeutung.

Erweiterung der FMEDA für ISO 26262 Baseline 15 (Draft Version)

Die klassische FMEDA nach IEC 61508 betrachtet lediglich Single Point Faults, also Ein-zelpunktfehler, die an nur einem Punkt entstehen und alleine für sich schon eine Gefähr-dung der Systemfunktionalität ermöglichen. Nicht berücksichtigt dadurch sind latente Fehler (Fehler, die nicht erkannt wurden und im System bestehen bleiben) und Multiple Point Faults, also Fehler, die nur in Zusammenhang bzw. bei Auftreten mit einem anderen, zweiten Fehler eine Gefährdung der Systemfunktionalität ermöglichen.

Die FMEDA nach ISO 26262 erweitert die FMEDA also um eine vollständige Fehlerbe-trachtung der latenten und Multiple Point Faults. Folgende Abbildung zeigt exemplarisch

Fensterheber FMEDA

Leistungspfad

Component Name	Failure Rate / FIT	Safety Related Component? No Safety Related Component?	Failure Mode	Failure Split	Residual and Single Point Faults				Latent Multiple Point Faults			
					Failure mode that has the potential to violate the safety goal in absence of Safety mechanisms?	Safety Mechanism(s) allowing to prevent the failure mode from violating the safety goal?	Failure Mode coverage wrt. Violation of safety goal	Residual or Single Point Fault Failure rate / FIT	Failure mode that may lead to the violation of safety goal in combination with an independent failure of another component?	Detection means? Safety mechanism(s) allowing to prevent the failure mode from being latent?	Failure Mode coverage wrt. Latent failures	Latent Multiple Point Fault failure rate / FIT
C015	4,3	SR	Kurzschluß	15%					x		0%	0,645
			Unterbrechung	80%	x	SM1	99%	0,034	x	SM1	100%	0,000
			Drift	5%					x		0%	0,215
R004	0,4	SR	Unterbrechung	70%	x	SM1	99%	0,003	x	SM1	100%	0,000
			Drift	20%								
			Funktionsfehler	10%	x	SM1	60%	0,016	x	SM1	60%	0,006
I009	47	SR	Kurzschluß	50%	x	SM2	90%	2,350	x	SM2	90%	0,235
			Unterbrechung	30%					x	SM2	60%	5,640
			Funktionsfehler	20%	x	SM2	99%	0,094	x	SM2	90%	0,009
							Σ	2,497			Σ	6,751

Auswertung

Σλ sicherheitsrel.	51,7				
Σλ nicht sicherh.r	0	SPFm	95%	LFm	86%
Σλ gesamt =	51,7				

Abb. 8.21 Beispiel für eine FMEDA auf der Basis ISO26262

die Fehlerbewertung. Sie zeigt, dass sowohl für Einzelpunktfehler als auch für latente und Multiple Point Faults eine Bewertung stattfinden muss, ob der Fehler sicherheitsrelevant ist und welche Diagnosemöglichkeiten es gibt und wie effizient sie sind.

Die ISO 26262 nimmt die Einschätzung der Sicherheit bei einer FMEDA auf Basis von den beiden Metriken SPFm und LFm vor. Diese beschreiben jeweils den Anteil gefährlicher, unerkannter Fehler an den sicherheitsrelevanten Fehlern. Auf die genaue Berechnung soll hier nicht weiter eingegangen werden (Abb. 8.21).

8.6 FMECA

Die Failure Modes Effects and Criticality Analysis (FMECA) beschreibt eine sehr alte FMEA Methodik, die durch eine Folgenbewertung erweitert wird. Die Kritikalitätsklassen wurden nach einem MIL-Standard definiert. Diese Aufgabe wird inzwischen bei der modernen FMEA ohne weiteres durch die B-Bewertung erfüllt.

In dem Dokument FMECA_TM5-698-4.pdf wird eine ganz normale (aber uralte) FMEA-Methodik als FMECA dargestellt. Dieses Dokument ist aber ein offizieller MIL-Guideline, auch wenn ein bisschen veraltet.

In dem Dokument FMECA_1st_Chapter.pdf findet sich eine kurze Liste von Guidelines. Auch hier wird der einzige Unterschied zwischen FMEA und FMECA in der Kritikalitätsanalyse gesehen.

Im Falle, dass von Ihnen als Moderator eine FMECA verlangt wird können Sie zwei Sachen anbieten: 1. Den B-Bewertungskatalog so gestalten, dass diese Kritikalitäts-Information bereits inkludiert ist oder 2. Ein benutzerdefiniertes Attribut einführen, in dem die Klassen bezeichnet sind. Diese zweite Lösung würde ich aber nur dann verwenden, wenn der Auftraggeber gegen vernünftige Argumente resistent ist.

Fazit: Seit die FMEA in der Bedeutung die Quantifizierung der Folgen mit den Zahlen 1 is 10 erfolgt, ist die FMECA darin integriert. Im AIAG 4th Edition steht wörtlich: "The FMEA present herein also is known as a Failure Modes Effects and Criticality Analysis (FMECA) since it includes a quantification of the risks."

8.7   8D Problemlösungsmethode

Stefan Dapper

Unter vielen Problemlösungsmethoden sind der 8D- und der G8D-Prozess ein strukturierter Prozess, der in fast allen Industriezweigen angewendet wird („D" steht für Disziplin). Er dient firmenintern dazu, auftretende Qualitätsprobleme endgültig zu beseitigen. Ebenso wird er dazu benutzt, Kundenbeanstandungen zu bearbeiten. Das Ergebnis wird in einem einseitigen Report dargestellt, dessen äußere Erscheinung standardisiert ist und so die Kommunikation zwischen den verschiedenen Partnern in der ganzen Welt ermöglicht.

Die in den 8D Reporten gefundenen Fehler sollten in der FMEA dokumentiert sein. Somit wird unter anderem den jetzigen Beteiligten und den Teams von Folgeprojekten dieses Know-how deutlich in den Sitzungen dargestellt.

Der 8D-Prozess verbindet den analytischen, den kreativen und den Erfahrungs-Lösungsansatz. Er gibt die Möglichkeit, ein auftretendes Problem eindeutig zu definieren, Fakten zu sammeln, diese Fakten auszuwerten, daraus eine Ursache zu ermitteln und diese zu beseitigen.

Die Disziplinen sind:

D0– Vorbereitung und Sofortmaßnahme
D1– Teamzusammenstellung
D2– Problemdefinition und Beschreibung
D3– Temporäre/ Sofortmaßnahme
D4– Grundursache und Durchschlüpfpunkt
D5– Auswahl der Dauerabstellmaßnahme
D6– Einführung der Dauerabstellmaßnahme
D7– Wiederauftreten verhindern
D8– Würdigung der Teamleistung

Definitionen:

Problem	Qualitätseinbuße, bei der die Ursache für die SOLL-Wert-Abweichung nicht bekannt ist.
Symptom	Effekt des Problems, den man beim Kunden oder intern wahrnimmt.
Sofortmaßnahme	Schützt kurzfristig den Kunden vor dem Symptom.

Das effektivste Werkzeug beim 8D-Prozess ist die „Ist/ Ist-Nicht-Faktensammlung". Hier werden alle Fakten rund um das Problem durch 11 Fragen zusammengetragen und eingegrenzt. Nach Filtern wie „Unterschiede und Veränderungen" werden Ursachentheorien gebildet, die dann überprüft werden.

Man muss deutlich zwischen dem Prozess und dem Report unterscheiden. Meist sind die Ursachen und Maßnahmen schnell bekannt. Dann reicht es, den Report, der ausschließlich zur Dokumentation dient, auszufüllen. Bei schwierigen Problemen, wo ein Einzelner die Ursachen nicht finden kann, lohnt es sich dann, einen Prozess aufzusetzen. Der Prozess ist eine teamorientierte, strukturiere Vorgehensweise zur Ursachenfindung und Problembeseitigung. Er dient dazu, unübersichtliche, komplexe Probleme zu lösen.

8.8 QFD (Quality Function Deployment)

Alexander Schloske

8.8.1 Einführung: QFD Methode

QFD (Quality Function Deployment) ist eine teambasierte systematische Umsetzung von Kundenanforderungen (Stimme des Kunden) in technische Merkmale (Sprache des Unternehmens) mit dem Ziel der Entwicklung wettbewerbsfähiger und kundenorientierter Produkte. Diese Methode hilft nachhaltig, neue Marktanteile und Kunden zu gewinnen und ungenutzte Potentiale in der Entwicklung effizient und zielgerichtet zu nutzen (Abb. 8.22).

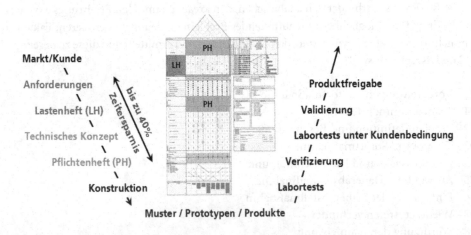

Abb. 8.22 V-Model im QFD

Abb. 8.23 Phasen einer QFD und House of Quality.

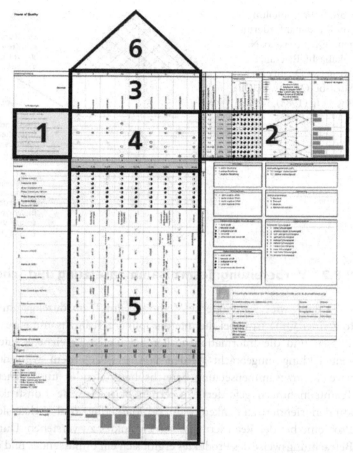

Folgendes Beispiel (Akkuschrauber) soll helfen, die einzelnen Phasen des Projektes besser zu verstehen. Die Ergebnisse dieses reellen Projektes übertrafen die Erwartungen bei weitem. Die konsequente Umsetzung der Methode führte zu innovativen Lösungsansätzen, die letztendlich in mehreren Patentanmeldungen mündeten (Abb. 8.23).

1. Vorbereitung
2. Kundenanforderungen
3. Wettbewerbsvergleich
4. Produktmerkmale
5. House of Quality
6. Wettbewerbsvergleich Merkmale
7. Beeinflussung der Merkmale

Abb. 8.24 Einteilung
von Kundenanforderun-
gen. (Quelle: Kano, N.;
Takahashi, F.; Tsuji, S.:
Attractive Quality and
Must-be-Quality, in: Qua-
lity, 14.Jg (1984), Nr. 2,
S. 39–48)

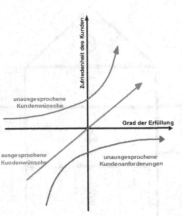

Unausgesprochene
Kundenwünsche:
**Der Kunde erwartet die Eigen-
schaften nicht. Da es sich aber um
Verbesserungen handelt ist er
erfreut.**
Begeisterungsanforderungen

Ausgesprochene
Kundenwünsche:
**Dies sind durch den Kunden klar
formulierte und erwartete
Zielvorstellungen zu einem Angebot.**
Funktionsanforderungen

Unausgesprochene
Kundenanforderungen:
**Erwartungen, die ein Kunde nicht
in Worten ausdrückt, weil er sie für
selbstverständlich hält.**
Basisanforderungen

8.8.2 Vorbereitung: Teamzusammensetzung und Schulung

QFD wird, wie viele moderne Methoden, im Team durchgeführt. Wichtig für den Erfolg einer QFD ist dabei die interdisziplinäre Teamzusammensetzung, da durch sie das
Wissen und die Informationen aller beteiligten Bereiche in die Produktplanung und
-entwicklung eingebracht werden können. Außerdem wird durch die interdisziplinäre Teamzusammensetzung bereichsübergreifendes und vernetztes Denken bei den
Teamteilnehmern gefördert. So lernen beispielsweise Konstrukteure und Entwickler,
kundenorientiert zu denken, während Marketing- und Verkaufsleute lernen, technische
Probleme bei der Realisierung eines Produktes zu verstehen. Durch die gesamtheitliche
Betrachtungsweise des Produktes ergibt sich ein umfassendes Bild des Produktes, aus welchem sich Konsequenzen, Strategien und Entscheidungen ableiten lassen. Im vorliegenden
Fall bestand das Team aus neun Mitarbeitern, die sich aus den Bereichen Entwicklung,
Anwendungstechnik, Produktmarketing, Versuch und Qualität zusammensetzten. Unterstützt wird das Team am Besten durch einen externen Methodenspezialist, der das Metho-
den-Know-how einbringen sowie die Moderation und Dokumentation der Teamsitzungen
übernehmen kann.

Entscheidend für eine zügige Projektbearbeitung ist auch, dass sich das Projektteam auf
einem einheitlichen Kenntnisstand bezüglich der QFD befindet. So hat das Team immer
das Ziel und die Vorgehensweise vor Augen. Damit lassen sich die sonst oftmals langwierigen Methodik-Diskussionen während den Projektsitzungen vermeiden. Deshalb sollte
eine QFD- Praxisschulung zu Anfang des Projektes erfolgen (Abb. 8.24).

8.8.3 Schritt 1: Ermittlung und Priorisierung der Kundenanforderungen

Einteilung von Kundenanforderungen Die Kundenanforderungen lassen sich in drei
Bereiche einteilen:

Eine Kundenbefragung sollte insbesondere die Begeisterungsanforderungen zum Vorschein bringen.

Definition der Zielgruppe Die exakte Definition der Zielgruppe ist für die Aussagekraft der Ergebnisse und die weitere Vorgehensweise von großer Bedeutung. Sie muss daher möglichst frühzeitig zu Beginn des Projektes festgelegt werden. Werden Zielgruppen zu unpräzise oder zu breit festgelegt, so lassen sich in späteren Phasen des Projektes keine klaren Entscheidungen treffen, was zu langwierigen Diskussionen und Änderungsschleifen führen kann. Der neu zu entwickelnde Akkuschrauber sollte als Zielgruppe professionelle Handwerker ansprechen. Das Baumarktsegment der Heimwerker wurde bewusst ausgeklammert, da hier der Verdrängungswettbewerb zu groß ist.

Festlegung der Ermittlungsmethodik zur Kundenbefragung Bevor mit der Erhebung der Kundenwünsche begonnen werden konnte, musste die Ermittlungsmethodik festgelegt werden. Sie hängt in starkem Maße von der Zielgruppe ab. Fragen nach der Erreichbarkeit der Zielgruppe und dem Einsatzbereich der Geräte standen hier im Vordergrund. Die Wahl fiel schließlich auf persönliche und vor Ort anhand eines Fragebogens durchgeführte Interviews in Zweierteams. Die Vorgehensweise wurde trotz des relativ hohen Aufwandes bewusst gewählt, da sich bei dieser Art der Befragung die Ergebnisse als besonders vertrauenswürdig erweisen und zudem eine erhebliche Datenmenge erfasst werden kann. Aufgrund der erstmaligen Anwendung der Methode erwies sich diese Befragungstechnik als sehr sinnvoll, da auf diese Weise zu allen relevanten Punkten verlässliche Informationen eingeholt werden konnten.

Ermittlung des Informationsbedarfes Im nächsten Schritt musste festgelegt werden, was man eigentlich von den Kunden wissen will. Zu einigen Punkten gab es bereits verlässliche Informationen im Unternehmen, die verbleibenden galt es zu identifizieren. Man entschied sich mittels einer Kartenabfrage, die Kundenanforderungen im Team zu ermitteln. Als Strukturierungshilfe orientierte man sich an den Prozessen des Kunden. Anschließend wurden die Themen, zu denen man bereits sichere Informationen besaß, gekennzeichnet. Die verbleibenden dienten als Basis zur Gestaltung des Fragebogens.

Fragebogengestaltung Alle relevanten Punkte, zu denen man den Kunden befragen wollte, wurden in einen Fragebogen überführt. Darin wurden zum Abprüfen von Hypothesen geschlossene Fragen und zur Ermittlung neuer Kundenanforderungen offene Fragen gestellt. Festgelegt wurde eine maximale Befragungsdauer von 40 min. Durch Tests des Fragebogens mit Anwendern im eigenen Haus konnte sichergestellt werden, dass der Fragebogen verständlich war und sich die vorgegebene Zeit vor Ort beim Kunden einhalten ließ.

Durchführung der Kundenbefragung Nachdem der Fragebogen getestet und verabschiedet war, konnte mit der Kundenbefragung begonnen werden. Termine mit Anwendern wurden vereinbart und die Kundenbefragung wurde vor Ort in der Werkstatt und/

oder auf der Baustelle durchgeführt. Befragt wurde in Zweierteams, die im Allgemeinen aus einem Anwendungstechniker und einem Entwickler bestanden. Die Devise lautete: „Jeder im Team muss mit!" Unterstützt wurde die Befragung durch Fotos in der Werkstatt und am Einsatzort beim Anwender (ein Bild sagt mehr als tausend Worte). Des Weiteren wurden „Experimente" mit den Anwendern durchgeführt, indem man sie Design- und Funktionsmodelle bewerten ließ. Die Ergebnisse wurden ausgewertet und dienten zusammen mit den archivierten Fragebögen und Fotos als Basis für die weitere QFD-Anwendung. Bei den offenen Fragen musste zudem eine Übersetzung der Antworten in Kundenanforderungen durchgeführt werden.

Priorisierung der Kundenanforderungen Eine Schwierigkeit stellt im Allgemeinen die einheitliche Priorisierung der eigenen Informationen gegenüber den ausgewerteten Kundenanforderungen dar. Ermöglicht wurde dies durch einen Paarvergleich der eigenen, sicheren Informationen durch die Teammitglieder. Die Extrembewertungen wurden anschließend in den Fragebogen mit übernommen und ermöglichten somit eine einheitliche und durchgängige Priorisierung der Kundenanforderungen.

8.8.4 Schritt 2: Bewertung der Konkurrenzprodukte bzgl. der Kundenanforderungen

Der Erfolg einer QFD beruht auf der systematischen Produktentwicklung unter Berücksichtigung der Kundenanforderungen und der Wettbewerbsprodukte. Nachdem nun bekannt war, worauf es den Kunden bei dem Produkt ankommt, galt es die Wettbewerbsprodukte festzulegen. Dabei kam es darauf an, nicht alle möglichen Anbieter des Marktes, sondern exakt die in der Zielgruppe vertretenen relevanten Wettbewerber herauszufinden. Fokussiert wurden letztendlich fünf Mitbewerber, die zusammen mit dem noch am Markt befindlichen Produkt der Firma hinsichtlich der Erfüllung der Kundenanforderungen verglichen wurden. Als äußerst vorteilhaft für den Konkurrenzvergleich erwies sich, dass alle Konkurrenzprodukte innerhalb der QFD- Meetings verfügbar waren und von den Teammitgliedern persönlich analysiert und bewertet werden konnten. So konnten direkt die Stärken und Schwächen des eigenen Produktes gegenüber dem Markt ermittelt und Zielvorgaben für den neu zu entwickelnden Akkuschrauber festgelegt werden. Durch Vergleich der Kundenanforderungen mit den Produkten der Mitbewerber ließen sich marktpolitisch wichtige Alleinstellungsmerkmale, sogenannte Unique Selling Prepositions (USP), herausarbeiten.

8.8.5 Schritt 3: Definition der Produktmerkmale

Die Festlegung der Produktmerkmale ließ sich relativ zügig durchführen, da man auf den Komponenten früherer Baureihen aufbauen konnte. Um den Aufwand der QFD nicht

Abb. 8.25 Korrelation der
Kundenanforderungen mit
den Produktmerkmalen

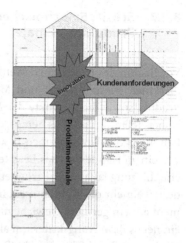

zu groß werden zu lassen, fokussierte man sich auf die Hauptbaugruppen und Bestand-
teile (z. B. Gehäuse, Getriebe) eines Akkuschraubers. Wichtig hierbei ist es, keine allzu
großen Hierarchiesprünge in die Produktmerkmale zu bekommen, da andernfalls die
Vergleichbarkeit der Ergebnisse später stark erschwert wird.

8.8.6   Schritt 4: Korrelation der Kundenanforderungen mit den Produktmerkmalen

Bei der Korrelation der Kundenanforderungen mit den Produktmerkmalen wird für jede
Kundenanforderungen die Frage gestellt: „Welchen Einfluss hat die Verbesserung des technischen Merkmals auf die Erfüllung der Kundenforderung?" Dadurch lässt sich ermitteln, welche Produktmerkmale aus Kundensicht besonders wichtig sind und ob man alle
relevanten Kundenanforderungen in der bisherigen Entwicklung berücksichtigt hat. Im
Extremfall wird hier offensichtlich, wenn das Unternehmen bislang am Markt vorbeient-
wickelt hat. Durch die Diskussion der Kundenanforderungen und deren Abdeckung im
Produkt werden vom Team innovative Lösungsansätze entwickelt und die „Stimme des
Kunden" in die „Stimme des Unternehmens" übersetzt.

Der Erfolg dieser Phase hängt sehr stark von der Kreativität des Teams und dem Ge-
spür des Moderators ab, wann er einer Diskussion freien Lauf lässt und wann er die Gedanken wieder zusammenfasst und strukturiert. Durch Einsatz eines geeigneten Soft
waretools lassen sich die Gedanken und die Lösungsansätze den einzelnen Elementen
der HoQ-Matrix zuordnen und später zusammengefasst in einem Dokument ausgeben
(Abb. 8.25).

8.8.7 Schritt 5: Technischer Wettbewerbsvergleich bzgl. der Produktmerkmale

Vor Beginn des technischen Wettbewerbsvergleiches mussten nun noch für die Produktmerkmale Messverfahren und Messgrößen festgelegt werden, anhand derer das eigene
Produkt sowie die Produkte der Mitbewerber aus Kundensicht bewertet werden sollten.
Dabei stellte sich oftmals heraus, dass der Kunde die Produkte mit ganz anderen Messverfahren als das Unternehmen bewertet. So wurde beispielsweise ein Konkurrenzprodukt
von einem Kunden als das Leichteste eingeschätzt, obwohl es dies gar nicht war. Die Fehl-
einschätzung lag darin begründet, dass der Kunde gar nicht das eigentliche Gewicht sondern vielmehr das Kippmoment in der Hand bewertete und aus einem geringen Kippmoment auf ein geringes Gewicht zurückschloss. Diese Erkenntnis führte dazu, dass sowohl
ein neues Bewertungskriterium als auch ein neues Testverfahren eingeführt wurden. Auf-
bauend auf der Wichtigkeit der Produktmerkmale und dem technischen Wettbewerbsvergleich ließen sich die strategischen Zielwerte für das neu zu entwickelnde Produkt festlegen und im Pflichtenheft festschreiben.

8.8.8 Schritt 6: Gegenseitige Beeinflussung der Produktmerkmale

Nachdem das Team festgelegt hatte, in welche Richtung die Produktmerkmale weiterent-
wickelt werden sollen, erfolgte die Bewertung der gegenseitigen Beeinflussung. So kann
beispielweise die Akkuleistung nicht unbegrenzt nach oben getrieben werden, ohne das
Gewicht negativ zu beeinflussen. Anhand dieser Bewertungen lassen sich Zielkonflikte
erkennen und ggf. durch geeignete Strategien lösen. In dem angesprochenen Beispiel wäre
eine mögliche Strategie, dass man zwei leichte Akkus als Standardlieferumfang definiert
und die Leistung des Akkuladegerätes so auslegt, dass sichergestellt wird, dass immer ein
voller Akku zur Verfügung steht. Für die Lösung der Zielkonflikte lässt sich auch die Methode TRIZ (Theorie des erfinderischen Problemlösens) anwenden.

Zur EDV-mäßigen Unterstützung im Projekt wurde das QFD- Tool der Qualica GmbH
aus München herangezogen (www.qualica.de). Das Tool besitzt Standardtabellen für die
wichtigsten Anwendungsfälle, wie z. B. das House of Quality. Es zeichnet sich durch eine
intuitiv bedienbare Benutzungsoberfläche, selektive Bearbeitung der Tabellen sowie um-
fangreiche und sinnvolle Auswertemöglichkeiten aus. Ein weiterer Vorteil besteht in der
Möglichkeit zur Erstellung von Rumpf-Pflichtenheften anhand von eingegebenen Kommentaren. Sollten die Standardtabellen für die Problemstellung nicht ausreichen, so lassen
sich diese jederzeit problemspezifisch erweitern (Abb. 8.26).

Am Ende des QFD-Projektes existierte für die Firma ein exakter Fahrplan für die
weiteren Entwicklungstätigkeiten. Anhand des House of Quality – das übrigens auf DIN
A0 ausgedruckt in der Entwicklung aufgestellt wurde – können Pflichtenheftinhalte ab-
gelesen, aber auch die Designverifizierung und Designvalidierung durchgeführt werden.
Auch lassen sich aufkeimende Diskussionen oder von Mitarbeitern nachträglich einge-

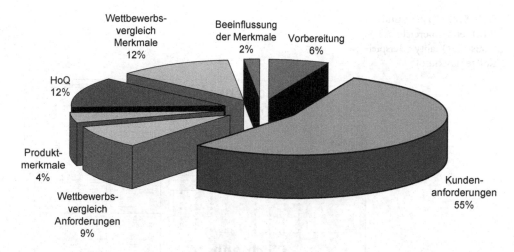

Abb. 8.26 Verteilung der Zeit auf die einzelnen Phasen

brachte Änderungswünsche mit Blick auf das House of Quality begründet diskutieren. Als wichtigster Punkt ist aber die kundenorientierte Produktentwicklung zu sehen. Die Erfahrungen fasst der Entwicklungsleiter so zusammen: „Früher haben wir über ein, zwei oder sogar drei Gänge diskutiert. Heute fragen wir uns, was braucht denn unser Kunde eigentlich, um seine Arbeit optimal zu erfüllen (Abb. 8.27)."

Das Feedback der Teamteilnehmer fiel ebenso überwiegend positiv aus. Ein Teilnehmer bezeichnete die QFD sogar als „Das Beste, was mir in den letzten Jahren an Support untergekommen ist!" Als besonders positiv wurde im Allgemeinen die detaillierte Analyse der Kundenanforderungen und des Wettbewerbes gesehen. Ebenso wurde die klare und strukturierte Vorgehensweise, die sicherstellt, dass alle relevanten Punkte innerhalb der Produktentwicklung berücksichtigt werden, hervorgehoben. Lediglich der leicht erhöhte Zeitaufwand wurde als negativ, wenn auch gerechtfertigt, bewertet. Generell war sich das Team einig, dass so kundengerechte Problemlösungen entstehen.

Die kundenorientierte Produktentwicklung mit der Methode QFD sichert somit zukünftige Wettbewerbsvorteile (Abb. 8.28).

8.9   SPICE

Ovi Bachmann

Der vermehrte Einsatz von Elektronik und Software im Maschinenbau hat dazu geführt, dass neben der FMEA noch weitere Normen entwickelt wurden. Bei diesen Normen handelt es sich um Forderungen, die zunächst rein aus Elektronik- und Softwaresicht erstellt wurden und die Anforderungen der dort auftretenden Probleme behandeln. In zu neh-

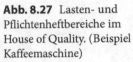

Abb. 8.27 Lasten- und Pflichtenheftbereiche im House of Quality. (Beispiel Kaffeemaschine)

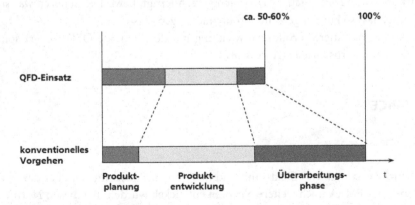

Abb. 8.28 Welche Einsparung lässt sich durch QFD erreichen?. (Quelle: King, B., Doppelt so schnell wie die Konkurrenz, St. Gallen: gfmt, 1994)

mendem Maße zeigt sich allerdings, dass es nicht nur eine Schnittstelle, sondern deutliche Überschneidungen zu den Qualitätsmethoden der Mechanik gibt. Zu den Normen, die aus der Elektronik- Softwareentwicklung gehören zählt z. B. die Sicherheitsnorm IEC 61508, die elektronische Systeme betrifft. Vielfach wird in der Industrie der Zusammenhang zur FMEA derart gelebt, dass die von der IEC 61508 geforderte Risikoanalyse alle denkbaren Fehlerfälle mit deren Auswirkungen beschreibt und sie entsprechend bewertet. Die so bewerteten Fehlerfolgen des zu betrachtenden Systems finden im weiteren Projektverlauf Eingang in die FMEA auf der obersten Ebene der systembetrachtenden Produkt- FMEA wo die Schwere dieser Fehlerfolgen für Mensch und Umwelt eine passende Bedeutung erhält.

Deutlich komplexer ist der Zusammenhang einer anderen Norm IEC 15504 auch unter dem Begriff SPICE (Software Process Improvement and Capability Determination) bekannt. Wie an dem Namen bereits zu ersehen ist, wurde diese Norm zunächst rein für Software aufgestellt und wurde bisher traditionell hauptsächlich für embedded Software angewandt.

Seit Einführung von elektronischen Steuerungen hat die Komplexität von Produkten, die unter diese Einteilung fallen, extrem zugenommen. In einem Produkt nimmt nicht nur die Anzahl von Steuergeräten ständig zu, sondern in jedem einzelnen Steuergerät nehmen die lines of code während der letzten 20 Jahre mit dem Faktor 10 alle 5 Jahre zu. Das heißt ein Steuergerät, das vor 2005 10.000 lines of code hatte um ein bestimmtes System zu steuern hat heute (2010) ca. 100.000. Darüber hinaus ist die Anzahl der Steuergeräte zum Beispiel im 7er BMW von 2 (Motorsteuerung, Getriebesteuerung) inzwischen auf über 100 angestiegen und sind zum größten Teil auch noch miteinander vernetzt.

Diese Komplexität haben zum Beispiel die Automobilhersteller über eine Hersteller Initiative Software (HIS) versucht, in den Griff zu bekommen. Für das Endprodukt muss das Ziel immer lauten: Das Zusammenspiel der einzelnen Teilsysteme muss optimal aufeinander abgestimmt sein.

Zum Ende der 90iger Jahre fingen alle Automobilkonzerne, die in der Herstellerinitiative Software waren, an, sich mit Prozessen, wie sie SPICE oder CMM vorgibt, zu beschäftigen.

Der Grund lag nicht zuletzt in den massiven Rückrufaktionen die während dieser Zeit nahezu alle großen Hersteller zweistellige Millionenbeträge kosteten und auf Fehler in den neuen Systemen zurückzuführen waren.

Dabei wurde sehr schnell deutlich, dass zwar der Wunsch die Elektronik- und Softwarefehler in den Griff zu bekommen sehr verständlich war, doch der Weg dorthin nicht umsonst sein wurde. Dennoch wurden die Hersteller durch die massiven Rückrufaktionen zum Handeln gezwungen.

Seit dem Jahr 2000 arbeiten daher die Automobilhersteller und die dazugehörige Zulieferindustrie vermehrt nach dem Standard IEC 15504. Damit versucht die Industrie die ausufernde Komplexität in den Griff zu bekommen und die Anzahl der Funktionssoftware- Entwickler nicht zu stark ansteigen zu lassen. Mit der Einführung von elektronischen Steuergeräten haben die Variationsmöglichkeiten eines mechanischen Grundsystems stark zu genommen, was den Herstellern erlaubt, mit demselben Grundsystem unterschiedlichste Kunden zu bedienen. So kann sich zum Beispiel eine Lenkung in einem Audi komplett anders anfühlen als in einem BMW und mechanisch nahezu identisch sein.

Natürlich wecken diese Möglichkeiten auch Begehrlichkeiten auf Seiten der Kunden, was dazu führt, dass neben der hohen Komplexität zusätzlich noch die geforderte Variantenvielfalt und somit den Entwicklungsaufwand erhöht.

Es ist in Betrieben daher keine Seltenheit, dass eine Entwicklungsabteilung, die um das Jahr 2000 noch aus 10 Entwicklern bestand, trotz der genannten Maßnahmen, inzwischen (2009) über 100 Mitarbeiter beschäftigt.

Um die wachsende Anzahl der Entwickler und vor allem die unterschiedlichen Denkweise zu einem funktionierenden Gesamtprodukt zu führen, wurden Denkansätze, wie Spice, die ursprünglich nur für die Software gedacht waren, auf das Gesamtsystem erweitert.

Das bedeutet, dass der ursprüngliche Ansatz nicht mehr nur für die Software-Entwicklung umgesetzt werden muss, sondern inzwischen auf das gesamte System ausgerollt werden muss, wenn der Entwicklungsaufwand nicht derart ausufern soll, dass die Firmen ineffektiv und nicht mehr konkurrenzfähig werden.

Der Standard ISO 15504 stellt die Forderung nach bestimmten Prozessen auf, die miteinander verknüpft sind. In der Automobilindustrie wird dieser Standard insbesondere zur Kontrolle der Zulieferer sehr genau angewendet. Da sich schnell gezeigt hat, dass nicht alle Prozesse sinnvoll für diesen Industriezweig sind, hat sich eine Hersteller-Initiative-Software (HIS) gegründet, die eine Prozessauswahl getroffen hat, die für die deutsche Automobilindustrie in dem Standard Automotiv-Spice festgeschrieben wurde. In der nächsten Abbildung sind die ausgewählten Prozesse hervorgehoben (Abb. 8.29).

Überschneidungen mit der FMEA gibt es insbesondere im Bereich der Engineering-Prozesse. Diese werden oft als V-Modell dargestellt, weil es das Verständnis der Anwendung der Prozesse in der Produkt-Entwicklung erleichtert. Das zeitliche Vorgehen ist nicht grundsätzlich neu.

Begonnen wird links oben im V-Modell mit der Anforderungsanalyse auf Systemebene. Anschließend erfolgt die Einordnung in ein übergeordnetes Systemdesign, wobei festgelegt wird, in welchem der vorhandenen Teilsysteme (z. B. Elektronik, Hydraulik, Mechanik, Software) die Umsetzung erfolgt. In folgendem Beispiel wurde davon ausgegangen, dass eine Anforderung durch eine Software gelöst werden soll. Es erfolgen die einzelnen Schritte bis zur Softwareerstellung mit anschließenden Tests angefangen bei Integrationstests bis schließlich ganz nach rechts oben im V-Modell zum Test des Gesamtsystems, bei dem alle Teilsysteme zusammenarbeiten müssen (Abb. 8.30).

Eine der ersten Veröffentlichungen zu einem solchen Ansatz, der nicht nur Software sondern auch weitere Teilsysteme beachtet findet sich in einem Beispiel von Daimler. Alexander Poth berichtet von einem ersten Versuch, den Standard nicht allein auf Software-Prozesse anzuwenden, sondern auch auf Elektronikhardware und Mechatronik (Abb. 8.31).

Aus der Abbildung wird deutlich, wie komplex die Zusammenhänge sind, wenn die Abhängigkeiten der einzelnen Teilsysteme zueinander dargestellt, und zusätzlich auch noch verschiedene Produktvarianten abgedeckt werden sollen.

Organizational Lifecycle Processes	Primary Lifecycle Processes	Supporting Lifecycle Processes
Management Process Group	**Acquisition Process Group**	**Support Process Group**
MAN.1 Organizational alignment	ACQ.1 Acquisition Preparation	SUP.1 Quality assurance
MAN.2 Organization management	ACQ.2 Supplier Selection	SUP.2 Verification
MAN.3 Project management	ACQ.3 Contract Agreement	SUP.3 Validation
MAN.4 Quality management	ACQ.4 Supplier monitoring	SUP.4 Joint review
MAN.5 Risk management	ACQ.5 Customer acceptance	SUP.5 Audit
MAN.6 Measurement	**Supply Process Group**	SUP.6 Product evaluation
Process Improvement Group	SPL.1 Supplier tendering	SUP.7 Documentation
PIM.1 Process establishment	SPL.2 Product release	SUP.8 Configuration management
PIM.2 Process assessment	SPL.3 Product acceptance support	SUP.9 Problem resolution management
PIM.3 Process improvement	**Engineering Process Group**	SUP.10 Change request management
Resource and Infrastructure Process Group	ENG.1 Requirements elicitation	
RIN.1 Human resource management	ENG.2 System requirements analysis	
RIN.2 Training	ENG.3 System architectural design	
RIN.3 Knowledge management	ENG.4 Software requirement analysis	
RIN.4 Infrastructure	ENG.5 Software design	
Reuse Process Group	ENG.6 Software construction	
REU.1 Asset management	ENG.7 Software integration	
REU.2 Reuse program management	ENG.8 Software testing	
REU.3 Domain engineering	ENG.9 System integration	
	ENG.10 System testing	
	ENG.11 Software istallation	
	ENG.12 Software and system maintenance	
	Operation Process Group	
	OPE.1 Operational use	
	OPE.2 Customer support	

Abb. 8.29 Prozesse der ISO 15504 und die Auswahl der HIS. (www.automotive-his.de)

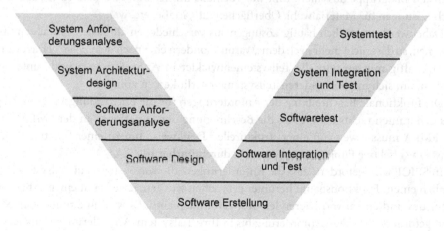

Abb. 8.30 Engineering Prozesse im V- Modell 1

Abb. 8.31 Alexander Poth: „SPI of the Requirements Engineering Process for Embedded Systems using SPICE", Eurospi 2006

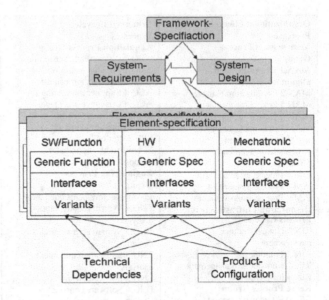

Die Erfahrung lehrt, dass es am ehesten möglich ist, die Anforderungen aus funktioneller Sicht zu beschreiben. Diese Form der Beschreibung ermöglicht ein Verständnis für die funktionellen Zusammenhänge aller beteiligten Disziplinen.

In der Vergangenheit wurde in den seltensten Fällen und nur in wenigen Disziplinen in Funktionen gedacht. Auch wurde früher selten in Anforderungen gedacht. Bis vor einigen Jahren hat zum Beispiel ein Konstrukteur nach Lösungen und mögliche Fehlfunktionen bezüglich der Hardware und deren Struktur gesucht. Er wusste immer an welcher Baugruppe er gerade entwickelt und wie seine Schnittstellen zum nächsten Bauteil oder zur nächsten Baugruppe aussahen. Ihm war ebenfalls immer bewusst, dass er auf der Suche nach Lösungen für Materialwahl, Oberflächengüte, Maße, etc. war.

Dabei werden natürlich häufig Lösungen aus verschiedenen ähnlichen Produkten übernommen, so dass nicht mehr nach dem „Warum" sondern eher nach dem „Wie" gefragt wurde.

Zukünftig müssen nun alle Teilsystementwickler in Anforderungen und Funktionen denken, um sich mit den anderen Teilsystemen verlinken zu können.

Die funktionale Beschreibung der Anforderungen für die Entwicklungsprozesse ist genau genommen nichts anderes als die Beschreibung der Funktionen in der FMEA. Auch die FMEA musste weg von einer strukturellen Denkweise hin zu einer funktionalen, da sonst eine effektive Funktionsanalyse nicht durchführbar ist.

In SPICE wird gefordert, dass die Anforderungen, die von System- auf Teilsystemebene ähnlich einem Funktionsbaum herunter gebrochen wurden, jeweils mit einem Abnahmekriterium und einem verifizierenden Test verbunden sind. Es wird in Summe vom Standard gefordert, dass jede Anforderung bis in Ihre Teilsystem-Anforderungen, sowie allen zugehörigen und erfüllten Abnahmekriterien und bestandenen Abnahmetests nachverfolgt werden kann.

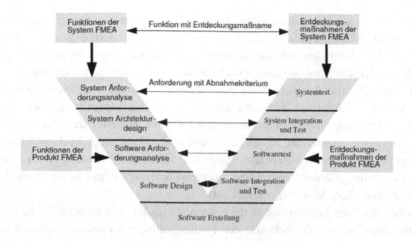

Abb. 8.32 Engineering Prozesse im V-Modell im Vergleich zu Funktionen und Entdeckungsmaß-nahmen in der FMEA

Das führt bei komplexen Systemen zu Anforderungsbäumen zu einigen tausend ver-knüpften Anforderungen und Testfällen.

Im folgenden Bild wird verdeutlicht, wo Parallelen zwischen den Funktionen der FMEA und den Anforderungen von SPICE liegen. Aus dem Bild ist ersichtlich, dass die Enginee-ring Prozesse in SPICE aus der Software kommen. Inzwischen wird jedoch an Bezeichnun-gen gearbeitet, die die Anforderungen aus der Mechanik besser beschreiben. Spätestens dann werden die Zusammenhänge, die bereits auf Systemebene zu beobachten sind auch auf der Teilsystemebene sichtbar werden, wie im Bild dargestellt (Abb. 8.32).

Diese Forderung des Standards hilft nicht nur den Kunden wie z. B. den Fahrzeugher-stellern, sondern auch den Entwicklern dieser Systeme. Die Entwickler erhalten mit ein-fachen Mitteln während der Entwicklungsphase permanent Analysen über den Fortschritt des Projektes.

Solche Analysen können z. B. folgende Fragestellungen beantworten:

- Wie viele meiner Systemanforderungen sind bereits vollständig mit Teilsystemanforde-rungen verknüpft?
- Wie viele meiner Teilsystemanforderungen sind bereits positiv getestet?
- usw.

Ein mechatronisches Produkt muss in der Gesamtheit seiner Anforderungen beschrieben werden. Die Sichtweise ist jedoch nicht die der FMEA, sondern der Versuch die Komplexi-tät durch die Zerlegung in überschaubare Teilsysteme beherrschbar zu machen.

Da sämtliche Anforderungen bis auf Teilsystemebene getestet werden müssen, ist der Zusammenhang zur FMEA offensichtlich, solange man sich in der Mechanik bewegt.

In mechatronisches Systemen hat aber inzwischen nicht mehr allein die Mechanik den entscheidenden Einfluss auf die Sicherheit eines Systems, sondern es besteht zunehmend die Möglichkeit durch Sensorik und die entsprechende Diagnose-Software die Folgen von Ausfällen in der Mechanik wirkungsvoll abzuwenden oder wenigstens zu mildern.

Ein offensichtliches Beispiel sei hier anhand eines Automatikgetriebes betrachtet. Einer der sicherheitskritischsten Fälle ist das Anfahren eines Fahrzeuges in falscher Fahrtrichtung. Es könnte aufgrund eines mechanischen Defektes passieren, dass das Getriebe den Rückwärtsgang geschaltet hat, obwohl der Wählhebel auf „D" steht. In diesem Fall gibt es die Möglichkeit anhand von Drehzahlsensoren die falsche Drehrichtung zu erkennen und dem Motorsteuergerät die „Gasfreigabe" zu verweigern und damit lieber einen „Liegenbleiber" zu erzeugen, der weniger kritisch ist.

Das beschriebene Beispiel fällt in die Kategorie „funktionale Sicherheit", die in der jeweils neuesten Version der bekanntesten FMEA-Software inzwischen teilweise berücksichtigt wird. Bei der Berücksichtigung der funktionalen Sicherheit wird der Zielkonflikt in der FMEA aufgelöst, so, dass im Falle eines Fehlers sich die Bedeutung der Fehlerfolge durch den Einsatz von Diagnosesoftware ändern kann. In der systembetrachtenden Produkt- FMEA bedeutet das, dass ein Systemfehler, dessen Ursache z. B. in einer Baugruppe liegt, eine Fehlerfolge auf oberster Ebene hat.

Im oben gewählten Beispiel hat das folgende Konsequenz. Der Fehler, dass der Rückwärtsgang bei gefordertem Vorwärtsgang anliegt, hat seine Ursache z. B. in der Hydraulik. Die Fehlerfolge findet sich auf Fahrzeugebene und nennt sich „Anfahren in falscher Fahrtrichtung". Die Fehlerfolge „Anfahren in falscher Fahrtrichtung" ist mit einer Bedeutung von 10 angegeben. Durch eine entsprechende Diagnosesoftware, ist es nun im Betrieb möglich, bei identischem Fehler im System und identischer Fehlerursache, in der Baugruppe die Fehlerfolge auf Fahrzeugebene zu ändern. Im gewählten Beispiel für die Drehrichtungsüberwachung zu einer Folge auf Fahrzeugebene, die als „Liegenbleiber" bezeichnet wird. Die Fehlerfolge „Liegenbleiber" ist jedoch „nur" mit einer Bedeutung von 8 versehen. Das heißt in Worten ausgedrückt, dass diese Folge deutlich weniger sicherheitskritisch ist. Somit muss aber die Maßnahme zusätzlich komplett und genau betrachtet werden.

Anhand dieses Beispiels wird deutlich, dass es Bereiche gibt, die sowohl vom Standard IEC 15504 gefordert werden, als auch in der FMEA behandelt werden müssen. Bei der Bearbeitung in den SPICE- Prozessen, gäbe es im gewählten Beispiel eine Anforderung, die eine Diagnosesoftware für die Drehrichtungserkennung fordert. Diese Anforderung käme von der Systemebene als „Fahrtrichtungserkennung" und würde sich in die Teilsysteme verlinken. Dieser Link zeigt z. B. in die Sensorik mit der Forderung nach einem Drehzahlsensor, der die Möglichkeit der Drehrichtungserkennung hat und einem Link in die Software, die eine entsprechende Auswertung liefert. In den Teilsystemen sowie auf Systemebene sind die Anforderungen wiederum mit Testfällen verlinkt, die sicherstellen müssen, dass alles wie angedacht funktioniert.

Genau hier setzt auch die FMEA mit den Maßnahmen an. Bei den Maßnahmen handelt es sich um dieselben Tests, die in den SPICE- Prozessen formuliert wurden und in entsprechenden Testplänen hinterlegt wurden.

Um an dieser Stelle Doppelarbeit zu vermeiden müssen zukünftig Lösungen gefunden werden, wie die jeweiligen Tools miteinander funktionieren und eine gemeinsame Datenbasis nutzen können. Dabei geht es in einem möglichen ersten Schritt um Schnittstellendefinitionen zwischen FMEA und Anforderungsmanagement (z. B. IQ-FMEA und DOORS oder MKS). Aktuell werden diese Schnittstellen noch über den Umweg von XML- Im- und Export Dateien gelöst. (aufwendig, fehleranfällig, langsam, potentielle Doppelarbeiten).

8.10 Die Fehler-Prozess Matrix

Alexander Schloske, Jürgen Henke und Torsten Scholz

Um Fragen wie: „Was kostet mich das Eingehen des Risikos?" bzw. „Was darf die Abstellmaßnahme kosten?" beantworten zu können, muss man zur FMEA-Betrachtung noch eine weitere Dimension, die wirtschaftlichen Daten, einbringen.

Die FPM ist eine effektive Erweiterung der FMEA in der Montage, da sie in der Lage ist, komplexe Montageprozesse nach den Gesichtspunkten Zeit, Kosten und Qualität zu optimieren.

Die Fehlermöglichkeits- und Einflussanalyse (FMEA) hat sich als ein wirkungsvolles Tool zur Fehlervermeidung in produzierenden Unternehmen etabliert. Untersuchungen belegen, dass die FMEA dort die derzeit mit am häufigsten eingesetzte Qualitätsmethode darstellt. In einigen Branchen, wie z. B. der Automobil- und Automobilzulieferindustrie, gehört sie seit Jahren zum integralen Bestandteil des technischen Risikomanagements. Auch ist die Effektivität der FMEA unbestritten. Den Autoren, die gemeinsam bereits mehr als 150 FMEA-Projekte in den unterschiedlichsten Branchen durchgeführt haben, ist kein Projekt bekannt, bei dem die FMEA keinen Nutzen brachte. Am besten beschreibt das Zitat eines Kunden die Effektivität der FMEA: „Ich habe noch nie soviel über mein Produkt gelernt wie in der FMEA." Richtig eingesetzt hilft die FMEA, Produkt- und Prozessrisiken frühzeitig im Produktentstehungsprozess zu entdecken und deren Auftreten beim Kunden durch geeignete Maßnahmen zu vermeiden. Trotzdem gibt es auch immer wieder kritische Stimmen gegenüber der FMEA. Als die am häufigsten genannten Kritikpunkte seien der hohe Zeitaufwand sowie die fehlende monetäre Bewertung des Fehlergeschehens angeführt. Des Weiteren bietet die FMEA insbesondere bei Montageprozessen nur einen eingeschränkten Nutzen, da es sich hierbei oftmals nur um triviale Fehlermöglichkeiten handelt (vergessen, vertauscht, …) und die relevanten Aspekte für die Montage: „Wo tritt ein Fehler auf, wo und wie gut wird er schließlich entdeckt und was kostet mich das Auftreten des Fehlers über den Produktlebenslauf?" nicht ausreichend beantwortet werden können. Um diesem Mißstand zu begegnen, wurde am Fraunhofer-Institut für Produktionstechnik und Automatisierung (IPA) in Zusammenarbeit mit einem führenden OEM der Automobilindustrie die Fehler-Prozess-Matrix (FPM) zur gesamtheitlichen Analyse von komplexen Montageprozessen wie z. B. der Motorenmontage entwickelt. Die FPM basiert sehr stark auf dem FMEA-Gedanken. Ihre Anwendung ist jedoch – durch eine

Reduktion der aufgenommenen Informationen auf das nötige Minimum – um den Faktor 4–10 schneller als die Anwendung einer vergleichbaren FMEA. Als Ergebnis liefert die FPM neben dem Fehlergeschehen in der Montage zudem eine monetäre Bewertung von internen und externen Kostenrisiken (Ausschuss-, Nacharbeits- und Gewährleistungskosten) in Form einer Pareto-Analyse und ermöglicht auf Basis dieser Informationen eine gesamtheitliche Optimierung der untersuchten Montageprozesse und Prüflinien.

Das Prinzip und die Durchführung der FPM sind einfach und werden von allen Beteiligten innerhalb kürzester Zeit verstanden. Die zugrundeliegende Matrix wird einerseits durch die chronologische Anordnung der Montage- und Prüfschritte (horizontale Achse) sowie durch die möglichen Fehler in den Montageschritten (vertikale Achse) gebildet. Eine Vorstrukturierung der Montage- und Prüfschritte kann dabei anhand von Arbeitsplänen aus einem PPS-System erfolgen. Die so entstandene Fehler-Prozess-Matrix wird in Interviews mit den Experten (Vorarbeiter, Meister, Prüftechniker und Planer) der Montage- und Prüflinie befüllt. Dabei müssen sich die Experten immer nur auf Ihren Bereich fokussieren und folgende Fragen beantworten:

- Welche Fehler können in meinem Montageschritt auftreten?
- Wie häufig können die Fehler in meinem Montageschritt auftreten?
- Gibt es eine Poka-Yoke-Absicherung?
- Wer kann die von mir verursachten Fehler entdecken?
- Welche vorangegangen Fehler kann ich entdecken?
- Wie gut kann ich vorangegangene Fehler entdecken?

Durch die fokussierte Befragung ist der Zeitaufwand für die beteiligten Experten gering. Die Bewertung des Fehlers (identifiziert über Komponente und Fehlerart) erfolgt im Matrixfeld und orientiert sich an der FMEA-Bewertung für die Auftretens- und Entdeckungswahrscheinlichkeit. Zur besseren Übersichtlichkeit werden das Fehlerauftreten (rot) und die Fehlerentdeckung (grün) farblich hervorgehoben. Die erfassten Fehler werden zusätzlich um Informationen über interne Zeiten und Kosten (Nacharbeitszeiten, Ausschusskosten) sowie externe Kosten (Garantie- und Kulanzkosten) ergänzt (Abb. 8.33).

Durch Gegenüberstellung der Auftretens- und Entdeckungswahrscheinlichkeit mit den entsprechenden Produktionszahlen lassen sich die Anzahl durchschlüpfender fehlerbehafteter Einheiten sowie die Anzahl der in die Nacharbeit gelangenden Einheiten einfach abschätzen (s. Abb. 8.34).

Auf diese Weise sind Auswertungen zum Fehlergeschehen der analysierten Montage- und Prüflinie sowohl unter Zeit- als auch Kostenaspekten einfach möglich. Relevante Kennzahlen und Auswertungen stellen dabei die „Entdeckungsdistanz", die „Durchläufer", das „ppm-Gebirge" und die Pareto-Analyse über die Nacharbeits- und G&K-Kosten dar.

- Die Entdeckungsdistanz beschreibt für jeden Fehler den Abstand zwischen Fehlerauftreten und Fehlerentdeckung im Prozessablauf.

fehlerhafte Teile / Jahr	G&K / Teil	Übergangswahrscheinlichkeit	G&K / Jahr	Durchgehend?	Teil	Fehler	Prozeßschritt 1	Prozeßschritt 2	Prozeßschritt 3	Prozeßschritt 4	Prüfschritt 1 (Lecktest)	Prozeßschritt 5	Prozeßschritt 6	Prüfschritt 2 (Kalttest)
	€		€	J/N	Teil	Fehler	S1	S1	S2	S2	T1	S3	S3	T2
1				N	Teil 1	vergessen	4				1	1		
				N	Teil 1	vertauscht	PY							
2	2000	0,5	2000	J	Teil 2	verdreht		5		10				
500	1000	0,01	5000	J	Teil 3	beschädigt			10					10
1	1000	0,1	0	J	Teil 3	vertauscht			3					
				N	Teil 4	doppelt				PY				
2				N	Teil 5	falsch montiert						5	1	

Abb. 8.33 Beispiel einer Fehler-Prozess-Matrix

Motoren pro Schicht	500	Eintragen!
Stunden pro Schicht	8	
Schichten pro Tag	2	
Produktionstage in der Woche	5	
Produktionstage im Jahr	250	

Durchschlupf			100	99,5	99	97,5	95	90	75	50	25
Potentiell defekte Motoren pro Tag	Potentiell defekte Motoren pro Jahr		1	2	3	4	5	6	7	8	9
0	0	1	0,0	0,0	0,0	0,0	0,0	0,0	0,0	0,0	0,0
0,002	1	2	0,0	0,0	0,0	0,0	0,0	0,1	0,1	0,3	0,4
0,004	1	3	0,0	0,0	0,0	0,0	0,1	0,1	0,3	0,5	0,8
0,017	4	4	0,0	0,0	0,0	0,1	0,2	0,4	1,0	2,1	3,1
0,050	13	5	0,0	0,1	0,1	0,3	0,6	1,3	3,1	6,3	9,4
0,200	50	6	0,0	0,3	0,5	1,3	2,5	5,0	12,5	25,0	37,5
1	250	7	0,0	1,3	2,5	6,3	12,5	25,0	62,5	125,0	187,5
16	4000	8	0,0	20,0	40,0	100,0	200,0	400,0	1000,0	2000,0	3000,0
500	125000	9	0,0	625,0	1250,0	3125,0	6250,0	12500,0	31250,0	62500,0	93750,0
1000	250000	10	0,0	1250,0	2500,0	6250,0	12500,0	25000,0	62500,0	125000,0	187500,0

Abb. 8.34 Beispiel einer Fehler-Prozess-Matrix

- Die Durchläufer geben die Anzahl der voraussichtlich die Montagelinie verlassenden Fehler an.
- Das ppm-Gebirge zeigt die Entwicklung der Fehlerrate über den gesamten Montage-prozess hinweg.
- Die Pareto-Analysen über die Nacharbeits- und G&K-Kosten zeigen die Potenziale für die Montagelinie auf und helfen, empfohlene Maßnahmen auf ihre Wirtschaftlichkeit hin zu bewerten.

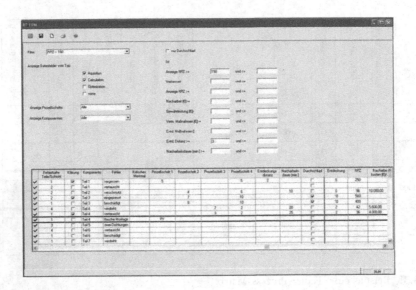

Abb. 8.35 Erfassungsdialog CAQ = QSYS® FPM

Der vorgestellte Ansatz der Fehler-Prozess-Matrix (FPM) wurde bereits mehrfach im Rahmen von Industrieprojekten validiert. Die damit erzielten Ergebnisse sind durchweg als positiv zu bewerten. Die Akzeptanz der Methodik war aufgrund der guten Ergebnisse und des vergleichbar geringen Zeitaufwandes sehr hoch. Auch zeigte sich anhand von Prüfstandauswertungen und Feldinformationen, dass das in der FPM ermittelte Fehlergeschehen sowohl mit den Ergebnissen der internen Prüfungen als auch mit den Ergebnissen aus dem Feld korreliert. Interessant war auch die Tatsache, dass Fehler, die in der klassischen FMEA als nachrangig bewertet würden, in der FPM aufgrund des Fehlerkostenanteils einen sehr hohen Stellenwert erhalten.

Als Erweiterung wurde noch ein Ansatz verfolgt, in dem die FPM-Daten an ein Simulations-Tool übertragen wurden, mit dem sich dann das Fehlergeschehen und die Produktivität nach Einführung bzw. Entfernung von Vermeidungs- und/oder Prüfmaßnahmen simulieren ließ.

Zur Erstellung der FPM wurde Microsoft-EXCEL® eingesetzt. Zukünftig soll die FPM mit dem – von der IBS AG auf Basis der Vorgaben vom Fraunhofer-IPA entwickelten -FPM-Tool durchgeführt werden. Das FPM-Tool ergänzt die Produktsuite (Qualitäts- und Produktionsmanagement) der IBS AG, Höhr-Grenzhausen, als AddOn zum bestehenden FMEA-Produkt.

Das IBS Produkt deckt die Bereiche Erfassung Montageprozesse/Fehler, Riskobewertung, Optimierung und Kostenbetrachtung ab und bietet dem Kunden folgende Interfaces zu bereits mit IBS Lösungen erfassten Qualitätsdaten (Abb. 8.35):

- Interface bzgl. Import der Stückliste für die Abbildung der vertikal angeordneten Komponenten für die Verbauung innerhalb der Prozesse
- Interface für den Import der an der Verbauung des Produktes beteiligten Prozessschritte

- Verwendung der Fehlerstammdaten
- Verwendung von Maßnahmen aus der FMEA (Vermeidung und Entdeckung)
- Verwendung der aktuell reklamierten Anzahl von Produkten aus dem IBS Reklamationsmanagement. Dies können sowohl interne Fehlerdaten als auch Felddaten sein
- Verwendung der aktuellen, im IBS Reklamationsmanagement erfassten Produktfehler, um diese per Drag and Drop für die Fehlerbeschreibungen in der FPM zu nutzen
- Unterstützung des Maßnahmencontrollings durch Nutzung des IBS Maßnahmenmanagements
- Interface zu MS-Office

Die CAQ = QSYS® FPM Filter-/Macrodefinition ermöglicht es dem Anwender für die Prozesse/Produkte sehr komfortabel, unterschiedlichste Sichten auf die Prozessdaten zu erstellen.

8.11 PE² Prozesseffizienz- und Effektivitätsmessung (Risikomanagement in produktionsnahen Bereichen)

Paul Thieme

Von dem steigenden Leistungs- und Kostendruck sind nahezu alle Unternehmen betroffen. Um trotz dieser Entwicklung nachhaltige Gewinne zu erwirtschaften sind die Manager oft gezwungen, an geeigneten Stellen Verbesserungsprojekte durchzuführen. Grundsätzliches Ziel ist dabei die Steigerung der Wertschöpfung in den Prozessen.

Um die Veränderung der Wertschöpfung über den Prozessverlauf transparent darzustellen eignet sich eine monetäre Kennzahl sehr gut. Könnte die Prozessleistung in Euro ausgedrückt werden, stünde den Prozessverantwortlichen ein wichtiger Parameter zur Prozesssteuerung zur Verfügung. Am Fraunhofer Institut für Produktionstechnik und Automatisierung IPA wurde 2008 die neue Methode PE² (Prozesseffizienz- und Effektivitätsmessung) entwickelt, mit deren Hilfe Prozessketten auf deren Leistungsfähigkeit hin analysiert werden können.

8.11.1 PE² – Anwendung in der Praxis

In der folgenden Abbildung ist die grundsätzliche Vorgehensweise bei der Prozessanalyse nach PE² dargestellt. Jeder Mitarbeiter führt im Prozess Tätigkeiten aus. Bei diesen Tätigkeiten können Fehler mit einer bekannten Auftretenshäufigkeit entstehen. Diese Fehler werden im weiteren Prozessverlauf entdeckt und müssen behoben werden. Pauschal ausgedrückt steigen die Verschwendungskosten mit der Entdeckungsspanne und der Höhe des Korrekturfaktors. Der Korrekturfaktor beschreibt, wie aufwendig die Fehlerbehebung ist. Für eine fundierte Analyse hinsichtlich Prozesseffizienz und -effektivität müssen aber noch weitere Fragen gestellt werden (Abb. 8.36).
Folgendes muss bekannt sein:

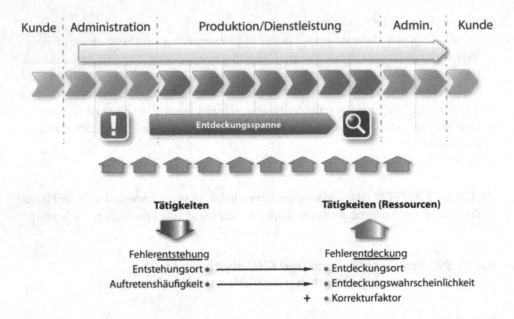

Abb. 8.36 Die Entdeckungsspanne zwischen Fehlerauftreten und Fehlerentdeckung

- Wie viel „Arbeitspakete" pro Jahr über den Prozess abgewickelt werden [Stk.],
- Wie lange die einzelnen Tätigkeiten dauern [min],
- Welchen Wert eine Tätigkeit besitzt [€],
- Wie hoch die Trefferrate in den einzelnen Tätigkeiten ist [%].

Die Anzahl der Arbeitspakete und der Tätigkeitswert werden bei der Analyse nicht abgefragt. Diese Werte können in der Regel vom Controlling oder den Prozessverantwortlichen beigesteuert werden. Die Abfrage der Fehlerauftretenshäufigkeit und Entdeckungswahrscheinlichkeit werden von den Mitarbeitern in % angegeben. Die bisherige Erfahrung mit der Methode zeigt, dass die angegebenen Werte fundiert sind. Die Vertrauenswahrscheinlichkeit auf den, durch den Mitarbeiter angegebenen prozentualen Wert, ist vergleichbar mit der in einer FMEA oder im Wertstromdesign.

Die Trefferrate beschreibt den Faktor, mit dem eine Tätigkeit ohne Störung oder Fehler durchgeführt werden kann. Eine typische Frage dazu wäre: „Bei wie vielen von diesen zehn Anfragen können Sie ein einwandfreies Angebot schreiben, ohne Rückfragen stellen zu müssen oder gestört zu werden?" Die Trefferrate ist vergleichbar mit der, in der Produktion häufig verwendeten, Kennzahl FPY (first pass yield). Mit Hilfe der Trefferrate kann zum Einen auf die Effizienz der Tätigkeit geschlossen werden. Zum Zweiten müssen die Trefferraten in den Prozessschritten schlecht sein, in denen viele Fehler aus vorangegangenen Prozessschritten entdeckt werden. Folglich kann über die Trefferrate auch, bis zu einem gewissen Grade, die Angaben zur Fehlerhäufigkeit aus vorgelagerten Prozessschritten kontrolliert werden.

Abb. 8.37 Leistungszu-
stände eines Prozesses nach
Effizienz und Effektivität

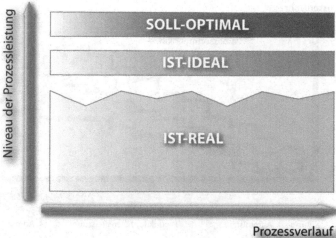

Mit PE²-Methode werden drei unterschiedliche Prozessleistungszustände analysiert, wie in folgender Abbildung dargestellt. In der dreistufigen Befragungsroutine wird mit dem „IST-IDEAL" Zustand gestartet (Abb. 8.37).

Der Prozesszustand „IST-IDEAL" betrachtet alle wertschöpfenden und organisatorisch notwendigen Arbeitsinhalte. Beispielsweise bei einem Angebotsbearbeitungsprozess das Bestimmen von Preisen und Lieferzeiten oder das Erfragen einer Angebotsnummer. Zeitanteile für organisatorische Mängel oder Fehler, die in der Tätigkeit auftreten und auch sofort behoben werden können, werden in diesem Schritt nicht betrachtet.

Dazu wird der Mitarbeiter nach dem „IST-REAL" Zustand gefragt. In dieser Fragerunde sind die Fehler von Interesse, die im Rahmen der Tätigkeit passieren können. Dazu wird auch betrachtet, mit welcher Häufigkeit dieser Fehler auftritt bzw. an welchem Prozessschritt und mit welcher Wahrscheinlichkeit der Fehler entdeckt wird. Weiter wird gefragt, wie hoch der geschätzte Zeitanteil für die eigenen Fehlerkorrekturen oder organisatorische Unzulänglichkeiten ist.

Abschließend wird der Mitarbeiter nach dem „SOLL-OPTIMAL" Zustand befragt. Wie schnell nach seiner Einschätzung die Tätigkeit durchgeführt werden könnte, wenn es keinerlei Verluste in den Tätigkeiten und im Prozess geben würde, sozusagen der optimierte Prozess. Für das Beispiel Angebotsbearbeitungsprozess könnten hier Angebotsstandardanschreiben oder eine verbesserte Unterstützung von der EDV gemeint sein. Diese Befragung der Mitarbeiter kann sehr zügig erfolgen, die abgefragten Daten werden vom Moderator in die PE²-Software eingegeben.

Die Summe aller, durch Tätigkeitsfehler entstandene Verschwendungen, ist die gesamte Prozessverschwendung. Diese ist begründet in der Anzahl der Fehler, des Effektivitätsverlustes sowie die eingebrachte Zeit zur Fehlerkorrektur und dem Effizienzverlust. Über den Wert (inkl. Tätigkeitskosten und Gemeinkosten pro Zeiteinheit) der Tätigkeit kann die Prozessverschwendung monetär dargestellt werden.

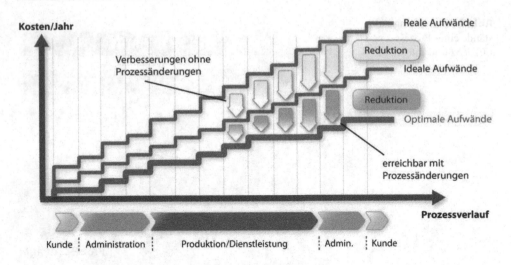

Abb. 8.38 Verbesserungspotenzial im analysierten Prozess

Bei administrativen Tätigkeiten können im Allgemeinen alle Fehler korrigiert werden, es gibt praktisch keinen Ausschuss. Bei Prozessanalysen in der Produktion müssen die Ausschusskosten zusätzlich betrachtet werden.

8.11.2 Auswertung der Analyseergebnisse

Um die Methode schlank zu halten, wird die Effizienzbetrachtung nur über das Verhältnis der Durchlaufzeit zur Bearbeitungszeit ausgewertet. Ist die Diskrepanz in einem Prozessschritt auffällig hoch, kann mit einem geringen Mehraufwand die Durchlaufzeit im Verhältnis zur Anzahl der Mitarbeiter und der zur Verfügung stehenden Arbeitszeit ermittelt werden.

Auf Basis der Befragungsergebnisse können dann drei unterschiedliche Kurven aufgezeigt werden (folgende Abbildung). Diese zeigen, welches die realen Verluste aufgrund von Ineffizienz und Ineffektivität durch Fehler und organisatorischen Unzulänglichkeiten sind. Weiter kann gezeigt werden, welche Tätigkeitskosten ein Prozess mit idealisierter Effizienz und Effektivität erfordern würde. Die unterste Kurve zeigt, welche Kostenpotenziale durch geeignete Prozessveränderungen erzielt werden könnten (Abb. 8.38).

Mit PE² kann deshalb sehr schnell und zielgerichtet eine Bewertung der Prozessleistung erfolgen. Der Moderator kann unabhängig von Prozess- oder Abteilungsgrenzen, ob administrativ oder produzierend, den zu analysierenden Prozess bestimmen. Innerhalb kürzester Zeit kann eine monetäre Aussage zu den Verschwendungskosten hinsichtlich Prozesseffizienz- und -effektivität getroffen werden.

8.12   G&R (Gefährdungs- und Risikoanalyse versus FMEA)

Frank Edler

Gefährdungs- und Risikoanalyse gemäß ISO 26262

Mit dem neuen Standard für Funktionale Sicherheit von Automobilelektronik ISO 26262 wird zusätzlich zur präventiven Qualitätssicherung bei elektronischen Regelungsfunktionen auch eine aktiv gesteuerte Bewertung und die Kontrolle möglicher Risiken von Elektronik-Fehlfunktionen verbindlich.

Während die FMEA in der präventiven QS alle potentiellen Risiken bewertet, neben Sicherheitsrisiken also auch mangelnde Kundenzufriedenheit, wirtschaftliche Risiken, etc., stehen bei der Gefährdungs- und Risikoanalyse ausschließlich die möglichen Fehlerfolgen für Leib und Leben im Fokus.

Ein weiterer inhaltlicher Unterschied ist, dass nur die elektrisch/elektronischen (EE-) Steuer- und Regelfunktionen untersucht werden, und nicht die Elektrik an sich. Eine Brandgefährdung beispielsweise durch unzureichend dimensionierte elektrische Leitungen, die in der Konstruktions-FMEA durchaus betrachtet wird, findet in der Gefährdungs- und Risikoanalyse (= G&R) gemäß ISO 26262 keine Berücksichtigung.

Einige Ähnlichkeiten bei der Behandlung der Risiken finden sich dennoch im Vergleich mit der FMEA:

- Wie in der FMEA werden 3 risikobestimmende Parameter einzeln bewertet und bestimmen die Gesamtklassifizierung des möglichen Sicherheitsrisikos in Form des Automotive Safety Integrity Levels (ASIL)
- Die Schwere der Auswirkung (S = Severity) ist ähnlich der B-Bewertung in der FMEA zusehen
- Als wichtigstes Ergebnis der G&R steht die Formulierung von Maßnahmen zur Reduktion möglicher Risiken, die sogenannten Sicherheitsziele (Safety Goals).

	G&R	FMEA (engl. Bezeichnungen)
Risikoparameter 1	S = Severity, S0 ... S3	S = Severity, 1...10
Risikoparameter 2	E = Exposure [=probability], E0 ... E4	O = Occurrence probability, 1...10
Risikoparameter 3	C = Controllability [=probability], C0 ...C3	D = Detection probability, 1...10
Klassifizierung	ASIL (in function of S,E,C)	RPZ (in function of S,O,D), 1...1000
Praventive MaBnahmen	Safety Goals, QM* oder ASIL A...D	Preventive Actions
EntdeckungsmaBnahmen	---*)	Detection Actions
MaBnahmenverfolgung	---*)	Initial, revision, finalized, etc.

*) Die Einstufung „QM" bedeutet, dass „klassische" Qualitätssicherung als ausreichend betrachtet wird und keine zusätzlichen speziellen sicherheitsgerichteten Aktivitäten gemäß ISO 26262 erforderlich sind.

**) „Entdeckungsmaßnahmen" (z. B. Tests) und die Verfolgung von Maßnahmen sind durchaus in den Anforderungen der ISO 26262 enthalten, aber anderen Arbeitspaketen als der G&R im sog. Sicherheitslebenszyklus zugeordnet.

Meist wird die G&R in Tabellenform erstellt und ähnelt auch äußerlich einem FMEA-Formblatt. Bei Entwicklungsingenieuren, die zum ersten Mal bei einer G&R mitwirken, kann es deshalb schon vorkommen, dass sie diese als „Sicherheits-FMEA" oder so ähnlich bezeichnen.

Doch bei der Methodik stellen sich in der Praxis sehr schnell die Unterschiede zwischen G&R und FMEA heraus. Eine G&R kann durchaus auf rein funktionaler Ebene durchgeführt werden, bevor eine konkrete technische Implementierung dafür entwickelt ist. Eine Systemstruktur ist also nicht erforderlich.

Beispiel Elektrische Lenkradverriegelung (ELV) mit Bewertung der möglichen Fehlfunktionen hinsichtlich ihres Risikopotentials:

Fehlfunktion (en.: hazard)	S = Severity	E = Exposure	C = Controllabilty	ASIL
ELV verriegelt unberechtigt	Schwerste bis todliche Unfalle moglich (S3)	Haufige Verkehrssituationen wie Landstraßenfahrt (E4)	Schlechte bis unmogliche Veherrschbarkeit durch betroffene Verkehrsteilnehmer (C3)	ASIL D
ELV verriegelt nicht wenn erforderlich	Nur Diebstahlschutz betroffen, keine Risiken fur die Verkehrssicherheit (S0)	NA	NA	QM
ELV entriegelt unberechtigt	Nur Diebstahlschutz betroffen, keine Risiken fur Leib und Leben (S0)	NA	NA	QM
ELV entriegelt nicht wenn erforderlich	Schwerste bis todliche Unfalle moglich (S3)	In manchen Verkehrssituationen wie Anfahren ohne Lendradbewegung in dichten Verkehr (E3)	In der Regel beherrschbar durch Fahrer mittels Bremsen oder durch Ausweichen anderer (C1)	ASIL D

Dieses vereinfachte Beispiel zeigt auch, dass Fehlfunktionen, die keine Sicherheitsrelevanz haben (kein Diebstahlschutz) in der FMEA dennoch mit der Bedeutung S = 10 gewertet werden müssten, weil sie zu einem Verstoß gegen einschlägige gesetzliche Vorschriften führen würden.

Anmerkung: Eine G&R für eine komplexe Funktionalität wie z. B. eine Getriebesteuerung oder eine Lenkassistenz kann im Vergleich zu obigem Beispiel sehr viel umfangreicher sein, da die erforderliche Analyse relevanter Fahr- und Nutzungssituationen sich komplexer gestaltet.

Zusammenfassung:

Eine G&R nach ISO 26262 hat – oberflächlich betrachtet – Ähnlichkeiten mit einer FMEA. Dennoch zeigen sich wesentliche Unterschiede:

- Nur die möglichen Gefährdungen für Leib und Leben im Fehlerfall werden bewertet
- In der G&R geht es nicht um Ursachenermittlung und deren Vermeidung, sondern um eine Anforderungs-Klassifizierung (ASIL) für nachfolgende sicherheitsgerichtete Aktivitäten, die der Risikominderung dienen
- Die Bewertung des Risikoparameters E (= Exposure) für die verschiedensten Fahr- und Nutzungssituationen erfordert in der Regel ein anders zusammengesetztes Team als bei einer rein technischen Analyse

Dennoch spielt die FMEA auch für die G&R eine wichtige Rolle: sie dient der Verifikation, dass die G&R auch aus technischer Sicht vollständig ist. Sollte sich bei einer der G&R nachtgelagerten FMEA zeigen, dass – z. B. mangels Kenntnis technischer Details – mögliche Gefährdungen übersehen wurden, so muss die G&R überarbeitet werden. Diese Überlegungen sind auch in ISO 26262 in deutlicher Weise dargelegt.

Martin Werdich

9.1 Kommunikation FMEA-Anforderungsmanagement

Funktionen, Bauteilstruktur und Anforderungen sind 3 verschiedene Strukturen, die nicht ohne Weiteres in ein und dieselbe Struktur passen.

Ein Vergleich der Anforderungen und der FMEA wird oft verlangt und ist immer aufschlussreich und sinnvoll. (Ebenso wie die DVP – FMEA Vergleiche).

Elegant ist natürlich die Verknüpfung mittels automatischen Links oder eine in der FMEA integriertes Anforderungsmanagement, allerdings erfüllt eine Excel-Tabelle ebenso ihren Zweck.

9.2 FMEA und FTA in mechatronischen Systemen

Dieses Kapitel wird Ihnen eine Übersicht geben, die Ihnen hilft, die FMEA eines mechatronischen Produktes relativ transparent zu erstellen.

Definition der Betrachtungstiefe: Eine Fehlfunktion wird nur so tief betrachtet, bis diese zufriedenstellend abgesichert ist.

Die Ziele der FMEA und FTA in mechatronischen Systemen sind:

1. Die Folgen abzumildern
2. Den Fahrer/Kunde/Benutzer zu informieren
3. Dem Service zu helfen die Fehler zu finden

M. Werdich (✉)
Am Engelberg 28, 88239, Wangen im Allgäu
Deutschland
E-Mail: mwerdich@web.de

M. Werdich (Hrsg.), *FMEA – Einführung und Moderation*, DOI 10.1007/978-3-8348-2217-8_9,   197
© Vieweg+Teubner Verlag | Springer Fachmedien Wiesbaden 2012

Abb. 9.1 Aufteilungsmöglichkeit eines Systems

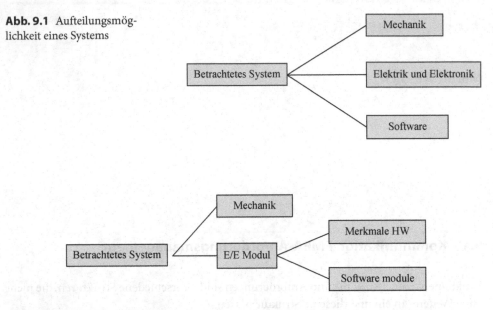

Abb. 9.2 Aufteilungsmöglichkeit eines Systems

Die Erfahrung hat gezeigt, dass eine geeignete Struktur wie folgt aussehen kann (Abb. 9.1).

Der Vorteil dieser Struktur ist die Trennung der Spezialistenbereiche. Diese finden sich während der Moderation schneller zurecht. Der Nachteil der Trennung von Hard und Software in einem systemischen Level verschleiert die Interaktionen der konkreten Softwaremodule und der konkreten Hardware. (z. B. welche SW läuft auf welcher HW)

Eine weitere interessante und erfolgreich angewandte Strukturaufteilung könnte wie folgt aussehen. Die Vor- und Nachteile drehen sich in dieser Variante um. Die Entscheidung welche Darstellung besser geeignet ist, sollte das FMEA Team bestimmen (Abb. 9.2).

Selbstverständlich können Sie hier abweichen wenn es Ihnen sinnvoll erscheint.

Um die Realität und die tatsächlichen Funktions- und Fehlerzusammenhänge darzustellen sind, vertikale Verknüpfungen oft unumgänglich. Es ist sinnvoll dies in den vorausgehenden Vorgaben der FMEA zu definieren.

Sicherheitsfunktionen die in den Vermeidungs- oder/ und Entdeckungsmaßnahmen benötigt werden, sollten als Funktionen ebenfalls in der FMEA betrachtet werden.

„Sleeping failures", also Fehler die erst auftreten, wenn ein bestimmter Zustand erreicht wird, sollten in jedem Fall mit der FMEA untersucht werden.

9.3 Kraftfeldanalyse (Force Field Analysis)

Dieses einfach zu nutzende Werkzeug hilft Ihnen, komplexe Maßnahmen umzusetzen. Mit der – vom Psychologen Kurt Lewin (1890–1947) – entwickelten Kraftfeldanalyse können Sie schnell selbst Situationen analysieren, um diese transparent mehreren Personen

Thema:	Kauf einer Yacht auf dem Bodensee									
	treibende Kräfte					hemmende Kräfte				
	5	4	3	2	1	1	2	3	4	5	
Freizeit		x					x				zusätzliche Arbeit
Erholung		x					x				Seekrankheit
Spaß	x								x		Kosten
Familienausflug		x				x					Gefahr
Beruf / Netzwerk		x							x		Zeit für Familie
Image			x				x				Neid
Unabhängigkeit				x		x					Ortsbindung
Ortsnähe			x						x		Liegeplatz
Summe	26					24					

Abb. 9.3 Kraftfeld Diagramm mit Beispiel

aufzuzeigen. Dieses Werkzeug zeigt die Faktoren auf, die für eine Lösung hinderlich oder förderlich sein können. Somit bietet sich diese Methode hervorragend an, um eine Veränderung einzuleiten und den Veränderungsprozess zu unterstützen.

Hier werden die treibenden (helfenden) und bremsenden (blockierenden) Kräfte, die auf eine mögliche Zielsituation als Gleichgewichtszustand einwirken, identifiziert und aufgezeigt. Danach werden die Kräfte entsprechend Ihrer Wirkung gewichtet.

Es werden Parameter identifiziert, die für den geplanten Erfolg nötig sind. Diese sind wiederum Grundlage für die möglichen Fehler (FMEA), den Maßnahmenplan und den Kommunikationsplan. Zweckmäßigerweise wird man sich, spätestens nach der Entscheidung der Durchführung eines Veränderungsprozesses, auf den Abbau der wesentlichen Rückhaltekräfte konzentrieren (Abb. 9.3).

Vorgehen:

1. Die angestrebte Lösung (Ziel) wird über die Tabelle geschrieben
2. Die antreibenden Kräfte werden auf der rechten und
3. die hemmenden Kräfte auf der linken Seite notiert
4. Bewertung der einzelnen Kräfte und Aufsummierung nach unten

Übungsaufgabenstellungen:

1. Sie haben Familie und befinden sich in einer Festanstellung. Jetzt überlegen Sie sich, ob Sie ein Aufbaustudium machen sollen.
2. Als Abstellmaßnahme in der FMEA eines sehr risikoreichen Projektes wurde vorgeschlagen, dass ein zusätzliches und komplett neues Konzept als Backup-Produkt erstellt werden soll.
3. Als Entdeckungsmaßnahme wollen Sie eine neue automatische Videokontrolle einführen.

Tipps:

1. Visionen treiben – alte Denkweisen hemmen
2. Die antreibenden und hemmenden Kräfte können über Brainstorming gut gefunden werden.
3. Diskutieren Sie im Team das Diagramm hinsichtlich der Erfolgswahrscheinlichkeit der Erreichung Ihrer Lösung.
4. Erstellen Sie einen Maßnahmenplan, mit dem Sie insbesondere die befürchteten Hemmkräfte minimieren und die Antriebskräfte maximieren können. Für komplexere Themen ist eine „kleine FMEA" bezüglich der gefundenen hemmenden Kräfte = Fehler hilfreich.
5. Wichtig: Erstellen Sie einen Kommunikationsplan, mit dem Sie zielgruppenspeziefisch Präsentationen und Gespräche planen.
6. Wenn Hemmkräfte zu stark sind, sollte eine andere Lösung gesucht werden.
7. Bei Abstellmaßnahmen in der FMEA gibt es Widerstände, die als hemmende Kräfte hier betrachtet werden können.

Beteiligte:

Alle, die von der Situation betroffen sind (FMEA-Team, Entscheider, Maschinenbediener, Einzelpersonen, …)

Für Fortgeschrittene:

1. Antriebskräfte = „weg von" (heute)-Kräfte
2. Hemmkräfte = „das Heute bewahren"-Kräfte
3. Antriebskräfte = „hin zu" (dieser Lösung)-Kräfte
4. Hemmkräfte = Kräfte gegen diese Lösung

Hier werden die Kräfte unterschieden, die sich auf die aktuelle Situation beziehen: „Weg-von"-Kräfte sind diejenigen, die sich darauf richten, die heutige Situation zu verlassen, während „Das Heute bewahren" die Kräfte sind, die den Ist-Zustand stabilisieren wollen. Beide agieren unabhängig von der Lösung.

Je stärker die „Hin zu"-Kräfte sind, desto größer ist die Wahrscheinlichkeit, dass die Umsetzung gelingt. Vorsicht bei starken Kräften „gegen diese Lösung". Versuchen Sie geeignete Gegenmaßnahmen zu finden. Gelingt dies nicht, ist die Lösung gefährdet. Auch in diesem Fall sollte über eine andere Lösung nachgedacht werden.

Weitere Analysen, welche mit der Kraftfeldanalyse aufgezeigt werden können:

1. Pro- und Kontralisten
2. Aktionen und Reaktionen
3. Stärken und Schwächen
4. Idealsituationen und Realität
5. Wissen und Nicht-Wissen
6. Vergleich verschiedener Einstellungen oder Positionen

9.4   Kriterienmethode

Stefan Dapper

Innerhalb eines Teams gibt es die unterschiedlichsten Entscheidungsmethoden. Jedes Team sollte zu Beginn der Arbeit einen Entscheidungsprozess wählen, der den Möglichkeiten und Zielen des Teams entspricht. In den Entwicklungsprozessen sollte diese Entscheidung auf Fakten beruhen, nachvollziehbar sein und als Argumentationshilfe dokumentiert werden. Um eine Entscheidung treffen zu können, benötigt das Team Möglichkeiten, wie man das Problem abstellen kann.

Es gilt, alle Lösungsmöglichkeiten aufzuzeigen. Einige Lösungen können die Teammitglieder aus dem eigenen Fachwissen heraus erstellen. Andere sind aus einem kreativen Teamprozess zu entwickeln. Auch neue Erkenntnisse in der Technik (Fachzeitschriften, Messen,…) und ein Wettbewerbvergleich können interessante Wege aufzeigen.

Es gibt mehrere grundlegende Möglichkeiten der Entscheidungsfindung, die einem Team zur Verfügung stehen:

1. Der Konsens ist der optimale Prozess, setzt allerdings viel im Team voraus und ist für den Moderator oft schwer herbeizuführen. Hierbei rückt meistens jeder etwas von seinem Standpunkt ab und vertritt die Teamentscheidung zu 100 %. Der Konsens ist die beste Voraussetzung für zukünftige Zusammenarbeit.
2. Der Kompromiss ist oft im privaten Bereich anzutreffen. Hier rückt jeder von seiner Meinung etwas ab, steht allerdings auch nur zu einem gewissen Prozentsatz hinter dem Teamentscheid. Dieser typische Familienentscheid kann in angespannten Situationen durchaus sinnvoll sein.
3. Bei der Kriterienmethode wird eine kleine Anzahl von Alternativen miteinander nachweisbar und sauber dokumentiert verglichen. Aufgrund der Nachvollziehbarkeit ist diese Methode für qualitativ hochwertiges Engineering besonders gut geeignet. Der Nachteil ist hier der etwas größere Aufwand der Entscheidungsvorbereitung.
4. Bei der Abstimmung handelt es sich um das klassische demokratische Mehrheitsverfahren. Der Nachteil ist, dass stärkere Gruppen die Macht ausnutzen, um unter Umständen die nicht beste Lösung durchzudrücken. Des Weiteren können fast 50 % der Teammitglieder mit der Entscheidung unzufrieden sein und die Umsetzung der Lösung gefährden.
5. Bei der Alleinentscheidung hat nur eine Person die Macht (somit auch die Verantwortung). Bei dieser (schlechtesten) Methode kann sogar das gesamte Team unzufrieden sein und hätte einen entsprechenden Motivationsverlust zur weiteren Zusammenarbeit zur Folge.

In der Kriterienmethode geht es darum, eine nachvollziehbare, teamfähige, transparente und optimale Lösung für ein Problem oder eine Fragestellung zu finden, um eine Entscheidung zu treffen oder vorzubereiten (Abb. 9.4).

Die Vorgehensweise wird an folgendem Formblatt deutlich:

Endscheidungsziel:						
Team:						
		Variante 1		**Variante 2**		
MUSS-Kriterien		Erfüllungsgrad MUSS	+/-	Erfüllungsgrad MUSS	+/-	
1.						
2.						
3.						
4.						
5.						
SOLL-Kriterien	Gew. 1-10	Erfüllunggrad SOLL	0-10	Pkt.	Erfüllunggrad SOLL	0-10	Pkt.
1.						
2.						
3.						
4.						
5.						
6.						
7.						
8.						
9.						
10.						
		Gesamtpunkte				

Abb. 9.4 Formblatt Kriterienmethode

Risikoanalyse		
Team:		
Variante:		
1. Wodurch könnten die Minimalforderungen (MUSS) beeinträchtigt werden?	**W**	**T**
a)		
b)		
c)		
2. Wodurch könnten die Wunschkriterien (SOLL) beeinträchtigt werden?	**W**	**T**
a)		
b)		
c)		
3. Welche anderen Risiken verbinden Sie mit dieser Variante?	**W**	**T**
a)		
b)		
c)		
W = Wahrscheinlichkeit daß dieses Risiko eintritt (1-10)		
T = Tragweite wenn dieses Risiko eintritt (1-10)		

Abb. 9.5 Formblatt Risikonanalyse

9.5 „kleine Risikoanalyse"

Stefan Dapper

Um schnell optimierte Entscheidungen bezüglich der Varianten zu treffen, sind die möglichen Risiken aufzuzeigen. Bei der Betrachtung der Risiken werden verschiedene Aspekte durchleuchtet:

- Könnte die Variante unerwünschte Nebenwirkungen haben?
- Könnte die Umsetzung der Variante im Fertigungsablauf Risiken bergen?
- Hat die Variante Risiken, die erst langfristig zu Tage treten werden?
- Bestehen unternehmerische, persönliche oder emotionale Bedenken gegen diese Variante?

Diese Überlegungen lassen sich in einem Formblatt übersichtlich darstellen. Selbstverständlich ist jede andere Dokumentation möglich (Abb. 9.5).

Es wird unterschieden zwischen den Risiken, die ein MUSS-Kriterium, SOLL-Kriterium oder ein allgemeines Risiko beinhalten.

Die Risiken werden klassisch anhand ihrer Auftretenswahrscheinlichkeit (W) und der Tragweite (T) bewertet. Sollte ein Risiko mit hoher Wahrscheinlichkeit auftreten, ist dies mit einer 10 und bei einer geringen Wahrscheinlichkeit mit 1 zu bewerten.

Das gleiche Verfahren ist für die Tragweite anzuwenden.

Sollte ein MUSS-Risiko mit W = 10 und T = 10 bewertet werden, ist dies Grund genug, diese Variante zu verwerfen.

Denken Sie bei den allgemeinen Risiken an das gesamte Umfeld der Maßnahme. Mit allen Informationen aus der Kriterienmethode und der Risikoanalyse kann das Team jetzt eine ausgewogene Entscheidung treffen, die für das Unternehmen das Optimum bildet.

Alternativ: Matrixmethode

Um verschiedene konstruktive Lösungen zu vergleichen, ist auch sehr gut die Matrixanalyse zu verwenden. Auf einer Achse werden die Kriterien eingetragen (Neukonstruktion, neue Prozesse, Beschaffung,......), auf der anderen Achse die verschiedenen Lösungen. Die Kriterien können gewichtet werden. Dann wird der Zusammenhang zwischen den Lösungen und den Kriterien bewertet. Für Bewertungen haben sich Zahlen wie bei QFD bewährt (0, 1, 3, 9). Aus der Multiplikation und Addition ergibt sich das beste Lösungskonzept. Sehen Sie sich hierzu bitte im Kap. 2.2.3 die Priorisierung nach VDA an.

9.6   Tracken der FMEA-Sitzungen

Sinnvollerweise wird vom Projekt-, oder Qualitätsmanagement oft ein übersichtliches Tracking der FMEA gefordert. Ich stelle Ihnen hier zwei unterschiedliche Möglichkeiten vor, die Sie je nach Anforderung einsetzen können.

Tracken der FMEA mittels Fertigstellungsgraden in der Bauteilestruktur

Zunächst ist eine Definition der Fertigstellungsgrade notwendig. Hier ein Beispiel:

- 10 % structure ready
- 20 % functions ready
- 30 % functionnet ready
- 40 % most possible failures found
- 50 % failurenet ready
- 60 % first (actual) action defined
- 70 % recommended actions defined
- 80 % responsibles and deadlines defined
- 90 % all critical causes seen in the ready statistics
- 100 % actions optimized during lifetime

In vielen Softwaretools ist es nun möglich, diese Fertigstellungsgrade übersichtlich in der Grafik im Strukturbaum darzustellen (z. B. in APIS erstellen Sie spezielle Bemerkungskategorien) (Abb. 9.6).

Die Planung der kommenden FMEA-Sitzungen gestaltet sich durch diese Übersicht einfacher. Sie können zum Beispiel den Bereichen auch gleichzeitig die Spezialisten zuordnen und diese dann ganz gezielt befragen.

Tracken der FMEA-Sitzungen mittels Fortschrittsanalyse aus dem Ampelfaktor

Abb. 9.6 Fertigstellungsgrade im Strukturbaum

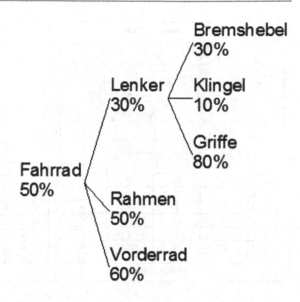

Mit der Fortschrittsanalyse wird die Entwicklung der Risiken der möglichen Ursachen über die FMEA-Sitzungen übersichtlich dokumentiert. Zum einen sieht man, wie sich die Ist-Risiken entwickeln und zum anderen wie sich der Soll-Zustand entwickelt. Das Ziel ist, die Risiken am Ende so niedrig wie möglich zu halten (Abb. 9.7).

Die Risiken entsprechen den tatsächlichen Risiken (siehe Ampelfaktor).

9.7 Neue Bereiche für die Anwendung der FMEA-Methodik

9.7.1 Risikoermittlung und Übersicht bei IT Projekten

Laut einer gemeinsamen Studie der britischen Royal Academy of Engineering und der Britisch Computer Society belaufen sich die im Jahr 2003 entstandenen Schäden durch fehlgeschlagene IT-Projekte in den USA auf umgerechnet 130 Mrd. €, die EU liegt mit 120 Mrd. € nur knapp dahinter.

Der so genannte „CHAOS-Chronicle" der Standish Group, in dem über neun Jahre die Ergebnisse von mehr als 40.000 IT-Projekten analysiert wurden, kommt zum vernichtenden Ergebnis, dass lediglich 34 % aller Projektvorgaben als Erfolg gewertet werden können. Bei Großprojekten mit einem Volumen von über einer Million US-Dollar sinkt diese Erfolgsrate sogar auf lächerliche 2 %. Im Durchschnitt werden das geplante Projektbudget um 43 % und die Projektdauer um 82 % überschritten. Nur bei jedem zehnten Projekt werden die definierten Projektziele auch tatsächlich erreicht.

Aus Scott Adams „Das Dilbert-Prinzip": „Bei großen Projekten setzen Teamleiter eine komplexe Projektmanagement Software ein. Die Software sammelt die Lügen und Vermutungen des Projektteams und stellt sie in Schaubildern zusammen, die sofort wieder

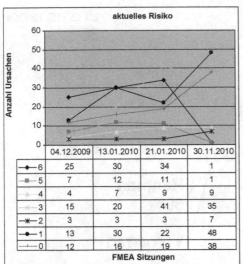
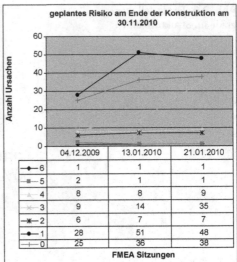

Abb. 9.7 Grafik: Fortschrittsanalyse

überholt und zu langweilig sind, um sie überhaupt genau anzusehen. Das Ganze heißt dann Planung."

Fügt man zu dem bisher üblichen Projektmanagement und dessen Werkzeugkasten eine Risikoanalyse für komplexe Prozesse wie die FMEA hinzu, kann das Gesamtprojekt transparenter und ehrlicher dargestellt und dokumentiert werden. Im Gegensatz zum reinen Projektmanagement werden in der FMEA zwangsweise funktionelle Zusammenhänge und Fehlermöglichkeiten grafisch betrachtet, die in einer gekürzten Risikoanalyse untergegangen wären. Zudem lassen sich die Maßnahmen nachvollziehbar priorisieren und Entscheidungen priorisiert den einzelnen Verantwortlichen zuordnen.

Hier der Auszug aus einer Referenz eines großen Automobilzulieferers zu einer FMEA-Moderation, die ein Software-Rollout über mehrere Abteilungen und Standorte betrachtete:

Da sehr viele Abteilungen und Systeme betroffen waren, konnte eine gesamthafte Risikoeinschätzung mit traditionellem Vorgehen nicht mehr erfolgen. Dies führte zu Unsicherheiten der Risiko-Beurteilung und der, noch zu planenden Tätigkeiten und Fokusse, und dadurch zu erhöhten Entwicklungs- und Projektmanagementkosten. Aufgrund der besonders effektiven FMEA-Moderation wurde mit minimalem zeitlichem Aufwand ein ausgezeichnetes und übersichtliches Ergebnis geschaffen. Die Ressourcen unserer Mitarbeiter wurden in die richtige Richtung gelenkt und doppelte Anstrengungen vermieden. Oberste Priorität, neben der termin- und kostengerechten Produktivstellung, war eine störungsfreie Produktion nach Go live zu gewährleisten. Mit Hilfe des FMEA-Moderators und der angewandten Methodik konnten die Risiken bewertet und mit entsprechenden Maßnahmen reduziert werden. Der Übergang in den normalen Betrieb erfolgte reibungslos.

9.7.2 Gefährdungsanalyse mit Hilfe der FMEA

Otto Eberhardt

Ab 29. Dez. 2009 muss beim Inverkehrbringen von Maschinen und Anlagen die Maschinenrichtlinie 2006/42/EG verpflichtend und ohne Übergangsfrist eingehalten werden. In dieser Richtlinie ist eine Gefährdungsanalyse (= Risikoanalyse) gesetzlich vorgeschrieben.

Dr. Otto Eberhard hat erkannt, dass diese Gefährdungsanalyse mittels FMEA-Methodik systematisch und umfassend abgehandelt werden kann. Er hat über das „Wie" mehrere Vorträge gehalten und ein Buch darüber veröffentlicht.

Um diese Analyse mittels FMEA-Methodik abzuarbeiten, bedarf es folgender Nomenklatur-Definitionen:

- Funktion = Sicherheitsanforderungen
- Fehlerart = Gefährdungsart
- Fehlerfolge = Folgen, Auswirkung
- Fehlerursache = Gefährdungsursache
- Vermeidung = Gefährdungsbehebung
- Entdeckung = Gefährdungserkennung
- RPZ (BxAxE) = Restrisiko der Gefährdung

Die Bedeutung (B der Folge) errechnet sich aus dem Verletzungsgrad (v), der Schadensdauer (d) sowie der Rettungschancen und der Schadensbegrenzung (b).

$$B = (v \cdot d) + b$$

v	Verletzungsgrad
1	Leichte Verletzungen (Erste Hilfe Versorgung)
2	Mittelschwere Verletzungen (ambulante Behandlung notwendig)
3	Sehr schwere Verletzungen (stationäre Behandlung notwendig)
d	Schadensdauer
1	Keine Langzeitschäden oder Verletzungsfolgen
2	Noch tragbare Langzeitschäden
3	Schwere Langzeitschäden (Berufsunfähigkeit, Invalidität)
b	Rettungschancen und Schadensbegrenzung
0	Gute Rettungschancen, erfolgversprechende Schadensbegrenzung
1	Schlechte Voraussetzungen für Rettung und Schadensbegrenzung

Die Auftretenswahrscheinlichkeit (A) errechnet sich aus der Fehlerwahrscheinlichkeit (w), der Gefährdungsdisposition (g) und der Anfälligkeit für Gefährdung (f)

$$A = (w \cdot g) + f$$

w	Fehlerwahrscheinlichkeit
1	Fehlfunktion oder Fehlverhalten wird sehr selten erwartet
2	… wird mit mäßiger Häufigkeit erwartet
3	… wird sehr häufig erwartet
g	Gefährdungsdisposition
1	Aufenthalt im Gefahrenbereich sehr selten
2	Nur zeitweiser Aufenthalt im Gefahrenbereich
3	Sehr langer oder ständiger Aufenthalt im Gefahrenbereich
f	Anfälligkeit für Gefährdung
0	Nicht anfällig (gute persönliche Schutzausrüstung)
1	sehr anfällig (keine Schutzausrüstung)

Die Entdeckungsmöglichkeit errechnet sich aus Qualifikation der gefährdeten Person (q), Komplexität der Gefährdungssituation (k) und der Reaktions-, Eingreif- und Ausweichmöglichkeit (r).

$$E = (q \cdot k) + r$$

Q	Qualifikation der gefährdeten Person
1	Fachmann
2	Unterwiesene Person
3	Laie, nicht unterwiesen
K	Komplexität der Gefährdungssituation
1	Komplexität gering, Situation gut durchschaubar
2	Mittlere Komplexität, Situation noch durchschaubar
3	Hohe Komplexität, Situation kaum durchschaubar
R	Reaktions-, Eingreif- und Ausweichmöglichkeit
0	Gute Reaktionsmöglichkeiten
1	Schlechte Reaktionsmöglichkeiten

Für die Ergebnisdefinition werden hier folgende Werte für das Restrisiko vorgeschlagen:

- 1–100 akzeptables Restrisiko, keine zusätzliche Maßnahme
- 100–125 geringes Restrisiko, zusätzlicher Warnhinweis notwendig
- 125–250 erhöhtes Restrisiko, zusätzliche Schutzmaßnahme erforderlich
- 250–1.000 inakzeptables Restrisiko, Konstruktive Maßnahme erforderlich

9.7.3 Human-FMEA

Nahezu jeder Fehler kann auf eine Fehlentscheidung eines Menschen zurückgeführt werden. In der Human-FMEA wird speziell der menschliche Einflussfaktor untersucht. Es wird nach optimierten Methoden, Formblättern und Bewertungsschematas gesucht.

Ziel ist es eine konstruktive Fehlerkultur so zu fördern, dass Fehler effektiv verringert werden können.

Es ist allerdings viel Erfahrung, Sozialkompetenz und höchstes Feingefühl des Moderators notwendig um eine Human-FMEA erfolgreich durchzuführen. Schnell kann es durch falsche Anwendung und schlechte Kommunikation passieren, dass negative Dinge wie Misstrauen und Mobbing (bis hin zur Sabotage) erzeugt oder verstärkt werden.

9.7.4 Kurzbesuch bei den Geisteswissenschaften

Eine interdisziplinäre Betrachtung der folgenden Gedankenmodelle könnte für eine bisher seltene Transparenz sorgen und zu weiteren Betrachtungswinkeln führen. Ich bin der Meinung, dass die FMEA-Methodik wirkungsvoll in bisher nicht fokussierten Bereichen und Fragen eingesetzt werden kann.

Hier ein Beispiel, das Sie bitte nicht allzu ernst nehmen, das es aber sicher wert ist, darüber nachzudenken: Die Frage nach dem Sinn des Lebens kann mittels FMEA-Methoden untersucht werden.

Nehmen wir an, „der Sinn" wäre die Funktion. Somit könnte jeder FMEA-Moderator sofort qualifiziert mit seinen Fragen den Gesprächspartner systematisch auf das Erkennen seines Selbst führen. Und nicht nur das. Mit dem Sinn (normalerweise wird dieser nun im Zuge der Analyse in mehrere „Teilsinne" aufgeteilt) sind normalerweise jeweils mindestens ein Grund (die Ursache) und mindestens ein Ergebnis (die Folge) verknüpft.

Warum ist der Sinn des eigenen Lebens in den jugendlichen Lebensjahren so oft gestellt und offensichtlich auch schwer zu finden? Einfach aus dem gleichen Grund, warum sogar Fachspezialisten sich schwer tun, die Funktionen ihres eigenen Produktes zu beschreiben.

Das soll nicht heißen, dass ab sofort die FMEA-Moderatoren jetzt die neuen Geschäftsfelder beackern sollen, aber der eine oder andere könnte ja mal einen Versuch starten. Ich will damit auch nicht sagen, dass ab sofort alle Philosophen, Psychologen und Theologen einen FMEA-Kurs belegen sollten, dies würde allerdings auch sicher nicht schaden.

9.7.5 Einbringen von Informationen von Unfallexperten

Nehmen Sie sich hin und wieder Zeit, um mit Sicherheitsexperten von der Front zu sprechen. Ich meine damit nicht nur die Spezialisten, die Unfälle aus ihrer täglichen und beruflichen Praxis untersuchen, sondern auch diejenigen, die als Ersthelfer an den Unfallort gerufen werden. Es sind erfahrene Sachverständige, Unfallanalysten, Unfallforscher, Brandschutzexperten, Feuerwehrleute, Polizisten, TÜV- und Dekra-Mitarbeiter, Arbeitsschutzbeauftragte, Notärzte und die Sachbearbeiter von Garantie- und Kulanzabwicklungen in den Firmen.

Sie alle können Ihnen Statistiken liefern und von Erlebnissen und Erfahrungen berichten, die Ihnen sprichwörtlich die Augen öffnen. Dies wird Ihren Blick auf die tatsächlichen Gefahren schärfen und es hilft Ihnen, die Relationen zu erkennen und gibt Ihnen die

Kompetenz, zwischen wichtigen und kritischen Fehlern zu unterscheiden. Zudem werden Sie Fehler entdecken, an die Sie vorher nicht gedacht hatten. Und dies ist eines der wichtigsten Dinge weswegen wir eine FMEA durchführen.

Wenn Sie dies vor dem Start der FMEA machen, haben Sie meistens einen Vorsprung vor den anderen Teammitgliedern, die Sie mit Ihrer fundierten Wissensbasis überraschen und denen Sie somit einen deutlichen Mehrwert liefern können.

Folgende Beispiele mögen Ihnen für Argumentationen in Ihren Teams behilflich sein.

1. schwer vermeidbare, seltene, aber hochgespielte Risiken
   • Flugzeugkatastrophen
   • Kaprun
2. Gesellschaftlich akzeptierte Risiken mit hohen Opferzahlen
   • Verkehrsunfall
   • Haushaltsunfälle
   • Rauchvergiftungen (kein Brandmelder)
   • Alkohol, Zigaretten
3. früher akzeptierte, inzwischen aber eingeschränkte Risiken
   • Gurt, Airbag, Helmpflicht
4. vermeidbare Risiken in Diskussion
   • Leitplankenschutz für Motorradfahrer
   • Unbeschrankte Bahnübergänge
   • Hochspannungsunfälle bei der Bahn
   • Sportunfälle Extremsport
5. nicht verantwortbare Risiken
   • Radreifen ICE
   • Tiefseebohrungen
   • Atomkraftwerke
   • Nuklearwaffen

Lernen aus „fast"-Unfällen, Befragungen und Rückmeldungen Die Prävention von Unfällen ist sehr gut über FMEA darstell- und dokumentierbar.

Hierzu muss allerdings die Firmenkultur an den Wurzeln gepackt werden. Die FMEA muss tief in die Unternehmensprozesse integriert sein, damit sie gelebt werden kann. Jeder in der Firma muss wissen, wo diese Rückmeldungen aus Beobachtungen dokumentiert und wo abgerufen werden können.

9.8 Brainstorming

Brainstorming ist eine Methode zur Ideenfindung. Zu einem vorgegebenen Thema werden ohne Zwänge Ideen und Lösungsmöglichkeiten gesammelt. Durch Regeln werden Denkbarrieren abgebaut und kreatives Verhalten gefördert. In der geschaffenen Atmosphäre werden die produktions- blockierenden Einwände ausgeschaltet. Die Methode ist geeignet, ohne große Vorarbeit einen schnellen Einstieg in komplexe Themen zu bekommen.

Hilfsmittel

Schreibutensilien; am besten eignen sich Eddings, Karten und Pinwand

Geeignete Gruppengröße

Die Gruppe muss einerseits genügend groß sein, um die erforderlichen gruppendynamischen Anreize zu schaffen, andererseits muss sie klein genug sein, um die Kommunikation von jedem mit jedem zu ermöglichen. Im Allgemeinen sind das 3–9 Personen

Gesprächsleiter/ Moderator

- Kurz in das Thema einführen
- Spielregeln überwachen
- Den Kommunikationsfluss durch unauffälliges Eingreifen aufrecht erhalten
- Beim Abschweifen zum Thema zurückführen
- Aktive Gestaltung nach der Ideenfindung

Rahmenbedingungen

- Günstige Zeit wählen (beste Aktivität: 9-13 und 16 bis 20 Uhr)
- Zeitrahmen zwischen 5 und 30 min wählen
- Jedem muss die ungestörte Äußerung möglich sein
- Jegliche Kommentare, Korrekturen, Kritik und Bewertungen sind verboten

Spielregeln

- Alle Teilnehmer sollten ihr Wissen einbringen, auch wenn es für das Problem nicht relevant erscheint, denn es kann Assoziationen bei anderen wecken.
- Einfälle der Teilnehmer dürfen nicht reglementiert werden.
- Problemorientierung geht vor Lösungsorientierung, denn frühzeitiges „Einschießen" auf eine Lösung erschwert das Auffinden von Alternativen.
- Geringer Konsens kann fördernd auf das Hervorbringen neuer, innovativer Ideen wirken.
- In hierarchisch strukturierten Gruppen mit Abhängigkeitsverhältnissen darf der Vorgesetzte die von ihm vermutete oder favorisierte Lösung nicht äußern, denn die anderen schwenken sonst leicht darauf ein, anstatt innovativ und kreativ zu sein.
- Quantität geht vor Qualität, denn es geht zunächst darum, Ideen zu produzieren.
- Jeder Versuch einer Kritik oder Stellungnahme während der Sitzung soll vermieden oder aufgeschoben werden.
- Es besteht kein individuelles Urheberrecht an Ideen, sondern ein kollektives, denn Kennzeichen des Brainstormings ist das Aufgreifen und Weiterspinnen von Ideen. Daher kann sich kein Beteiligter das Ergebnis oder Teile davon auf seine Fahne schreiben.

Ideenbewertung nach der Sitzung (zweiter Schritt)

- Aussortieren der Ideen in vier Gruppen:
  - – sofort realisierbar
  - – später realisierbar
  - – nach weiterer Bearbeitung realisierbar
  - – nicht realisierbar
- Zusammenstellung (Clustern) der Sachgruppen/ Themen/ Ideenketten
- Ideenketten sollten durch Weiterfragen genutzt werden.
- Klärung der Ansichten und ungenügend definierten Ideen
- Die Ideenbewertung kommt nach der Sitzung, denn diese dient allein der Ideenfindung.

Tipps für Fortgeschrittene

- Am besten keine Vorgesetzten oder dominierenden Personen einladen
- Wenn einer eine fixe Idee oder Anmerkung hat, sollte diese aufgeschrieben werden und an die Wand zur späteren Bearbeitung aufgehängt werden. Somit ist diese „Denkschleife aus der geistigen Präsenz" und die Person kann sich wieder produktiv, kreativ und frei einbringen.
- Während der Sitzung sollten Sie Ausdauer zeigen. Viele der besten Ideen entwickeln sich am Schluss aufgrund der Anregungen der restlichen Truppe.
- Ideen vor der Sitzung individuell notieren

Mögliche Probleme beim Brainstorming

- Vertrauensmangel im Team
- Persönliche Beziehungsprobleme
- Kritik und Konkurrenzdenken
- Diskussionen
- In manchen Fällen ist ein Alleingang eines kreativen Spezialisten schneller und effektiver
- Selbstdarstellungsrituale sind schwer zu unterbinden, ohne den Betreffenden zu bremsen
- Der bessere Autodidakt bekommt von der Gruppe eine höhere Aufmerksamkeit und neigt zur Führerschaft
- Nonverbale Kritik ist sehr schwer zu unterlassen

9.9   Vorbereitung FMEA: Weitere Werkzeuge

9.9.1   Schnittstellenmatrix

Als mögliche weitere Ergänzung zu einem Blockdiagramm kann eine Schnittstellenmatrix erstellt werden. Sie ist ebenfalls als Lieferant für Eingangsdaten in der Design-FMEA einzusetzen.

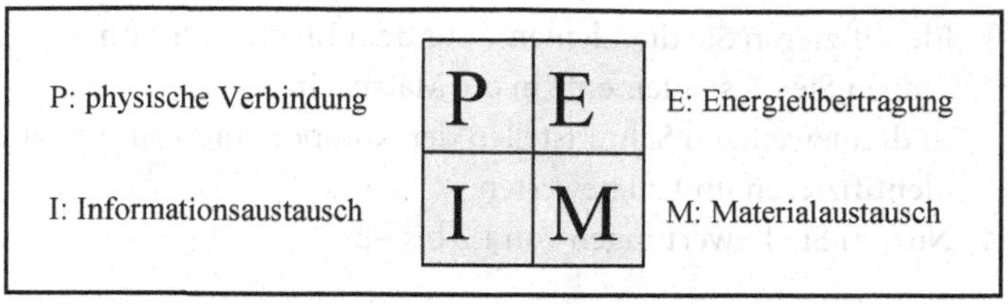

Abb. 9.8 Schnittstelle im Blockdiagramm

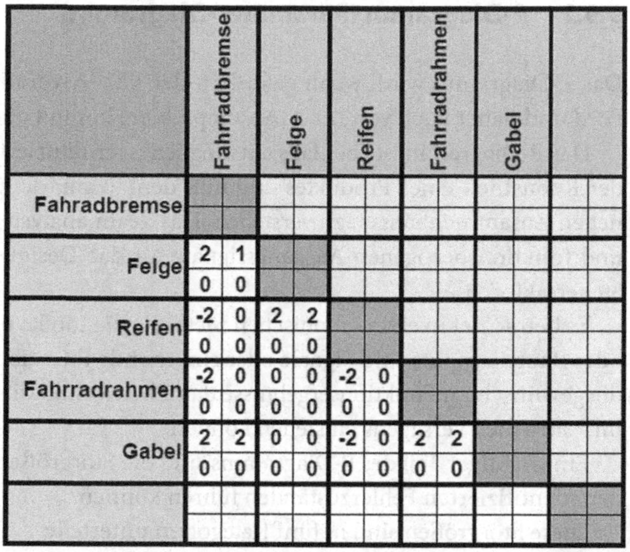

P: physische Verbindung	$\begin{array}{cc} P & E \\ I & M \end{array}$	E: Energieübertragung
I: Informationsaustausch		M: Materialaustausch

Abb. 9.9 Beispiel Schnittstellenmatrix

	Fahrradbremse	Felge	Reifen	Fahrradrahmen	Gabel
Fahradbremse					
Felge	2 1 / 0 0				
Reifen	-2 0 / 0 0	2 2 / 0 0			
Fahrradrahmen	-2 0 / 0 0	0 0 / 0 0	-2 0 / 0 0		
Gabel	2 2 / 0 0	0 0 / 0 0	-2 0 / 0 0	2 2 / 0 0	

Der Informationsgehalt ist wesentlich höher als in einem einfachen Blockdiagramm.

Jede Schnittstelle in einem Blockdiagramm wird mit Hilfe eines 4-Quadranten-Elementes dargestellt. In den vier Quadranten werden die vier Kriterien bewertet (Abb. 9.8).

Die Zahlen in jedem Quadranten repräsentieren die Intensität der Schnittstellen. Mit den Werten -2 bis $+2$ wird die Wechselwirkung quantifiziert.

+2	Interaktion ist zur Erzielung der Funktion notwendig
+1	Interaktion ist nicht absolut notwendig
0	Interaktion beeinflusst nicht die Funktion
−1	Interaktion wirkt negativ, muss aber nicht verhindert werden
−2	Interaktion muss verhindert werden, um die Funktion zu gewährleisten.

Negative Werte geben wichtige Hinweise für fällige Abstellmaßnahmen in der anschließenden FMEA (Abb. 9.9).

Vorgehensweise zur Erstellung einer Schnittstellenmatrix

1. Identifizieren Sie die Elemente aus dem Blockdiagramm
2. Tragen Sie diese Elemente in die Matrix ein
3. In den jeweiligen Schnittstellen der Komponenten sind jetzt die Wechselwirkungen zu identifizieren und zu bewerten
4. Nutzen Sie Bewertungen von + 2 bis −2

9.9.2 P-Diagramm (Parameter-Diagramm)

Das P-Diagramm wird, wenn gefordert, der FMEA vorangestellt. Es wird vor allem von Ford und daher auch von der AIAG empfohlen, kommt aber sonst selten zum Einsatz.

Das P-Diagramm ist ebenfalls ein mögliches strukturiertes Werkzeug zur Sicherstellung der Robustheit eines Produktes und hilft dem Team, die physikalischen zu den funktionellen Zusammenhängen zu verstehen. Das Team analysiert die beabsichtigten Eingangs- und funktionsbezogenen Ausgangssignale für das Design ebenso wie Fehler-, Stör- und Steuerfaktoren.

Es betrachtet in einer graphischen Methode die Inputs und die Outputs für das Produkt oder Bauteil. Inputs sind Signale oder eingehende Energien in das System. Outputs stellen die gewünschten Funktionsergebnisse dar. Ebenso sind die Fehlerzustände aufgeführt, die im Falle eines Versagens entstehen können.

Ein wichtiger Teil des P-Diagramms sind die Störgrößen. Dies sind die Faktoren, die zu den identifizierten Fehlerzuständen führen können.

Diese Störgrößen sind in fünf Kategorien unterteilt:

1. Streuungen von Einheit zu Einheit
2. Verschleiß/ Ermüdung
3. Kundengebrauch
4. Umwelt
5. Benachbarte Systeme

Die Steuergrößen, die den letzten Teil des P-Diagramms ausmachen, beinhalten die Design-Möglichkeiten des Konstrukteurs. Sein Ziel ist es, mit seinen Mitteln ein robustes und funktionsfähiges Bauteil zur erstellen, das den Einflüssen der Störgrößen entgegenwirkt (Abb. 9.10).

Vorgehensweise zur Erstellung eines P-Diagramms

- Nutzen Sie ein Formblatt (siehe Anhang), in das Sie alle Erkenntnisse strukturiert eintragen können. Das zentrale Element ist das zu konstruierende Bauteil oder System.
- Ermitteln Sie als erstes die Inputs und Outputs des Systems. Achten Sie hier auf Vollständigkeit. Unter „Inputs" sind eingehende Bewegungen, Kräfte, Energien und Signale zu verstehen. Outputs werden in der FMEA als gewünschte Funktionen beschrieben.

Abb. 9.10 Schema:
P-Diagramm

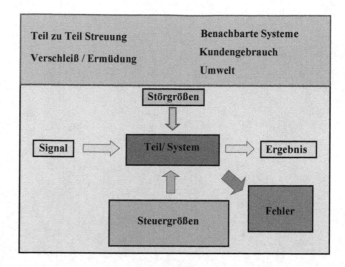

- Schreiben Sie die Fehlerzustände in das Diagramm. Fehler können Sie aus den Funktionen mit Hilfe der vier Fehlertypen in der FMEA ermitteln. Daraus resultierende Folgen können ebenfalls hilfreich sein.
- Identifizieren Sie die Störgrößen. Die fünf Kategorien helfen Ihnen, eine sinnvolle Einteilung zu finden und sichern die Vollständigkeit der gesammelten Daten. Denken Sie über grundsätzlich vorhandene, aber auch über unerwartete Einflussfaktoren nach, Störgrößen können die Ursachen in der FMEA sein.
- Als letztes sollten Sie die Steuergrößen finden. Steuergrößen sind die konstruktiven Mittel, die dem Konstrukteur zur Verfügung stehen, um den Störgrößen entgegen zu wirken. Materialauswahl, Dimensionierung der Teile, gesammeltes Know-how im Unternehmen, IT-Unterstützung sind typische Bereiche, aus denen sich die Steuergrößen finden lassen.
- Übertragen Sie die Erkenntnisse aus dem P-Diagramm in die FMEA.

Vision

10

Martin Werdich

Das Leben ist wie ein Fahrrad...
Man muss sich vorwärts bewegen, um das Gleichgewicht nicht zu
verlieren...
Die reinste Form des Wahnsinns ist es, alles beim Alten zu lassen...
und gleichzeitig zu hoffen, dass sich etwas ändert...
Eine Theorie (Methode) sollte so einfach wie möglich sein, jedoch
nicht einfacher.

Albert Einstein dt.-amerik. Physiker, 1921 Nobelpreis für Physik, 1879–1955
Die meisten der folgenden Gedanken wurden von Adam Schnellbach und mir entwickelt.

10.1 Strukturanalyse in geschichteten Blockdiagrammen

Die Blockdiagramme werden in unterschiedlichen Auflösungen (Betrachtungstiefen)(z. B. in SysML) in Blöcken dargestellt. Dies ist in vielen Bereichen bereits Stand der Technik und wird vorwiegend in der Elektronik verwendet.

In der folgenden Beispielgrafik eines Schiebetürsystems sehen Sie drei Schichten des Blockdiagramms. Ein einfacher Algorithmus kann diese automatisch in einen, heute noch üblichen Strukturbaum überführen. Bisher war dieser Vorgang der Phantasie des Moderators überlassen. Große Vorteile hätten wir durch frühzeitige Definitionen des Produktes, Durchgängigkeit der Informationen auch bei Änderungen. Dadurch haben Sie weniger Doppelarbeit, produzieren weniger Fehler und können den eingesparten Aufwand anderweitig im Projekt verwenden.

Meine Vision wäre diese Strukturanalyse direkt in der FMEA automatisch in einen Strukturbaum zu überführen (Abb. 10.1).

M. Werdich (✉)
Am Engelberg 28, 88239, Wangen im Allgäu
Deutschland
E-Mail: mwerdich@web.de

M. Werdich (Hrsg.), *FMEA – Einführung und Moderation*, DOI 10.1007/978-3-8348-2217-8_10,   217
© Vieweg+Teubner Verlag | Springer Fachmedien Wiesbaden 2012

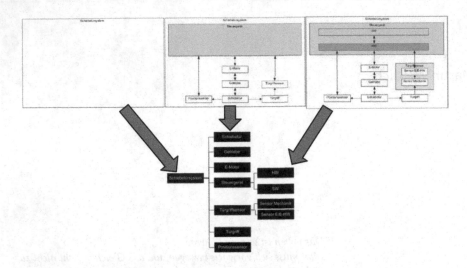

Abb. 10.1 Überführung eines geschichteten Blockdiagramms in einen Strukturbaum

10.2 Funktionsanalyse in geschichteten Funktions-Blockdiagrammen

Während dem Systemdesigns werden die funktionalen Zusammenhänge meistens in mehreren Funktionsblockdiagrammen dargestellt. Durch eine geschichtete Darstellung können Sie besonders gut die Übersicht behalten und die erkannten Zusammenhänge sehr gut in das Team, zur Qualität, in beteiligte Bereiche und zum Kunden kommunizieren. Dies gilt vor allem bei komplexen mechatronischen Systemen.

Hier werden die Funktionen des Systems (Software, E/E, und Mechanik) nach Signalpfaden miteinander verknüpft. Somit sind auch Funktionsschleifen darstellbar

Auch diese Tätigkeit wird bereits zu Beginn des Projektes (also präventiv) durchgeführt. Eigentlich ist dies bereits die Funktionsanalyse. In der FMEA wird allerdings aktuell eine andere Darstellungsform, der so genannte „functional breakdown", angewandt.

Der Unterschied zwischen Signalpfad- und functional breakdown Verknüpfungen liegen in der Moderationsfragetechnik und in der Anzahl der Ebenen.

Meine Vision wäre diese Funktionsanalyse direkt in der FMEA automatisch in einen Funktionsbaum zu überführen (Abb. 10.2).

10.3 Ein Funktions- und Fehlerbaum für alle

(QFD, Anforderungsmanagement, FMEA, SPICE, FTA, ...)

Welche Features muss ein solcher Funktions- und Fehlerbaum besitzen?

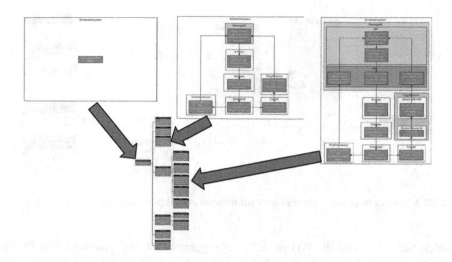

Abb. 10.2 Überführung eines geschichteten Funktionss-Blockdiagramm in eine FMEA übliche „functional breakdown" Betrachtung

- Grafisch im Baum darstellbare Betriebszustände.
- Grafisch im Baum darstellbare Fehlerentdeckungen.
- Grafisch im Baum darstellbare Fehlerreaktionen.
- Vor jedem Element müssen ODER und UND- sowie alle anderen „Boolschen"-Verknüpfungen möglich sein.
- Fokussierbar auf jedes einzelne Element.
- Universeller Filter in der Grafik darstellbar.
- Direkte Verknüpfungsmöglichkeit von Ursachenfehler auf Funktion und dann auf Folgenfehler (ein Fehler kann eine „gute Funktion" benutzen um einen Fehler in den Folgeebenen auszulösen.

Wie könnte eine universell einsetzbare Funktions- und Fehleranalyse aussehen?

Je nach Benutzer und Produkt sollten Features individuell an- und ausblendbar sein. Dies bedeutet, dass allgemeingültige Regeln definiert werden müssen.

- Wie stelle ich die Und-Verknüpfung in einem einfachen FMEA-Fehlerbaum dar?
- Wie verhalten sich Auftretens- und Entdeckungswahrscheinlichkeiten bei Und-Verknüpfungen?

10.4 Erweitertes Fehler Netz (EFN)

Das folgende vorgestellte erweiterte Fehlernetz wurde in Zusammenarbeit von Adam Schnellbach (Magna Powertrain) und mir (Martin Werdich) während der letzten zwei Jahre entwickelt. Es ging in den zahlreichen Diskussionen darum die Welten der funk-

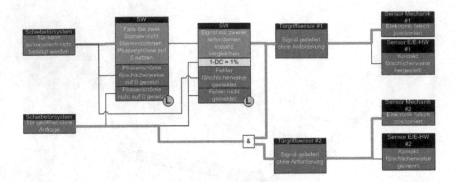

Abb. 10.3 erweitertes Fehlernetz inklusive Informationsreduktion (in grün)

tionalen Sicherheit und die Welten der FMEA ganzheitlich zu verstehen. Das Ergebnis waren Usecases und ein Datenmodell das, nach bisherigen Fachdiskussionen und ersten Anmoderationen zu funktionieren scheint. Dieses Modell vereint alle Möglichkeiten der FMEA, FTA, FMEDA, HAZOP und ETA.

Folgende erweiterten Möglichkeiten sollte das EFN Modell beispielsweise haben (Abb. 10.3).

- Verknüpfung von Fehlern mit ausblendbaren Funktionspfaden
- ODER und UND- sowie andere „Boolsche" Verknüpfungen sind möglich.
- Kennzeichnung von Latenten Fehlern

Unsere Vision wäre eine Software, die den zukünftigen breiten Einsatz in der Praxis ermöglicht.

10.5 Einheitliche Bewertung des Auftretens und der Entdeckung der Ursachen (A, E, FIT, …)

In der Mechanik, der Elektronik und im Bereich Software werden unterschiedliche Bewertungen der Auftretens- und Entdeckungswahrscheinlichkeit (A, E, FIT etc.) verwendet. Die Risiken sind somit schwer vergleichbar. Es würde allen beteiligten Methoden mehr Transparenz und den Ergebnissen mehr Aufmerksamkeit bringen, wenn die Ergebnisse vergleichbar wären.

Eine Voraussetzung müsste es jedenfalls sein, dass das Verhalten der Zahlenwerte bei UND-Verknüpfungen geklärt ist.

Sollte dies gelingen würden die quantitativen und die qualitative Analysen zu einem Datenmodell verschmelzen. Der Bearbeitungsaufwand könnte bei gleichzeitiger umfassenderer Betrachtung massiv reduziert werden.

An der Umsetzung dieser Vision arbeiten gerade einige Projektgruppen.

10.6 Ein FMEA-Softwaremodul integrierbar in MOORE, CAQ, WW, CAD, ...

Gesucht wird ein Software-Hersteller, der die o.g. Vision teilt und bereit ist, ein universelles Modul anzubieten, das die Anforderungen der CAQ-Software-Benutzer (Prozess) und der Produktplaner erfüllt.

Diese Software muss sowohl grafisch als auch in einer beliebig zusammenstellbaren Tabelle intuitiv bedienbar sein.

Diese Software müsste eine zentrale Datenbank benutzen, von der einfach ab- und angekoppelt werden kann. Die abgekoppelten Files desselben Projektes müssen simultan bearbeitet werden können und beim Zusammenführen durch variabel definierbare Regeln Kollisionsmanagement betreiben.

Ausgaben sind komplett frei definierbar. Die einzelnen Felder (inkl. Verknüpfungsinformationen mit UND-ODER) müssen manuell oder automatisch in folgenden Formaten im- und exportierbar sein.

* XML
* HTML
* MSR
* MS Excel
* SMTP/MAPI
* ASCII

Implementationsmöglichkeit für eigene Makros wie z. B. in Excel. Transparente Feedback-Kultur und aufgeschlossen für Vorschläge von Anwendern.

10.7 Die FMEA-Methodik wird zur universell verwendbare Risikoanalyse

Ich sehe die FMEA (bzw. das, was sie noch werden könnte) als universell verwendbare Risikoanalyse, die nicht zwangsweise im Qualitätsmanagement zuhause ist. Diese – in der Automobilbranche sehr weit entwickelte Risikoanalyse – eignet sich zur Anwendung in sämtlichen – auch nichttechnischen – Bereichen aufgrund ihrer teamorientierten und konsequenten Systematik. Ich vermute sogar, dass die Automobilbranche im Bereich effektive und präventive Analyse weit vor allen anderen Branchen liegt. Bereiche wie Wirtschaft und Finanzen, IT, Personalentwicklung und Projekte jeglicher Art ließen sich mit geringem Aufwand mittels FMEA hervorragend managen. Mögliche Fehler werden hier durch konsequent verfolgbare Maßnahmen präventiv weniger wahrscheinlich.

Somit sehe ich die FMEA als universellen Werkzeugkasten, der eines Tages von Risikomanagern, Projektleitern und sämtlichen präventiv denkenden Menschen aller Bereiche benutzt werden wird.

Generell gilt: Die Methode ersetzt nicht das Denken und Verstehen .... Aber Sie kann helfen, dass noch mehr Menschen verstehen.

10.8 Erweiterung der dreidimensionalen Risikobewertung auf die jeweiligen Kosten

Für B, A und E werden die jeweiligen Kosten ermittelt. Somit wäre eine Optimierung der Engineering-Produktivität relativ leicht möglich. Wenn die Kosten für ein mögliches Risiko (Schadenshöhe zu Schadenseintrittswahrscheinlichkeit) ermittelt werden, die in Relation zu den Kosten der Abstellmaßnahmen und der Kosten der Entdeckungsmaßnahmen stehen, kann noch effektiver geplant und effizienter gearbeitet werden.

Hierbei wird die Risikobewertung mit drei weiteren Dimensionen erweitert, so dass ein sechsdimensionales Gebilde entsteht, das mit der Ampelmethode analysiert werden kann. Damit können spannende Statistiken erzeugt werden.

10.9 Erkenntnis für alle: Bewertungen sind nicht das Wichtigste

Am Schluss möchte ich allen Entwicklungsverantwortlichen folgende Einsicht wünschen.

Stellen Sie sich einmal gedanklich auf die Seite eines Kunden, der bei einem Unfall seine Liebsten verloren hat. Dieser Unfall wurde durch einen technischen und eventuell vermeidbaren Mangel verursacht. Sie als Kunde stehen nun als Ankläger gegen einen Entwicklungsverantwortlichen vor Gericht. Es ist absolut verständlich, dass es Ihnen sowie dem Richter völlig egal ist wie ein FMEA Team die Ursache bewertet hat. Einzig allein zählt für die Entlastung der Verantwortlichen die Tatsache, ob *alles technisch Machbare und wirtschaftlich Zumutbare* getan wurde, um diesen Unfall zu verhindern.

Ich wünsche mir, dass diese Erkenntnis als Leitgedanke in die Grundwerte aller Firmen, deren Mitarbeitern und besonders den FMEA Teams und den verantwortlichen Entscheider, Einzug findet.

Anhang

Martin Werdich

11.1 Lösungen

Kapitel 2.2 Hauptfunktion eines Kugelschreibers: zuverlässig Tinte an der Spitze bereitstellen. Nebenfunktionen: Mine ein- und ausfahren, ergonomisch gut in der Hand liegen, Werbefläche effektiv bereitstellen.

Kapitel 2.2 Hauptfunktion einer Schleifscheibe: Schleifkörper mit einer bestimmten Geometrie bereitstellen.

Kapitel 3.10: Lösungsgrafik und Lösungstext

1. Formblatt: Dies ist kein aktuell gültiges, in den Normen beschriebenes Formblatt. Hier besonders gravierend: Keine Aufteilung zwischen Vermeidungs- und Entdeckungsmaßnahme.
2. „John Meier": Ein FMEA-Prozess mit nur einer Person wird nicht empfohlen.
3. „Seite 1 von 1": Da die gesamte FMEA auf nur eine Seite passt, sind vermutlich noch viele Fehler unberücksichtigt.
4. „Auto lenken" ist keine Funktion des Bauteils, das betrachtet wird (falsche Ebene)
5. „Falsches Material gewählt": Dies ist eine Ursache (und befindet sich somit in der falschen Ebene).
6. „Falsches Material gewählt": Die Fehlerbeschreibung ist zu ungenau und hat nur wenig Informationsinhalt. Moderatorenfrage: „Was wurde konkret falsch gewählt?"
7. „Falsches Material gewählt": Für die genannte Funktion wurde nur dieser eine Fehler gefunden – das ist hier zuwenig.

M. Werdich (✉)
Am Engelberg 28, 88239, Wangen im Allgäu
Deutschland
E-Mail: mwerdich@web.de

M. Werdich (Hrsg.), *FMEA – Einführung und Moderation*, DOI 10.1007/978-3-8348-2217-8_11, 223
© Vieweg+Teubner Verlag | Springer Fachmedien Wiesbaden 2012

Fehler Möglichkeit und Einfluss Analyse

Konstruktions- FMEA (20)

System: Lenksystem
Untersystem: Lenksäule
Bauteil: Welle
Model/Jahr: 2010
Kernteam: John Meier (2)

verantw. Konstr.: John Meier
Datum: 08.06.2010

FMEA-Nummer:
Seite: 1 von 1 (3)
Erstellt von: John Meier
FMEA-Datum: 08.06.2010

Funktion	Möglicher Fehler	Mögliche Folgen des Fehlers	K l a s s (Bed)	Mögliche Ursachen des Fehlers	A u f t r	Derzeitige Konstruktions- lenkungs- methode	E n t d	R P Z	Empfohlene Abstellmaßn ahme	Verantwortl. / Termin	Durch- geführte Maßnahme (action results)	B e d	A u f t r	E n t d	R P Z
Auto lenken (4)	falsches Material gewählt (5,6,7)	Stabilitätsprobleme und Korrosion (8) (9, 10, 11)	6	Der Konstrukteur des Zulieferers hat das falsche Material gewählt (12,13) (15)	1	Chemische Analyse im Labor (16, 17)	2	12		(19)					
			8	Der Zulieferer liefert das falsche Material (14)	2		(18)	32							
Lärm vermeiden (21)	Lärm (22)	Vorgaben nicht erfüllt	8	(23)	2 (23)		(23)		Fett in den Lagern (24)	John Meier (25)	(26)	6	1	1	6
											(27)				

(1) (20) (23)

8. „Stabilitätsprobleme und Korrosion": Hier wurde nur eine Folge aufgeführt. Es gibt sicher noch mehr mögliche Folgen (unterschiedlicher Bedeutung) in den darüber liegenden Ebenen.

9. Bedeutung 6 und 8: Ein- und dieselbe Folge hat auch nur eine Bedeutungsbewertung (und zwar immer die gleiche).

10. Bedeutung 6 und 8: Die Folgenbewertung in diesem Fall ist sicher eine 10.

11. Bedeutung 6 und 8: In diesem Fall wurde der Fehler und nicht die Folge bewertet.

12. „Der Konstrukteur des Zulieferers hat das falsche Material gewählt": Die Ursache ist außerhalb unserer FMEA-Betrachtungsgrenze, da es außerhalb unserer Designhoheit liegt.

13. „Der Konstrukteur des Zulieferers hat das falsche Material gewählt": Auch hier ist die Ursachenbeschreibung zu ungenau. Moderatorenfrage: „Was hat der Konstrukteur genau falsch gemacht?"

14. „Der Zulieferer liefert das falsche Material": Diese Ursache ist ein Fehler aus der Prozess-FMEA und hat hier im Design nichts zu suchen.

15. „Auftretenswahrscheinlichkeit = 1 oder 2": Ohne Vermeidungsmaßnahme muss hier eine 10 stehen.

16. „Chemische Analyse im Labor": Diese Entdeckungsmaßnahme ist nicht geeignet, um den beschriebenen, systematischen Fehler zu erkennen.

17. „Chemische Analyse im Labor": Diese Maßnahmenbeschreibung ist zu ungenau. Moderatorenfrage: „Welcher Test mit welcher Spezifikation wurde hier bereits durchgeführt?"

18. „Entdeckungswahrscheinlichkeit = 2": Die Bewertung müsste hier eine 10 sein. Eine 2 ist ohne eine weitere Entdeckungsmaßnahme hier nicht erklärbar.

19. Moderatorenfrage: „Wer ist verantwortlich? Wann wurde diese Maßnahme erledigt?"

20. Generelle Frage an den Betrachter:" Meinen Sie, dies ist eine präventive oder korrektive FMEA?"

21. „Lärm vermeiden": Dies ist keine Funktion, sondern eine negative Fehlfunktion. Es wäre besser zu schauen, bei welcher Funktion als unerwünschte/unbeabsichtigte Fehlfunktion ein Geräusch auftreten kann. (Davon abgesehen dürfte bei einem Einzelbauteil gar kein Geräusch auftreten – es müssen immer Relativbewegungen im Spiel sein.)

22. „Lärm": Dieser Fehler ist zu ungenau und zu schlecht beschrieben.

23. Auftreten und Entdeckung sind nicht ausgefüllt und ohne Maßnahme wird eine 10 eingetragen.

24. „Fett in den Lagern": Ungenaue Beschreibung der Maßnahme.

25. „John Meier". Hier fehlt das Datum.

26. „Bedeutung 6": Die zweite Bedeutung kann nicht ohne weiteres geringer sein als die erste (links).

27. „Empfohlene Auftretens- und Entdeckungswahrscheinlichkeit = 1": Diese Bewertung ist mit der beschriebenen Maßnahme nicht möglich.

11.2   FMEA-Betrachtungsarten – Tabellen

11.2.1   Produkt-FMEA

Produkt-FMEA in der Konzeptphase

WAS wird betrachtet	Verifikation des funktionalen Konzeptes sowie dessen Fehlermöglichkeiten
Folgen	für übergeordnete Systeme, Kunden und KFZ-Funktionen sowie Gesetz
Ursachen	Systematische und zufällige Fehler der Subsysteme und Bauteile
Ziel der Vermeidungsmaßnahme	Auftreten der Fehlerursache vermeiden / Auftretenswahrscheinlichkeit der Ursachen reduzieren
Vermeidungszeitpunkt	während der Konzeptentwicklung vor der Konstruktion
Vermeidungsmaßnahme	Vermeidung der Fehlerursache
Beispiel Vermeidungsmaßnahme	alternatives Konzept, qualifizierte Bauteile, Redundanzen, nachvollziehbare Betriebs-bewährtheit, spezifizierte Anforderung an die Bauteilzuverlässigkeit
A-Bewertung	Einschätzung/Bestätigung der Auftretenswahrscheinlichkeit der Ursache während der Lebensdauer unter Berücksichtigung der Vermeidungsmaßnahmen
Entdeckungszeitpunkt	während der Konzeptentwicklung vor der Konstruktion
Entdeckungsmaßnahme	Bestätigung der Abstellmaßnahme während der Konzeptentwicklung
Wer entdeckt	Entwicklungsteam
Beispiel Entdeckungsmaßnahme	Passive Versuche, Beobachtungen, Benchmark, theoretische Berechnungen und Überlegungen, FE-Berechnungen
E-Bewertung	Wirksamkeit aller Maßnahmen während der Entwicklung
Alle Maßnahmen	
Schnittstellen	Übergabe zur Produkt-FMEA System

Produkt-FMEA Systemebene Entwicklung

WAS wird betrachtet	Systemfunktionen im Feld während der Designphase (Detaillierung nur bis Subsystem) sowie die Fehlermöglichkeiten in dieser Phase.
Folgen	für übergeordnete Systeme, Kunden und KFZ-Funktionen sowie Gesetz
Ursachen	Systematische Fehler der Subsysteme und Bauteile
Ziel der Vermeidungsmaßnahme	Auftreten der Fehlerursache vermeiden / Auftretenswahrscheinlichkeit der Ursachen reduzieren

Vermeidungszeitpunkt	während der Produktentwicklungsphase vor Freigabe zur Serienproduktion
Vermeidungsmaßnahme	Vermeidung der Fehlerursache
Beispiel Vermeidungsmaßnahme	Qualifizierte Bauteile, Redundanzen, nachvollziehbare Betriebsbewährtheit, spezifizierte Anforderung an die Bauteilzuverlässigkeit
A-Bewertung	Einschätzung/Bestätigung der Auftretenswahrscheinlichkeit der Ursache während der Lebensdauer unter Berücksichtigung der Vermeidungsmaßnahmen
Entdeckungszeitpunkt	während der Produktentwicklungsphase vor Freigabe zur Serienproduktion
Entdeckungsmaßnahme	1. Bestätigung der Abstellmaßnahme während der Entwicklung, 2. Wirksamkeit der Fehlerentdeckung und Fehlerbehandlung im Kundenbetrieb, 3. Maßnahmenabsicherung während des Services
Wer entdeckt	Entwicklungsteam
Beispiel Entdeckungsmaßnahme	Entdeckung bei Mustern und Versuchsträgern und virtuellen Maßnahmen (z.B. Simulationen), Analysen und Reviews
E-Bewertung	Wirksamkeit aller Maßnahmen während der Entwicklung
Alle Maßnahmen	
Schnittstellen	zur D-FMEA Komponenten, Fehler, Bewertung

Produkt-FMEA Systemebene Kundenbetrieb

WAS wird betrachtet	Systemfunktionen im Feld während Betriebszustand Kundenbetrieb, Fehlermöglichkeiten sind bereits eingetreten.
Folgen	für Kunden, Systeme und KFZ Funktion sowie Gesetz
Ursachen	Zufälliges Versagen der Subsysteme und Bauteile
Ziel der Vermeidungsmaßnahme	Auftretenswahrscheinlichkeit von Fehlern im Feld reduzieren
Vermeidungszeitpunkt	während Kundenbetrieb rechtzeitig vor Folgeneintritt
Vermeidungsmaßnahme	Maßnahmen zur Fehlerbehandlung, welche als Systemreaktion die Fehlerfolgen abmildern
Beispiel Vermeidungsmaßnahme	Bereitstellung von Ersatzwerten, Umschalten in einen Notlaufbetrieb, Abschalten der entsprechenden Funktion und/oder die Ausgabe einer Warnmeldung an den Fahrer.
A-Bewertung	Wahrscheinlichkeit, dass die Maßnahmen zur Fehlerbehandlung im Anforderungsfall nicht wirksam werden.
Entdeckungszeitpunkt	vor Schadensfall (im Feld) entdecken
Entdeckungsmaßnahme	alle Maßnahmen, die zu einer Entdeckung durch System oder Fahrer führen. Zulässig auch die Entdeckung von Folgefehlern.
Wer entdeckt	System, Benutzer, Diagnose

Beispiel Entdeckungs-maßnahme	Watchdog, Diagnose und Überwachung, Plausibilisierungen, Prüf-summen, Vergleichsfunktionen, Beispiele in DIN EN 61508-2 Tab. A2-A15, mechanische fail save Systeme
E-Bewertung	Wahrscheinlichkeit, dass der Fehler so rechtzeitig entdeckt wird, dass die Fehlerbehandlungsmaßnahme wirksam werden kann.
Alle Maßnahmen	ACHTUNG: alle Maßnahmen (Entdeckung + Vermeidung) sollten in der FMEA auch als eigenständige Funktionen (mit Querverweis) analysiert werden
Schnittstellen	zur D-FMEA Komponenten, Fehler, Bewertungen
FSM	Darstellung konkreter Ausfallraten aller Systemelemente zur Be-stimmung der Ausfallwahrscheinlichkeit des Gesamtsystems (SFF- und PFH-Werte)

Produkt-FMEA Systemebene Service

WAS wird betrachtet	Systemfunktionen im Feld während des Services, die Feh-lermöglichkeiten sind bereits eingetreten
Folgen	für Kunden und KFZ Funktion sowie Gesetz
Ursachen	Zufälliges Versagen der Subsysteme und Bauteile
Ziel der Vermeidungsmaßnahme	Fehler beseitigen
Vermeidungszeitpunkt	während Aufenthalt in der Servicewerkstatt
Vermeidungsmaßnahme	Reparatur der Fehler
Beispiel Vermeidungsmaßnahme	Faltenbalg tauschen
A-Bewertung	hoher Reparaturaufwand =hoher Wert
Entdeckungszeitpunkt	Fehler wird entdeckt, dass o. g. Reparaturmaßnahmen wirk-sam werden
Entdeckungsmaßnahme	Fehlerentdeckung in der Servicewerkstatt, Erleichterung der Fehlersuche.
Wer entdeckt	Servicemitarbeiter
Beispiel Entdeckungsmaßnah	Diagnosefunktionen, Fehlerspeichereinträge, Testgeräte, Folgefehlererkennung, sofern diese Entdeckungen zu einer effizienten Reparatur führen
E-Bewertung	Wahrscheinlichkeit, dass der Fehler entdeckt wird, dass o. g. Reparaturmaßnahmen wirksam werden können
Alle Maßnahmen	
Schnittstellen	zur D-FMEA Komponenten, Fehler, Bewertungen

Produkt-FMEA Konstruktion

WAS wird betrachtet	System/Bauteilfunktionen im Design (Detail) und Fehlermöglichkeiten in der Konstruktionsphase.
Folgen	für übergeordnete Systeme (inkl. Kunden, KFZ ., Gesetz)
Ursachen	systematische Fehler, Auslegungsfehler, konstruktive Mängel
Ziel der Vermeidungsmaßnahme	Auftreten der Fehlerursache vermeiden / Auftretenswahrscheinlichkeit der Ursachen reduzieren
Vermeidungszeitpunkt	während der Produktentwicklungsphase vor Freigabe zur Serienproduktion
Vermeidungsmaßnahme	konstruktive Vermeidung der Fehlerursache
Beispiel Vermeidungsmaßnahme	nachweisbare konstruktive Erfahrung, Konstruktionsregeln, nachvollziehbare Betriebsbewährtheit, spezifizierte Anforderung an die Bauteilzuverlässigkeit
A-Bewertung	Einschätzung/Bestätigung der Auftretenswahrscheinlichkeit der Ursache während der Lebensdauer unter Berücksichtigung der Vermeidungsmaßnahmen
Entdeckungszeitpunkt	während der Produktentwicklungsphase vor Freigabe zur Serienproduktion
Entdeckungsmaßnahme	Bestätigung der Abstellmaßnahme während der Entwicklung, Tests mit Prototypen und Versuchsteilen, Design Verifikation
Wer entdeckt	Entwicklungsteam
Beispiel Entdeckungsmaßnahme	Entdeckung bei Mustern und Versuchsträgern und virtuellenMaßnahmen (z.B. Simulationen), Analysen und Reviews
E-Bewertung	Wirksamkeit aller Maßnahmen während der Entwicklung
Alle Maßnahmen	
Schnittstellen	von S-FMEA die Komponenten, Folgen und Bewertungen zur P-FMEA Übergabe Produktmerkmale zur S-FMEA mit neuen Fehlerzuständen

Produkt-FMEA Software

WAS wird betrachtet	Funktionsfähigkeit und die Fehlermöglichkeiten eines Systems (meistens in der System D-FMEA gesamtheitlich mitbetrachtet)
Folgen	Gesamtsystem, für übergeordnete Systeme (inkl. Kunden, KFZ, Gesetz)
Ursachen	Basisinformationen, Randbedingungen, Vorgaben, Zusammenwirken der Einzelmodule
Ziel der Vermeidungsmaßnahme	Risikominimierung
Vermeidungszeitpunkt	während der Produktentwicklungsphase vor Freigabe zur Serienproduktion
Vermeidungsmaßnahme	Vermeidung der Fehlerursache
Beispiel Vermeidungsmaßnahme	Software-Module
A-Bewertung	
Entdeckungszeitpunkt	Während der Produktentwicklung
Entdeckungsmaßnahme	Designverifikation Tests
Wer entdeckt	Entwicklungsteam
Beispiel Entdeckungsmaßnahme	
E-Bewertung	
Alle Maßnahmen	
Schnittstellen	SPICE

Prozess-FMEA

WAS wird betrachtet	Wertschöpfende Prozesse und deren Fehlermöglichkeiten inkl. Logistik
Folgen	übergeordnete Systeme, für Bauteil, Prozesse und Werkersicherheit, (z.B. Herstellkosten, Lieferfähigkeit, Umweltbelastung)
Ursachen	nicht funktionierende Prozesse (4-9M), zufällige und systematische Fehler
Ziel der Vermeidungsmaßnahme	Auftretenswahrscheinlichkeit der Ursachen (5M) reduzieren
Vermeidungszeitpunkt	vor wertschöpfenden Prozessen
Vermeidungsmaßnahme	prozessplanerische Vermeidung einer Fehlerursache
Beispiel Vermeidungsmaßnahme	stabile Prozesse, erprobtes Fertigungssystem
A-Bewertung	Einschätzung/Bestätigung der Auftretenswahrscheinlichkeit der Ursache während der wertschöpfenden Prozesse
Entdeckungszeitpunkt	vor Auslieferung
Entdeckungsmaßnahme	Alle Maßnahmen, die die Auslieferung eines fehlerhaften Bauteils verhindern oder den Wertschöpfungsprozess optimieren

Wer entdeckt	Prozess-Personen, Maschinen oder Überwachungseinrichtungen
Beispiel Entdeckungsmaß-nahme	Inline-und EOL-Tests, PV-Tests
E-Bewertung	Wirksamkeit aller Maßnahmen während der Prozess-Entwicklung und des Serienprozesses
Alle Maßnahmen	
Schnittstellen	von D-FMEA Übernahme Produktmerkmale zur S-FMEA mit neuen Fehlerzuständen

11.3 Formblätter

Das QS 9000 Formblatt ist entstanden, weil man das Blatt von links nach rechts ausfüllen wollte. Es nimmt wenig Rücksicht auf die logischen Zusammenhänge zwischen Fehler-Folgen-Ursachen. Dieses wurde inzwischen von den AIAG Formblättern abgelöst.

Das VDA Formblatt wird nicht von links nach rechts bearbeitet, sondern soll nach der Erstellung den kausalen Zusammenhang zwischen Folgen-Fehler-Ursachen darstellen. Hier ist ein vertikaler Aufbau in den Maßnahmenständen (neue Maßnahmen werden unten angehängt) wichtig!

Vorteile des VDA Forblattes gegenüber des QS 900 Nachfolgern:

- Übersichtlicher und besser lesbar da weniger Spalten.
- Logischer nach der heutigen FMEA Methodik.
- Weniger Fehleranfälliges Arbeiten.
- Belibig viele Maßnahmenstände darstellbar.
- Passt besser auf A4 hochformat.

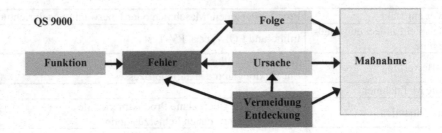

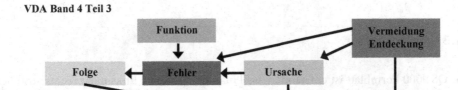

Abb. 11.1 Formblätter

Machen Sie sich klar, dass es egal ist, welches Formblatt Sie verwenden, da zum Glück immer die gleiche Methode dahintersteht.

11.3.1 FMEA-Formblatt VDA

								FMEA-Nr.:
								Seite:
	F M E A							
	Produkt-FMEA		Prozess-FMEA					
Typ/Modell/Fertigung/Charge: System Struktur			Sachnummer:		Verantwortlich:		Abt.:	
			Änderungsstand:		Firma:		Datum:	
System-Nr./Systemelement:			Sachnummer:		Verantwortlich:		Abt.:	
			Änderungsstand:		Firma:		Datum:	
Mögliche Fehlerfolge	B	mögliche Fehlerart		mögliche Fehlerursache	K	Vermeidungs- maßnahme	A	Entdeckungs- maßnahme	E	RPZ	V/T
Systemelement:								
Funktion:								

11.3.2 Vergleich der Formblätter

Spalte	VDA 4.3 2006	DGQ13-11 2008	AIAG Form A	AIAG Form B	AIAG Form C	AIAG Form D	AIAG Form E	AIAG Form F
1	Mögliche Fehlerfolge	Mögliche Fehlerfolge	Item / Function / Requirement	Item / Function	Item / Function / Requirement	Item / Function	Item / Function	Item / Function
2	B	B	Potential Failure Mode	Requirements	Potential Failure Mode	Requirements	Requirements	Requirements
3	Mögliche Fehlerart	K	Potential Effect(s) of Failure	Potential Failure Mode	Potential Effect(s) of Failure	Potential Failure Mode	Potential Failure Mode	Potential Failure Mode
4	K	Mögliche Fehler	Severity	Potential Effect(s) of Failure	Severity	Potential Effect(s) of Failure	Potential Effect(s) of Failure	Potential Effect(s) of Failure
5	Mögliche Fehlerursache	Mögliche Fehlerursache	Classification	Severity	Classification	Severity	Severity	Severity
6	Vermeidungsmaßnahme	Vermeidungsmaßnahme	Potential Cause(s) of Failure	Classification	Potential Cause(s) of Failure	Classification	Classification	Classification
7	A	A	Occurence	Potential Cause(s) of Failure	Current Design Controls Prevention	Potential Cause(s) of Failure	Potential Cause(s) of Failure	Potential Cause(s) of Failure
8	Entdeckungsmaßnahme	Entdeckungsmaßnahme	Current Design Controls Prevention	Occurence	Occurence	Current Design Controls Prevention	Controls/ Prevention	Occurence
9	E	E	Current Design Controls Detection	Current Design Controls Prevention	Current Design Controls Detection	Occurence	Occurence	Current Design Controls Prevention
10	RPZ	RPZ	Detection	Current Design Controls Detection	Detection	Current Design Controls Detection	Current Detection Design Controls Cause/ Failure Mode	Current Design Controls Detection
11	V/T	V/T	RPN	Detection	RPN	Detection	Detection	Detection
12			Recommended Action	RPN	Recommended Action	RPN	RPN	RPN
13			Responsibility & Target Completion Date	Recommended Action	Responsibility & Target Completition Date	Recommended Action	Recommended Action	Recommended Action
14			Action Results	Responsib. & Target Completion Date	Action Results	Responsib. & Target Completion Date	Responsibility & Target Completition Date	Responsibility
15				Action Results		Action Results	Action Results	Target Completition Date
16								Action Results, Act. Taken/ Effective Date

11.3.3   P- Diagramm

P-Diagram				
piece to piece variation	changes over time /mileage Material wear / aging	Customer usage	External Evironment	System integrations
Noise Factors				

Input (Signal)

System

Output (ideal Response)

Control Factors

Error State

11.3.4 FMEA-Checkliste (Beispiel)

Diese Checkliste dient nur als Anhaltspunkt für die Betrachtung von FMEA's und sollte nur von FMEA-Spezialisten eingesetzt werden um Fehlinterpretationen und Mißbrauch zu vermeiden.	ja	nein	nicht erkennbar	nicht relevant	Bemerkung
1. ORGANISATION					
1.1 Gibt es eine systematische Vorgehensweise für das Erkennen risikobehafteter Umfänge (z.B. Risikofilter, P-F-Matrix, Block-, P-Diagramm)? (Definition?)					
1.2 Ist ein für die FMEA Verantwortlicher benannt ?					
1.3 Wurde die FMEA im Team erstellt ?					
1.4 Sind im Bericht die Teammitglieder namentlich mit Funktionen benannt ?					
1.5 Wurden die Teammitglieder in die Methode FMEA eingeführt ?					
1.6 Wurde ein in FMEA und Moderation ausgebildeter Methodiker eingesetzt ?					
1.7 Entspricht der Stand der FMEA dem aktuellen Stand der Produktentwicklung, Prozess- oder Dienstleistugsplanung?					
2. VORBEREITENDE TÄTIGKEITEN					
2.1 Wurden Basisunterlagen aufbereitet und bei der Teamarbeit verwendet ? (Z.B. Lastenhefte / Technische Lieferbedingungen / Checklisten / Zeichnungen / QV 's)					
2.2 Bei der Erstellung einer P-FMEA: Wurde die D-FMEA überprüft, sind aus den Bewertungen der D-FMEA, die in der P-FMEA zu berücksichtigende Absicherungsmassnahmen analysiert? (wichtig ist die Bedeutung des Fehlers, und dass die Bewertung und der mögliche Fehler übernommen werden)					
2.3 Bei der Erstellung der P-FMEA: Bildet sich dadurch die D-FMEA klar und widerspruchslos in der P-FMEA ab?					
3. SYSTEM-, FUNKTIONS- und FEHLERANALYSE					
3.1 Liegt eine nachvollziebare und eindeutige Strukturanalyse vor?					
3.2 Ist das, zu betrachtende Systemelement sowie die Verknüpfungsregeln klar definiert?					
3.3 Sind Funktionen korekt formuliert und logisch miteinander verknüpft? (Funktionsnetze erstellt / Zusammenhänge erkannt)					
3.4 Sind Fehlfunktionen korekt formuliert und logisch miteinander verknüpft? (Fehlfunktionsbäume / - netze erstellt)					
3.5 Wurden Schnittstellen - Funktionen betrachtet?					
3.6 Wurde eine Systembetrachtung durchgeführt?					
3.7 Sind die Zusammenhänge im Formblatt korrekt abgebildet?					
3.8 Wurden Produkt- und Prozessmerkmale sowie Eigenschaften auf der korrekten Ursachenebene dargestellt?					
3.9 Erfolgte die Vorgehensweise gemäß VDA, AIAG, o.ä.?					
3.10 Sind bei der IST-Zustandsbeschreibung die bereits durchgeführten Maßnahmen korrekt aufgenommen und realistisch bewertet?					
3.11 Sind zu den optimierenden Maßnahmen konkrete Verantwortliche und Termine benannt?					
3.12 Sind die Bewertungen auf Top-Folgenebene und mit dem Auftraggeber / Kunde abgestimmt?					
3.13 Welches Bewertungssystem wurde durchgängig angewandt?					
- VDA					
- AIAG					
- Individuelles, Projektbezogenes					
3.14 Wurden die Eingriffsgrenzen für BxA / BxE definiert und festgelegt ?					
3.15 Wurde die System - FMEA Produkt richtig in die Phasen der Produktentwicklung eingebunden ?					
4. UMSETZUNG BZW. AKTUALISIERUNG					
4.1 Wurden regelmäßige Reviewtermine durchgeführt?					
4.2 Nach welchen Kriterien wurden diese festgelegt?					
4.3 Wurde die FMEA laufend aktualisiert?					
4.4 Wird der Status der Maßnahmen regelmäßig verfolgt?					
4.5 Wurden umzusetzende Maßnahmen nach den bekannten Kriterien hinterfragt? (z.B . Realisierbarkeit / Kosten / Termine / Wirksamkeit usw.)					
4.6 Werden noch offene Maßnahmen mit einem geeigneten System überwacht?					
4.7 Wurde die System FMEA Produkt mit der IQ - FMEA Software erstellt?					

11.4 Bewertungstabellen

Folgende Bewertungstabellen sollen Sie während den Moderationen bei der Bewertungs-auswahl unterstützen. Sie sorgen für eine gleiche Bewertungsbasis und nachvollziehbare Bewertungen. Das Synchronisieren der Bewertungen innerhalb einer Firma oder Produkt-gruppe wird unterstützt. Dadurch wird produktbezogenes faktischen Folgen- und Maß-nahmenwissen in das Team getragen. Nicht zuletzt werden dadurch Bewertungs- Missver-ständnisse reduziert, was den Diskussionsbedarf erheblich reduziert.

Generell ist hier zu ausdrücklich sagen, dass es sich bei allen Tab. (VDA, DGQ, AIAG, Bewertungsbaukasten) um Beispiele handelt, die produktspezifisch angepasst werden müssen.

Was sagen die methodengebenden Schriften dazu?

AIAG:	Developing a ranked list of potential effects… suggested criteria
VDA:	Der Moderator ist zuständig für die Erstellung und Pflege der Bewertungskataloge. – und – Für eine nachvollziehbare Bewertung werden produktgruppenspezifische Bewertungskataloge erstellt, die, wenn vertraglich vereinbart, mit dem Kunden abzustimmen sind.
DGQ:	Damit die Bewertung der einzelnen Kriterien nachvollziehbar ist und lange Diskussionen vermieden werden, sind vor einer Bewertung produktspezifische Bewertungskataloge heranzuziehen. Sollten keine produktspezifischen Kata-loge vorhanden sein, müssen sie erstellt werden… Die Beispiele im jeweiligen Anhang sind wirklich nur Beispiele (z. B. DGQ: Der Beispielkatalog mit seinen Kriterien dient als Anregung und Unterstützung bei der Festlegung…)

Um es nochmals ganz deutlich zu sagen. Es handelt sich bei allen folgenden Tabellen um keine Vorgaben oder Normen sondern um Beispiele die auf Ihre Anforderungen, Ihre Fir-ma und Ihr Produkt angepasst werden muss.

Als FMEA Moderator sind Sie verantwortlich für die Auswahl und die Benutzung des geeigneten Kataloges. Sie sollten während der Vorbereitungsphase zusammen im FMEA Team den produktspezifischen Katalog als Grundlage der kommenden FMEA festlegen, und wenn nicht vorhanden erstellen. Die folgenden Tabellen und der Bewertungsbaukas-ten können Sie hierbei unterstützen.

Wenn Sie einen eigenen produktspezifischen Katalog erstellen, sollten Sie so nah wie möglich an den bekannten Normen und Verfahrensanweisungen (16949, AIAG, VDA, DGQ) bleiben und eine möglichst lineare Verteilung der Bewertungen achten.

11.4.1 B: Bedeutungskriterien

Beispieltabelle Bedeutung Produkt-FMEA nach VDA

	Allgemeine Bewertungskriterien Produkt für Bedeutung B	Anwendungsbezogene Bewertungskriterien können sein:
sehr hoch 10 – 9	Äußerst schwerwiegender Fehler, der die Sicherheit beeinträchtigt und/oder die Einhaltung gesetzlicher Vorschriften verletzt. Existenzbedrohendes Firmenrisiko.	Sicherheit, Auswirkungen auf - Betreiber und Fahrzeuginsassen - andere Verkehrsteilnehmer/Personen/Servicepersonal - Gesundheit, Fahrzeuginsassen und Andere. - usw.
hoch 8 – 7	Funktionsfähigkeit des Fahrzeugs stark eingeschränkt bzw. Ausfall von Funktionen, die zum Fahrbetrieb notwendig sind. Sofortiger Werkstattaufenthalt zwingend erforderlich.	Einhaltung gesetzlicher Vorschriften, Auswirkungen auf - Umwelt - Abgas - Zulassung - Produkthaftung - Gewährleistung und Kulanz - usw.
mäßig 6 – 5 – 4	Funktionsfähigkeit des Fahrzeugs eingeschränkt, sofortiger Werkstattaufenthalt nicht erforderlich. Ausfall wichtiger Bedien- und Komfortsysteme.	Funktionalität - Liegenbleiber - Reduzierung der Fahrleistung - Bedienungseinschränkung - Geräusche - usw.
gering 3 - 2	Geringe Funktionsbeeinträchtigung des Fahrzeugs, Funktionseinschränkung wichtiger Bedien- und Komfortsysteme.	Kosten durch - Reparatur - erhöhte Betriebskosten - Recycling - Rückrufaktion - usw.
sehr gering 1	Sehr geringe Funktionsbeeinträchtigung, nur vom Fachpersonal erkennbar.	Firmenrisiko - Imageverlust - Kosten - usw.

Die Bewertungen der Fehlerfolgen müssen gemeinsam zwischen Hersteller und Kunden (nächster Abnehmer) abgestimmt werden. Wenn die Fehlerfolgen nicht bekannt sind, ist die Bedeutung mit B = 10 zu bewerten.

Beispieltabelle Bedeutung Produkt-FMEA nach AIAG

Folge	Kriterium	B
Fehler beim Erfüllen sicherheits-relevanter und/oder gesetzlicher Anforderungen	Folgen eines möglichen Fehlers beeinflussen Sicherheit des Fahrzeugs und/oder führen zur Nichteinhaltung von Gesetzesvorgaben ohne Warnhinweis.	10
	Folgen eines möglichen Fehlers beeinflussen die Sicherheit des Fahrzeugs und/oder führen zur Nichteinhaltung von Gesetzesvorgaben mit Warnhinweis.	9
Ausfall oder Verschlechterung der Primärfunktionen	Ausfall der Primärfunktionen (Fahrzeug nicht betriebsfähig, kein Einfluss auf sicheren Fahrzeugbetrieb).	8
	Verschlechterung der Primärfunktionen (Fahrzeug betriebsfähig, jedoch auf reduziertem Leistungsniveau).	7
Ausfall oder Verschlechterung von Sekundärfunktionen	Ausfall der Sekundärfunktionen (Fahrzeug betriebsfähig, aber Komfortfunktionen nicht funktionsfähig)	6
	Verschlechterung der Sekundärfunktionen (Fahrzeug betriebsfähig, aber Komfortfunktionen auf reduziertem Leistungsniveau).	5
Störung	Äußere Anzeichen oder hörbare Geräusche, Fahrzeug betriebsfähig, Verhalten entspricht nicht den Anforderungen und wird von den meisten Kunden wahrgenommen (> 75 %).	4
	Äußere Anzeichen oder hörbare Geräusche, Fahrzeug betriebsfähig, Verhalten entspricht nicht den Anforderungen und wird von vielen Kunden wahrgenommen (50 %).	3
	Äußere Anzeichen oder hörbare Geräusche, Fahrzeug betriebsfähig, Verhalten entspricht nicht den Anforderungen und wird von wenigen Kunden wahrgenommen (< 25 %).	2
Keine Folge	Keine wahrnehmbare Folge	1

Beispieltabelle Bedeutung Prozess-FMEA Produkt nach VDA

B	Allgemeine Bewertungskriterien Prozess für Bedeutung B	Anwendungsbezogene Bewertungskriterien können sein:
sehr hoch **10 – 9**	Äußerst schwerwiegender Fehler, der die Sicherheit beeinträchtigt und/oder die Einhaltung gesetzlicher Vorschriften verletzt. Existenzbedrohendes Firmenrisiko. Aus Qualitätsgründen kann Produkt nicht ausgeliefert werden. Unakzeptable Kostenüberschreitung	Sicherheit, Auswirkungen auf - Werker (Direkteinwirkung) - andere Personen (Fertigung, Umwelt, usw.) - Gesundheit der Werker und Anderer (langfristige Auswirkung) - usw. Einhaltung gesetzlicher Vorschriften bezüglich • Umwelt • Unfallverhütung • Ergonomie am Arbeitsplatz, Arbeitsbedingungen • Arbeitnehmerschutz • usw.
hoch **8 – 7**	Stark verzögerte Auslieferung Hoher Anteil Nacharbeit Bandstillstand Werkzeugverschleiß/-beschädigung hoch Hohe Kostenüberschreitung Verschrottungsanteil hoch	Qualität gewährleisten • Null-Fehler-Ziel • Prozessfähigkeit • Merkmale/Funktion • geeignete Transportmittel • usw.
mäßig **6 – 5 – 4**	Verzögerte Auslieferung Mäßiger Anteil Nacharbeit Prozessstörung Werkzeugverschleiß/-beschädigung mäßig Mäßige Kostenüberschreitung Verschrottungsanteil mäßig	Kosten durch • erhöhte Betriebskosten • Recycling (z.B. Betriebsstoffe) • Nacharbeit, Schrott, • Werkzeug und Maschinenkosten (z.B. erhöhter Verschleiß, Beschädigung) • Verwaltungsaufwand • Prüfaufwand • Prozessstörungen
gering **3 – 2**	Geringe Nacharbeit Geringe Prozessstörung, Geringe Kostenüberschreitung Verschrottungsanteil gering	• Lieferverzug • Rückrufaktion • usw. Firmenrisiko • Imageverlust • Kosten • usw.
sehr gering **1**	Sehr geringe, akzeptable Kostenüberschreitung	Die Fehlerfolgen müssen gemeinsam zwischen Hersteller und Kunden (nächster Abnehmer) festgelegt und bewertet werden. Wenn die Fehlerfolgen nicht bekannt sind, ist die Bedeutung der mit B = 10 zu bewerten.

Beispieltabelle Bedeutung Prozess-FMEA nach AIAG

Folge	Kriterium	B
Fehler in Erfüllung sicherheitsrelevanter und/oder gesetzlicher Anforderungen	Kann den Bediener gefährden (Maschine oder Montage) - ohne Warnhinweis.	10
Fehler in Erfüllung sicherheitsrelevanter und/oder gesetzlicher Anforderungen	Kann den Bediener gefährden (Maschine oder Montage) - mit Warnhinweis.	9
Bedeutende Betriebsstörung	100 % des Produkts muss möglicherweise ausgesondert werden. Produktionsstop oder Versandstop.	8
Signifikante Betriebsstörung	Ein Teil der Produktion muss möglicherweise ausgesondert werden. Abweichung vom Primärprozess inklusive reduzierter Bearbeitungsgeschwindigkeit oder zusätzlichem Personalbedarf.	7
Mäßige Betriebsstörung	100 % der Produktion muss möglicherweise am Nacharbeitsplatz nachbearbeitet und geprüft werden.	6
	Ein Teil der Produktion muss möglicherweise am Nacharbeitsplatz nachbearbeitet und geprüft werden.	5
	100 % der Produktion muss möglicherweise an der Station nachbearbeitet werden, bevor sie weiter bearbeitet wird.	4
	Ein Teil der Produktion muss möglicherweise am Platz nachbearbeitet werden, bevor dieser weiterverarbeitet wird.	3
Geringfügige Betriebsstörung	Kleine Schwierigkeiten für Prozess, Betrieb oder Bediener.	2
Kein Effekt	Kein erkennbarer Effekt	1

Beispieltabelle Bedeutung Bewertungsbaukasten

B	kurz		Gesetz und Umwelt	Hersteller		Prozess	Funktionalität		Kunde	Benutzer
	allgemein	KFZ		Image, Marketing, Vertrieb	Kosten relativ		Endprodukt / Gesamtsystem	Produkt		
1	sehr gering	keine	keinen Einfluss auf Gesetz oder Umwelt	it´s no bug it´s a feature	<1%	keinen Einfluss auf weitere Prozesse	vernachlässigbar eingeschränkt	vernachlässigbar eingeschränkt	bemerkt keinen Fehler	bemerkt keinen Fehler
2	gering		sehr geringe Einflüsse auf die Umwelt nur durch gezielte Fachuntersuchung auffindbar, nicht störend	Begeisterungsfaktoren betroffen	0,05	komplexe Prozesse notwendig, minimale Nacharbeit am Arbeitsplatz, kaum Zeitverlust, geringer Verschrottungsanteil	geringe Funktionseinschränkung kaum bemerkbar		vertretbare Reklamationen an Lieferant	vertretbare Geräusche, Bedienungseinschränkung oder Komforteinbuse (für normalen Benutzer kaum bemerkbar)
3	gering				0,1					
4	mäßig	kaum bemerkbar	etwas erhöhte Emissionen	verstärkte Marketing und Vertriebsmassnahmen notwendig	20%	erschwerte und fehleranfällige Prozesse, hochqualifizierte, teure Werker notwendig, mäßiger Verschrottungsanteil, Arbeitsbedingungen nicht optimal	geringe Funktionseinschränkung des Systems	verkürztes Wartungsintervall	erhöhte Reklamationen an Lieferant	leise Geräusche, geringe Bedienungseinschränkung oder Komforteinbuse
5	mäßig				0,33					
6	mäßig	Komfortausfall, Geräusche	Umwelt unnötig belastet, störende Emissionen	kurzfristiger Imageverlust	50%	hohe Nacharbeits- oder Ausschusskosten, verzögerte Auslieferung, starke interne Prozessstörung, sehr hoher Werkzeugverschleiss, hoher Verschrottungsanteil, schlechte Ergonomie	Leistungsreduktion, Teilfunktionsausfall des Hauptsystems (Primärfunktion erfüllt)	Funktionsausfall des Produktes	geringe Produktionsstörung, vertretbare Kundenrückläufer	Ausfall wichtiger Komfort und Bediensysteme, störende Geräusche, kein sofortiger Werkstattaufenthalt
7	hoch				0,75					
8	hoch	Liegenbleiber	Normen verletzt, Umwelt deutlich geschädigt, starke Emissionen, Zulassung erschwert	nachhaltiger Imageverlust, Verlust einiger Kunden	100%	teure Werkzeugbeschädigung, Folgeprozess beim Kunden nicht möglich, nur mit erheblichem Mehraufwand auslieferbar	Aufgrund des Produktausfalls wird das Gesamtsystem in einen sicheren Zustand überführt (sofortiger Werkstattaufenthalt, Liegenbleiber)	Funktionsausfall des Produktes, sofortige Reparatur notwendig	starke Produktionsstörung, viele Kundenrückläufer	sehr laute Geräusche, sehr starke Bedienungseinschränkung oder Komforteinbuse, sofortiger Werkstattaufenthalt notwendig
9	sehr hoch	sicherheitsrelevant +Warn., Gesetz	Gesetze nicht eingehalten	kurzfristiger Verlust der wichtigsten Kunden	2	kann längere Zeit nicht ausgeliefert werden,	Ausfall von Sicherheitsfunktionen mit Warnung		nachhaltiger Bandstillstand	Sicherheitsgefahr mit Warnung
10	sehr hoch	sicherheitsrelevant, existenzbedrohend	katastrophale oder starke Umweltschäden	nachhaltiger Verlust der wichtigsten Kunden	> 1000 % (ruinös)	Werkersicherheit gefährdet,	Ausfall von Sicherheitsfunktionen (z.B. schlafender Fehler Airbag)		Rückrufaktion notwendig	Sicherheitsgefahr

11.4.2 A: Auftretenswahrscheinlichkeit

Beispieltabelle Auftretenswahrscheinlichkeit Produkt nach VDA

A	Produktauslegung	Anwendungsbezogene Bewertungskriterien können sein:
sehr hoch 10 – 9	Neuentwicklung von Systemen/Komponenten ohne Erfahrung bzw. unter ungeklärten Einsatzbedingungen. Bekanntes System mit Problemen.	A beschreibt die Einschätzung/Bestätigung der Auftretenswahrscheinlichkeit der Fehlerursache während der Fahrzeuglebensdauer unter Berücksichtigung der zugehörigen Vermeidungsmaßnahme. **Einschätzung** • Bei der präventiven Erstellung der FMEA wird vor Durchführung der Entdeckungsmaßnahmen der nach dem aktuellen Kenntnisstand erwartete A-Wert eingeschätzt. • Die Bewertungszahl ist stets als relative Einschätzung statt als absolute Maßzahl nach dem aktuellen Kenntnisstand zu verstehen. • Zur Einschätzung der Bewertungszahlen können z.B. Expertenwissen, Datenhandbücher, Gewährleistungsdatenbanken oder andere Erfahrungen aus dem Feld von vergleichbaren Produkten herangezogen werden. Eine Bestätigung oder Korrektur der Einschätzung kann nach Durchführung der Maßnahmen und deren Wirksamkeitskontrolle und dem Vorliegen neuer Daten erfolgen. **Bestätigung** • Nach Einsatz der Entdeckungsmaßnahme während der Entwicklung und Nachweis der Wirksamkeit der Vermeidungsmaßnahmen wird die A-Bewertung entsprechend dem Ergebnis der Entdeckungsmaßnahme bestätigt oder korrigiert. Relevante Ergebnisse aus dem Feld sollten in die Bewertung von A mit einbezogen werden. Ein direkter Bezug von A-Werten zu Einheiten, z.B. fit, ppm kann nur mit relevanten Ergebnissen hergestellt werden. Für bestimmte Anwendungsfälle kann eine nachvollziehbare Zuordnung der A-Werte zu Fehlerraten, z.B. ppm-Werten, sinnvoll sein.
hoch 8 – 7	Neuentwicklung von Systemen/Komponenten unter Einsatz neuer Technologien bzw. Einsatz bisher problematischer Technologien. Bekanntes System mit Problemen.	
mäßig 6 – 5 – 4	Neuentwicklung von Systemen/Komponenten mit Erfahrung bzw. Detailänderungen früherer Entwicklungen unter vergleichbaren Einsatzbedingungen. Bewährtes System/Komponenten mit langjähriger, schadensfreier Serienerfahrung unter geänderten Einsatzbedingungen.	
gering 3 – 2	Neuentwicklung von Systemen/Komponenten mit positiv abgeschlossenen Nachweisverfahren. Detailänderungen an bewährten Systemen/Komponenten mit langjähriger, schadensfreier Serienerfahrung unter vergleichbaren Einsatzbedingungen.	
sehr gering 1	Neuentwicklung bzw. bewährtes System/Komponenten mit Erfahrung unter vergleichbaren (Unterscheidung zu 2-3 erforderlich!) Einsatzbedingungen mit positiv abgeschlossenem Nachweisverfahren. Bewährtes System/Komponenten mit langjähriger, schadensfreier Serienerfahrung unter vergleichbaren Einsatzbedingungen.	

Beispieltabelle Auftretenswahrscheinlichkeit Produkt nach VDA (Fehlerraten)

A	Produktauslegung	Ausfallrate ppm pro Fahrzeuglebensdauer	Anwendungsbezogene Bewertungskriterien können sein:
10	Neuentwicklung von Systemen/Komponenten ohne Erfahrung bzw. unter ungeklärten Einsatzbedingungen.	500.000	A beschreibt die Einschätzung/Bestätigung der Auftretenswahrscheinlichkeit der Fehlerursache unter Berücksichtigung der zugehörigen Vermeidungsmaßnahme. **Einschätzung** • Bei der präventiven Erstellung der FMEA wird vor Durchführung der Entdeckungsmaßnahmen der nach dem aktuellen Kenntnisstand erwartete A-Wert eingeschätzt. • Die Bewertungszahl ist stets als relative Einschätzung statt als absolute Maßzahl nach dem aktuellen Kenntnisstand zu verstehen. • Zur Einschätzung der Bewertungszahlen können z.B. Expertenwissen, Datenhandbücher, Gewährleistungsdatenbanken oder andere Erfahrungen aus dem Feld von vergleichbaren Produkten herangezogen werden. Eine Bestätigung oder Korrektur der Einschätzung kann nach Durchführung der Maßnahmen und deren Wirksamkeitskontrolle und dem Vorliegen neuer Daten erfolgen. **Bestätigung** • Nach Durchführung der Entdeckungsmaßnahme während der Entwicklung und Nachweis der Wirksamkeit der Vermeidungsmaßnahmen wird die A-Bewertung entsprechend dem Ergebnis der Entdeckungsmaßnahme bestätigt oder korrigiert. Relevante Ergebnisse aus dem Feld sollten in die Bewertung von A mit einbezogen werden. Ein direkter Bezug von A-Werten zu Einheiten, z.B. fit, ppm kann nur mit relevanten Ergebnissen hergestellt werden. Für bestimmte Anwendungsfälle kann eine nachvollziehbare Zuordnung der A-Werte zu Ausfallraten, z.B. ppm-Werten, sinnvoll sein. Dabei ist der jeweils zugrunde liegende Betrachtungszeitraum, z.B. pro Stunde, pro Jahr, zu beachten. Sofern von einer konstanten Ausfallrate ausgegangen werden kann, ist es möglich, bei der Umrechnung z.B. 400 Betriebsstunden pro Jahr und 15 Jahre Lebensdauer anzunehmen.
9	Bekanntes System mit Problemen.	100.000	
8	Neuentwicklung von Systemen/Komponenten unter Einsatz neuer Technologien bzw. Einsatz bisher problematischer Technologien.	30.000	
7	Bekanntes System mit Problemen.	10.000	
6	Neuentwicklung von Systemen/Komponenten mit Erfahrung bzw. Detailänderungen früherer Entwicklungen unter vergleichbaren Einsatzbedingungen.	5.000	
5	Bewährtes System/Komponenten mit langjähriger, schadensfreier Serienerfahrung unter geänderten Einsatzbedingungen.	2.000	
4	Bewährtes System/Komponenten mit langjähriger, schadensfreier Serienerfahrung unter geänderten Einsatzbedingungen.	500	
3	Neuentwicklung von Systemen/Komponenten mit positiv abgeschlossenem Nachweisverfahren.	100	
2	Detailänderungen an bewährten Systemen/Komponenten mit langjähriger, schadensfreier Serienerfahrung unter vergleichbaren Einsatzbedingungen.	10	
1	Neuentwicklung bzw. bewährtes System/Komponenten mit Erfahrung unter vergleichbaren (Unterscheidung zu 2-3 erforderlich) Einsatzbedingungen mit positiv abgeschlossenem Nachweisverfahren. Bewährtes System/Komponenten mit langjähriger, schadensfreier Serienerfahrung unter vergleichbaren Einsatzbedingungen.	1	

Beispieltabelle Auftretenswahrscheinlichkeit Produkt nach AIAG

Auftreten	Kriterium	A
Sehr hoch	Neue Technologie / neues Design ohne Erfahrungswerte. ≥ 100 pro tausend, ≥ 1 je 10 Teile / Fahrzeuge	10
Hoch	Fehler ist unvermeidbar mit neuem Design, neuer Anwendung oder Veränderungen in Betriebsart / Betriebsbedingungen. 50 pro tausend, 1 je 20 Teile / Fahrzeuge	9
	Fehler ist wahrscheinlich mit neuem Design, neuer Anwendung oder Veränderungen in Betriebsart / Betriebsbedingungen. 20 pro tausend, 1 je 50 Teile / Fahrzeuge	8
	Fehler ist ungewiss mit neuem Design, neuer Anwendung oder Veränderungen in Betriebsart / Betriebsbedingungen. 10 pro tausend, 1 je 100 Teile / Fahrzeuge	7
Mäßig	Häufige Fehler bei vergleichbarem Design oder bei Designsimulationen und Versuchen. 2 pro tausend, 1 je 500 Teile / Fahrzeuge	6
	Gelegentliche Fehler bei vergleichbarem Design oder bei Designsimulationen und Versuchen. 0,5 pro tausend, 1 je 2.000 Teile / Fahrzeuge	5
	Vereinzelte Fehler bei vergleichbarem Design oder bei Designsimulationen und Versuchen. 0,1 pro tausend, 1 je 10.000 Teile / Fahrzeuge	4
Gering	Nur vereinzelte Fehler bei beinahe identischem Design oder bei Designsimulationen und Versuchen. 0,01 pro tausend, 1 je 100.000 Teile / Fahrzeuge	3
	Keine beobachteten Fehler bei beinahe identischem Design oder bei Designsimulationen und Versuchen. $\leq 0,001$ pro tausend, 1 je 1.000.000 Teile / Fahrzeuge	2
Sehr gering	Fehler ist durch Vermeidungsmaßnahme behoben.	1

Beispieltabelle Auftretenswahrscheinlichkeit Prozess nach VDA

A	Prozessauslegung	Anwendungsbezogene Bewertungskriterien können sein:
sehr hoch 10 – 9	Neuer Prozess ohne Erfahrung.	A beschreibt die Einschätzung/Bestätigung der Auftretenswahrscheinlichkeit der Fehlerursache unter Berücksichtigung der zugehörigen Vermeidungsmaßnahme.
hoch 8 – 7	Neuer Prozess mit bekannten, jedoch problematischen Verfahren.	Einschätzung • Bei der präventiven Erstellung der FMEA wird vor Durchführung der Entdeckungsmaßnahmen der nach dem aktuellen Kenntnisstand erwartete A-Wert eingeschätzt. • Die Bewertungszahl ist stets als relative Einschätzung statt als absolute Maßzahl nach dem aktuellen Kenntnisstand zu verstehen.
mäßig 6 – 5 – 4	Neuer Prozess mit Übernahme von bekannten Verfahren. Bewährter Prozess mit positiver Serienerfahrung unter geänderten Bedingungen.	Bestätigung • Nach Einsatz der Entdeckungsmaßnahme im Prozess und Nachweis der Wirksamkeit der Vermeidungsmaßnahmen wird die A-Bewertung entsprechend dem Ergebnis der Entdeckungsmaßnahme bestätigt oder korrigiert.
gering 3 – 2	Detailänderungen an bewährten Prozessen mit positiver Serienerfahrung unter vergleichbaren Bedingungen.	Für bestimmte Anwendungsfälle kann eine nachvollziehbare Zuordnung der A-Werte zu Fehlerraten, z.B. ppm-Werten, sinnvoll.
sehr gering 1	Neuer Prozess unter geänderten Bedingungen mit positiv abgeschlossenem Maschinenfähigkeits-/Prozessfähigkeits-Nachweis. Bewährter Prozess mit positiver Serienerfahrung unter vergleichbaren Bedingungen auf vergleichbaren Anlagen.	

Beispieltabelle Auftretenswahrscheinlichkeit Bewertungsbaukasten

A	kurz	sehr kurz	Erfahrung	Parameter (Prozess oder Produkt)	Komplexität (Prozess oder Produkt)	Zeit (Entwicklung oder Prozess)	Fehlerhäufigkeit (nur Prozess)
1	sehr gering	poka yoke	mit	beherrscht	beherrscht	ausreichend	<1 ppm = <1 of 1.000.000
2	gering		mit	beherrscht	beherrscht	knapp	10 ppm = 1 of 100.000
3	gering	Stand der T.	mit	bekannt	einfach	ausreichend	100 ppm = 1 of 10.000
4	mässig		mit	bekannt	komplex	knapp	0,1% = 1 of 1.000
5	mässig	Stand der T. + neue Appl	mit	ähnlich	einfach	ausreichend	0,2% = 2 of 1.000
6	mässig		mit	ähnlich	komplex	knapp	0,5% = 5 of 1.000
7	hoch	gefühlte Unsicherheit	mit	neu	einfach	ausreichend	1% = 1 of 100
8	hoch		mit	neu	komplex	knapp	3% = 3 of 100
9	sehr hoch		ohne	neu	einfach	ausreichend	10% = 1 of 10
10	sehr hoch	keine	ohne	neu	komplex	knapp	>10%

11.4.3 E Entdeckungswahrscheinlichkeit

Beispieltabelle Entdeckungswahrscheinlichkeit Produkt nach VDA

E	Entdeckung zur Absicherung der Produktauslegung	Anwendungsbezogene Bewertungskriterien können sein:
sehr gering **10 – 9**	**Sehr geringe Entdeckungswahrscheinlichkeit der Fehlfunktion, da kein Nachweisverfahren bekannt bzw. kein Nachweisverfahren festgelegt ist.**	**Mit der Entdeckungswahrscheinlichkeit wird die Wirksamkeit der Entdeckungsmaßnahme bewertet.** Ziele der entwicklungsbegleitenden Entdeckungsmaßnahmen: • als Nachweisverfahren für die korrekte technische Auslegung des Produktes • zur Bestätigung oder Korrektur der anfangs eingeschätzten Auftretenswahrscheinlichkeit. Zu berücksichtigen sind u.a.: • Baumusterstände • Grenzmuster • Stückzahl Erprobungsträger • Serienerprobung • Laborerprobung • Randbedingungen • Prüfparameter (Lastkollektiv) • Prüfeinrichtung • Erfahrungen mit der Entdeckungsmaßnahme • Analysen, Reviews, Simulationen • usw.
gering **8 – 7**	**Geringe Entdeckungswahrscheinlichkeit der Fehlfunktion, da Nachweisverfahren unsicher bzw. keine Erfahrung mit dem festgelegten Nachweisverfahren.**	
mäßig **6 – 5 – 4**	**Mäßige Entdeckungswahrscheinlichkeit der Fehlfunktion. Bewährtes Nachweisverfahren aus vergleichbaren Produkten unter neuen Einsatz-/Randbedingungen.**	
hoch **3 – 2**	**Hohe Entdeckungswahrscheinlichkeit der Fehlfunktion durch bewährtes Nachweisverfahren.** **Die Wirksamkeit der Entdeckungsmaßnahme wurde für dieses Produkt nachgewiesen.**	
sehr hoch **1**	**Sehr hohe Entdeckungswahrscheinlichkeit der Fehlfunktion durch bewährtes Nachweisverfahren an Vorgängergeneration.** **Die Wirksamkeit der Entdeckungsmaßnahme wurde für dieses Produkt nachgewiesen.**	Zur Beurteilung von Entdeckungswahrscheinlichkeit muss die Wirksamkeit der Entdeckungsmaßnahmen nachgewiesen sein. Nach Durchführung der Entdeckungsmaßnahmen wird die anfänglich eingeschätzte E-Bewertung entsprechend dem Ergebnis der Entdeckungsmaßnahmen bestätigt oder korrigiert. Durch die Entdeckungsmaßnahmen wird die Eigenschaft eines Produktes nicht verändert, sondern ausschließlich durch eingeleitete Maßnahmen, z.B. durch aus den Entdeckungsmaßnahmen abgeleiteten Verbesserungen. Die Ergebnisse von wirksamen Entdeckungsmaßnahmen sind zur Korrektur oder Bestätigung der A-Bewertung nutzbar.

Beispieltabelle Entdeckungswahrscheinlichkeit Produkt nach VDA (Kundenbetrieb)

E	Entdeckung im Prozess	Anwendungsbezogene Bewertungskriterien können sein:
sehr gering 10 – 9	Sehr geringe Entdeckungswahrscheinlichkeit des Fehlers, da kein Nachweisverfahren bekannt bzw. kein Nachweisverfahren festgelegt ist.	Mit E wird die Wirksamkeit der Entdeckungsmaßnahme EM bewertet! Nach der Erprobung (Wirksamkeitsnachweis) der Entdeckungsmaßnahme wird die anfänglich eingeschätzte E-Bewertung entsprechend dem Ergebnis bestätigt oder korrigiert. Ziele der Entdeckungsmaßnahmen: - als Nachweisverfahren für die Auslegung des Prozesses - zur Bestätigung oder Korrektur der anfangs eingeschätzten Auftretenswahrscheinlichkeit zur Vermeidung bzw. Reduzierung der Lieferung fehlerhafter Komponenten an den Kunden. Bei den Nachweisverfahren sind also zu berücksichtigen: - die Entdeckung des Fehlers vor Auslieferung an den Kunden - frühzeitige Erkennung eines Fehlers in der Wertschöpfungskette (Kosten) - Prüfung aller Teile zu 100% bzw. - Auswahlprüfung Stückzahl/Zeit usw. - Prüfung aller Merkmale/Funktionen bzw. Teilumfänge - Wirksamkeit des Prüfverfahrens - automatische Prüfung - manuelle Prüfung - Nachweis der Prüfmittelfähigkeit, - Werkerselbstprüfung (grob/feine Merkmalsabweichung) - Handling der fehlerhaften Teile, z.B. Kennzeichnung/Ausschleusung fehlerhafter Teile - Unterscheidung systematischer/sporadischer Fehler wie Werkzeugverschleiß, Schmutz usw. - Erfahrungen mit der Entdeckungsmaßnahme in der Planung geforderte Prüfmittelfähigkeit - Bewährungsphase, Nachweis der Prüfmittelfähigkeit usw.
gering 8 – 7	Geringe Entdeckungswahrscheinlichkeit des Fehlers, da Nachweisverfahren unsicher bzw. keine Erfahrung mit dem festgelegten Nachweisverfahren.	
mäßig 6 – 5 – 4	Mäßige Entdeckungswahrscheinlichkeit des Fehlers. Bewährtes Nachweisverfahren aus vergleichbaren Prozessen unter neuen Einsatz-/Randbedingungen (Maschinen, Material).	
hoch 3 – 2	Hohe Entdeckungswahrscheinlichkeit des Fehlers durch bewährtes Nachweisverfahren. Die geforderte Messgerätefähigkeit vom Nachweisverfahren zur Fehlererkennung ist bestätigt.	
sehr hoch 1	Sehr hohe Entdeckungswahrscheinlichkeit des Fehlers durch bewährtes Nachweisverfahren an Vorgängergeneration. Die Wirksamkeit wurde an diesem Produkt bestätigt.	

Beispieltabelle Entdeckungswahrscheinlichkeit Produkt nach AIAG

Entdeckung	Kriterium	E
Beinahe unwahrscheinlich	Keine Entdeckungsmöglichkeit: Keine laufende Entdeckungsmaßnahme; kann nicht entdeckt werden oder wird nicht analysiert.	10
Sehr unwahrscheinlich	Wird voraussichtlich in keiner Entwicklungsstufe entdeckt: Design Analyse-/ Entdeckungsprüfungen haben ein schwaches Entdeckungspotenzial; Virtuelle Analyse (z.B. CAE, FEA usw.) ist nicht korreliert zu den tatsächlichen Betriebsbedingungen.	9
Unwahrscheinlich	Nach dem Design Freeze und vor der Markteinführung: Produktprüfung/ -absicherung nach dem Design Freeze und vor der Markteinführung mit pass/fail tests (Testen des Systems oder Subsystems mit Abnahmekriterien wie Lauf und Bedienbarkeit, Versandevaluation usw.).	8
Sehr niedrig	Nach dem Design Freeze und vor der Markteinführung: Produktprüfung/-absicherung nach dem Design Freeze und vor der Markteinführung mit Tests zur Fehlerprüfung (Testen des Systems oder Subsystems bis Fehler auftritt, Testen von Systeminteraktionen usw.)	7
Niedrig	Nach dem Design Freeze und vor der Markteinführung: Produktprüfung/ -absicherung nach dem Design Freeze und vor der Markteinführung mit Degradationstests (Testen des Subsystem- oder Systemtests nach Haltbarkeitstest, z.B. Funktionsprüfung)	6
Mäßig	Vor dem Design Freeze: Produktabsicherung (Zuverlässigkeitstests, Entwicklungs- oder Absicherungstests) vor dem Design Freeze mit pass/fail tests (z.B. Abnahmekriterien für Leistung, Funktionsprüfungen usw.)	5
Mäßig hoch	Vor dem Design Freeze: Produktabsicherung (Zuverlässigkeitstests, Entwicklungs- oder Absicherungstests) vor dem Design Freeze mit Fehlertests (test to failure) (z.B. bis zur Leckage, bis zum Bruch usw.)	4
Hoch	Vor dem Design Freeze: Produktabsicherung (Sicherheitstest, Entwicklungs- oder Absicherungstests) vor dem Design Freeze mit Degradationstests (z.B. Datentrends, Vorher-/ Nachher-Werte usw.)	3
Sehr hoch	Virtuelle Analyse - Korrelation: Designanalyse / Entdeckungsmaßnahmen haben ein hohes Entdeckungspotenzial. Virtuelle Analyse (z.B. CAE, FEA usw.) entspricht stark aktuellen o. erwarteten Betriebsbedingungen vorm Design Freeze.	2
Mit Sicherheit	Entdeckung entfällt; Fehlervermeidung: Ursache oder Fehler kann nicht auftreten, weil sie durch Designlösungen vollkommen vermieden wird (Beispiele: bewährter Design Standard, Erfahrungswerte oder bekanntes Material usw.).	1

Beispieltabelle Entdeckungswahrscheinlichkeit Prozess nach VDA

E	Entdeckung im Prozess	Anwendungsbezogene Bewertungskriterien können sein:
sehr gering 10 – 9	Sehr geringe Entdeckungswahrscheinlichkeit des Fehlers, da kein Nachweisverfahren bekannt bzw. kein Nachweisverfahren festgelegt ist.	Mit E wird die Wirksamkeit der Entdeckungsmaßnahme EM bewertet! Nach der Erprobung (Wirksamkeitsnachweis) der Entdeckungsmaßnahme wird die anfänglich eingeschätzte E-Bewertung entsprechend dem Ergebnis bestätigt oder korrigiert.
gering 8 – 7	Geringe Entdeckungswahrscheinlichkeit des Fehlers, da Nachweisverfahren unsicher bzw. keine Erfahrung mit dem festgelegten Nachweisverfahren.	Ziele der Entdeckungsmaßnahmen: - als Nachweisverfahren für die Auslegung des Prozesses - zur Bestätigung oder Korrektur der anfangs eingeschätzten Auftretenswahrscheinlichkeit - zur Vermeidung bzw. Reduzierung der Lieferung fehlerhafter Komponenten an den Kunden
mäßig 6 – 5 – 4	Mäßige Entdeckungswahrscheinlichkeit des Fehlers. Bewährtes Nachweisverfahren aus vergleichbaren Prozessen unter neuen Einsatz-/Randbedingungen (Maschinen· Material).	Bei den Nachweisverfahren sind zu berücksichtigen: - die Entdeckung des Fehlers vor Auslieferung an den Kunden - frühzeitige Erkennung eines Fehlers in der Wertschöpfungskette (Kosten) - Prüfung aller Teile zu 100% bzw. Auswahlprüfung Stückzahl/Zeit usw. - Prüfung aller Merkmale/Funktionen bzw. Teilumfänge - Wirksamkeit des Prüfverfahrens
hoch 3 – 2	Hohe Entdeckungswahrscheinlichkeit des Fehlers durch bewährtes Nachweisverfahren. Die geforderte Messgerätefähigkeit vom Nachweisverfahren zur Fehlererkennung ist bestätigt.	automatische Prüfung - manuelle Prüfung - Nachweis der Prüfmittelfähigkeit, - Werkerselbstprüfung (grobe/feine Merkmalsabweichung) - Handling der fehlerhaften Teile, z.B. Kennzeichnung/Ausschleusung fehlerhafter Teile - Unterscheidung systematischer/sporadischer Fehler wie Werkzeugverschleiß, Schmutz usw.
sehr hoch 1	Sehr hohe Entdeckungswahrscheinlichkeit des Fehlers durch bewährtes Nachweisverfahren an Vorgängergeneration. Die Wirksamkeit wurde an diesem Produkt bestätigt.	- Erfahrungen mit der Entdeckungsmaßnahme in der Planung geforderte Prüfmittelfähigkeit - Bewährungsphase, Nachweis der Prüfmittelfähigkeit usw.

Beispieltabelle Entdeckungswahrscheinlichkeit Prozess nach VDA (Fehlerraten)

A	Prozessauslegung	Prozessauslegung Fehlerrate in ppm	Anwendungsbezogene Bewertungskriterien können sein:
10	Neuer Prozess ohne Erfahrung.	500.000	A beschreibt die Einschätzung/Bestätigung der Auftretenswahrscheinlichkeit der Fehlerursache unter Berücksichtigung der zugehörigen Vermeidungsmaßnahme.
9		100.000	
8	Neuer Prozess mit bekannten, jedoch problematischen Verfahren.	30.000	**Einschätzung** • Bei der präventiven Erstellung der FMEA wird vor Durchführung der Entdeckungsmaßnahmen der nach dem aktuellen Kenntnisstand erwartete A-Wert eingeschätzt.
7		10.000	• Die Bewertungszahl ist stets als relative Einschätzung statt als absolute Maßzahl nach dem aktuellen Kenntnisstand zu verstehen.
6	Neuer Prozess mit Übernahme von bekannten Verfahren.	5.000	
5	Bewährter Prozess mit positiver Serienerfahrung unter geänderten Bedingungen.	2.000	**Bestätigung** • Nach Einsatz der Entdeckungsmaßnahme im Prozess und Nachweis der Wirksamkeit der Vermeidungsmaßnahmen wird die A-Bewertung entsprechend dem Ergebnis der Entdeckungsmaßnahme bestätigt oder korrigiert.
4		500	
3	Detailländerungen an bewährten Prozessen mit positiver Serienerfahrung unter vergleichbaren Bedingungen.	100	Für bestimmte Anwendungsfälle kann eine nachvollziehbare Zuordnung der A-Werte zu Fehlerraten, z.B. ppm-Werten, sinnvoll.
2		10	
1	Neuer Prozess unter geänderten Bedingungen mit positiv abgeschlossenem Maschinenfähigkeits- /Prozessfähigkeits-Nachweis. Bewährter Prozess mit positiver Serienerfahrung unter vergleichbaren Bedingungen auf vergleichbaren Anlagen.	1	

Beispieltabelle Entdeckungswahrscheinlichkeit Prozess nach AIAG

Ent-deckung	Kriterium	E
Unwahr-scheinlich	Keine Entdeckungsmöglichkeit: Keine laufende Prozesskontrolle; kann nicht entdeckt werden oder wird nicht analysiert.	10
Beinahe unwahr-scheinlich	Wird voraussichtlich in keinem Arbeitsgang entdeckt: Fehler (und/oder Ursache) ist nicht einfach zu entdecken (z.B. Zufallskontrollen).	9
Sehr un-wahr-scheinlich	Entdeckung des Problems nach Abschluss des Arbeitsschrittes: Fehler-entdeckung nach Abschluss des Arbeitsschrittes durch den Bediener mit visuellen/taktilen/akustischen Mitteln.	8
Sehr nied-rig	Entdeckung des Problems an der Quelle: Fehlerentdeckung in der Station durch den Bediener mit visuellen/taktilen/akustischen Mitteln, oder nach Abschluss des Arbeitsschrittes mittels Eigenschaftsmessungen (Ja/Nein, manueller Drehmoment-Test etc.)	7
Niedrig	Entdeckung des Problems nach Abschluss des Arbeitsschrittes: Fehler-entdeckung nach Abschluss des Arbeitsschrittes durch den Bediener mittels verschiedener Messungen oder in der Arbeitsstation durch den Bediener mittels Eigenschaftsmessungen (Ja/Nein, manueller Dreh-moment-Test etc.)	6
Mäßig	Entdeckung des Problems an der Quelle: Entdeckung des Fehlers (Ur-sache) in der Station durch den Bediener mittels verschiedener Mes-sungen oder automatisierter Kontrollen in der Station, die abweichende Teile entdecken und an den Bediener melden (Licht, Summer etc.). Messungen nur in der Anlaufzeit und als Erststückprüfung (nur zu Einrichtungszwecken).	5
Mäßig hoch	Entdeckung des Problems nach Abschluss des Arbeitsschrittes. Entde-ckung des Fehlers nach Abschluss des Arbeitsschrittes durch automati-sierte Kontrollen, die abweichende Teile erkennen und sperren, um eine weitere Bearbeitung zu vermeiden.	4
Hoch	Entdeckung des Problems an der Quelle: Entdeckung des Fehlers in der Arbeitsstation durch automatisierte Kontrollen, die abweichende Teile entdecken und das Teil in der Station automatisch sperren, um weitere Bearbeitung zu verhindern.	3
Sehr hoch	Fehlerentdeckung und/oder Problemvermeidung: Fehler- (Ursachen-)Entdeckung in der Arbeitsstation durch automatisierte Kontrollen, die Fehler entdecken und verhindern, dass abweichende Teile produziert werden.	2
Mit Si-cherheit	Entdeckung entfällt; Fehlervermeidung: Fehler- (Ursachen-)Vermeidung als Ergebnis des Designs von Werkstückhalter, Maschine oder Teil. Abweichende Teile können nicht produziert werden, weil die Einheit durch Prozess-/Produktdesign gegen Fehler abgesichert wurde.	1

Beispieltabelle Entdeckungswahrscheinlichkeit Bewertungsbaukasten

E	kurz	gültig für alle
		Nachweisverfahren
1	sehr hoch	bewährt an Vorgängergeneration (gleiches System, gleiche Entwicklung oder Prozess)
2	hoch	bewährt in vergleichbaren Systemen, Entwicklungen oder Prozessen
3	hoch	bewährt in vergleichbaren Systemen, Entwicklungen oder Prozessen
4	mäßig	festgelegt aus vergleichbaren Systemen, Entwicklungen oder Prozessen
5	mäßig	festgelegt aus vergleichbaren Systemen, Entwicklungen oder Prozessen
6	gering	festgelegt aus vergleichbaren Systemen, Entwicklungen oder Prozessen
7	gering	festgelegt aber unsicher, da keine Erfahrung
8	sehr gering	festgelegt aber unsicher, da keine Erfahrung
9	sehr gering	keines bekannt oder festgelegt
10	keine	keines bekannt oder festgelegt

E	System			
	System	Nutzer	Konzept / Konstr.	Service / Diagnose
1	hochwertiges unabhängiges Monitoring (ohne Common Cause Effekte zur Fehlerursache)	sichere und eindeutig wahrnehmbare Warnung des Nutzers rechtzeitig vor Schadenseintritt	Konzept / Systemfehler werden 100% nachweißlich vor der Übergabe an die Konstruktion entdeckt	ohne zusätzliche Prüfmittel sicher entdeckbar
2	unabhängiges 100% Monitoring und Überwachung durch das System	deutlich wahrnehmbare Warnung des Nutzers	alle kritische Zustände werden im Konzeptstadium nachweislich entdeckt	sicher mit geringem Aufwand entdeckbar
3	100% Monitoring und Überwachung durch das System	gut wahrnehmbare Warnung des Nutzers	alle kritische Zustände werden im Konzeptstadium entdeckt	mit geringem Aufwand gut entdeckbar
4	Monitoring/Diagnose nur von Teilumfängen der überwachten Funktion, sichere Signalverarbeitung	Ersatzbetrieb mit relativ deutlicher Warnung (z.B.) statisch angesteuerte Warnlampe	Toleranzgrenzen unklar viele Versuche	mit vertretbarem Aufwand mäßig entdeckbar

5	Monitoring/Diagnose nur von Teilumfängen der überwachten Funktion	Ersatzbetrieb mit Warnung (z.B.) statisch angesteuerte Warnlampe	Toleranzgrenzen unklar zu wenig Versuche	mit vertretbarem Aufwand entdeckbar
6	Monitoring/Diagnose nur von Teilumfängen der überwachten Funktion, Signalverarbeitung nicht 100% sicher	komfortabler Ersatzbetrieb mit Warnung (z.B.) statisch angesteuerte Warnlampe	Norm Maß durch Versuche verifizierbar viele Versuche	mit vertretbarem Aufwand entdeckbar
7	Monitoring/Diagnose nur von Teilumfängen der überwachten Funktion nur in bestimmten Betriebsbedingungen	leicht veränderte Funktion, kaum bemerkbar, komfortabler Ersatzbetrieb	Norm Maß angenähert sehr wenig Versuche	nur mit hohem Aufwand entdeckbar
8	Monitoring/Diagnose nur von Teilumfängen der überwachten Funktion nur in bestimmten Betriebsbedingungen	leicht veränderte Funktion, nur für Spezialisten bemerkbar, komfortabler Ersatzbetrieb	erste grobe Tests	nur mit hohem zusätzlichen Aufwand entdeckbar
9	zufällige Entdeckung durch Common Cause Effekt	geringe Möglichkeit der Entdeckung (Nutzer sucht)	zufällige Entdeckung möglich	mit ungewöhnlich hohem Aufwand entdeckbar
10	keine rechtzeitige Entdeckung für erforderliche Reaktion	keine rechtzeitige Entdeckung vor Schadenseintritt	keine Entdeckung vor Übergabe zur Konstruktion	keine Entdeckung während des Services

E	Konstruktion		
	Toleranzgrenzen	**Betriebszustände**	**Spezifikation, Bemerkung**
1	alle abgetestet	alle abgetestet	wird 100% nachweißlich entdeckt
2	alle abgetestet	kritische abgetestet	Wirksamkeit der Entdeckungsmaßnahme nachgewiesen
3	kritische abgetestet	kritische abgetestet	Wirksamkeit der Entdeckungsmaßnahme nachgewiesen
4	zufällig	kritische abgetestet	hohe Stückzahl abgetestet
5	zufällig	nur ein Zustand abgetestet	mittlere Stückzahl abgetestet
6	Norm Maß	nur ein Zustand abgetestet	Norm Maß wird zuverlässig entdeckt
7	zufällig gewählt	nur ein Zustand abgetestet	geringe Stückzahl
8	zufällig gewählt	nicht getestet	erste Tests
9	nicht bekannt	nicht getestet	zufällige Entdeckung möglich
10	nicht bekannt	nicht bekannt	Entdeckung vor Übergabe zum Prozess unwahrscheinlich

E	Prozess	
	zufälliger Fehler (z.B. manuelle Bearbeitungs-fehler)	**systematischer Fehler (z.B. Werkzeug-bruch)**
1	Durchschlupf zum Kunden nicht möglich Wirksamkeit an diesem Produkt bestätigt	
2	100% maschinelle Entdeckung (kein menschlicher Trick möglich, z.B. vorbeischleussen von Teilen); Messgerätegenauigkeit bestätigt	Erst- und Letztstückprüfung mit Rücksortierung zum letzten Gutteil oder 100% maschinelle Entdeckung Messgerätegenauigkeit bestätigt
3	100% maschinelle Entdeckung Messgerätegenauigkeit bestätigt	Sichtprüfung (visuell unterstützt) Entdeckung im nächsten Prozessschritt wahrscheinlich
4	100% Sichtprüfung (visuell unterstützt) Entdeckung im nächsten Prozessschritt wahrscheinlich	Sichtprüfung (leicht erkennbarer Fehler)
5		Unregelmäßige Stichprobenprüfungen, Rücksortierung erschwert
6	Sichtprüfung (leicht erkennbarer Fehler)	Sichtprüfung schwer erkennbarer Fehler
7	Sichtprüfung schwer erkennbarer Fehler	
8	regelmäßige Stichprobenprüfung	zufällige Entdeckung durch Werker möglich
9	zufällige Entdeckung durch Werker möglich	
10	Entdeckung vor Auslieferung zum Kunde unwahrscheinlich	

11.5 Abkürzungen und Erklärungen

5W-Technik   Hier wird 5 x „Warum" gefragt (meist, um auf Grundursachen zu kommen). Manchmal ist schon nach 1 x Fragen eine messbare Größe erreicht.

CP   Control Plan (Produktionslenkungsplan)

DOE   DOE (Design of Experiments) bzw. die statistische Versuchsplanung wird bei der Produktopimierung mittels Versuchen eingesetzt, um die Versuchsanzahl zu minimieren.

DRBFM   Von Toyota wurde die auf Änderungen fokussierte FMEA-Methode unter der Bezeichnung Design Review Based on Failure Mode (DRBFM) entwickelt. DRBFM soll die Trennung zwischen Entwicklungs- und Qualitätsprozess aufheben und den Entwicklungs-Ingenieur direkter in den Qualitätsprozess mit einbinden.

E/E   Elektrik/Elektronik

EM	Entdeckungsmaßnahme
FhG-IPA	Fraunhofer Institut Produktionstechnik und Automatisierung
FMECA	Failure Mode, Effects, and Criticality Analysis (FMECA) erweitert FMEA um eine quantitative Analyse und Bewertung der Ausfallwahrscheinlichkeit und des zu erwartenden Schadens. Diese Analyse wird sehr selten verwendet.
FMEDA	FMEDA ist eine Erweiterung der FMEA um quantitative Kenngrößen und wird unter anderem dazu genutzt, um Anforderungen von Sicherheitsstandards zu belegen. Die zu ermittelnden Kenngrößen variieren nach normativen Anforderungen und Fehlerbewertung. Möglich sind zur Zeit SFF, DC (gemäß IEC 61508) sowie SPFm und LFm (gemäß ISO 26262).
FS	funktionale Sicherheit (auch Fusi)
FTA	Fault Tree Analysis (Fehlerbaumanalyse)
HACCP	Auf Lebensmittel ist das Hazard Analysis and Critical Control Points-Konzept (Abgekürzt: HACCP-Konzept, deutsch: Gefährdungsanalyse und kritische Kontrollpunkte) ausgerichtet. Ursprünglich von der NASA zusammen mit einem Lieferanten entwickelt, um die Sicherheit der Astronautennahrung zu gewährleisten, wird es heute von der US-amerikanischen National Academy of Sciences sowie von der Food and Agriculture Organization der UNO empfohlen.
House of Quality (HoQ)	Das HoQ ist eine Marketing-Technik-Matrix, in dem vertikal die Technik- und horizontal die Marketing-Daten eingetragen werden, um an die Funktionen und Eigenschaften des – vom Kunden gewünschten und technisch herstellbaren und optimalen – Produktes zu kommen (s. Kap. 9).
PDCA	Plan-Do-Check-Act, auch Demingkreis genannt. Der PDCA-Zyklus beschreibt einen iterativen vierphasigen Problemlösungsprozess. Anwendung in der Qualitätssicherung und beim kontinuierlichen Verbesserungsprozess
PLZ	Der Produktlebenszyklus beschreibt den betriebswirtschaftlichen Prozess eines Produktes von der Initialphase bis zur Herausnahme aus dem Markt.
Schlafender Fehler (dormant failure)	Ein schlafender Fehler ist ein Fehler in einem inaktiven Subsystem, das aufgrund einer Redundanz zurzeit nicht aktiv sein muss. Der Fehler in diesem Subsystem fällt nicht auf, weil das Subsystem nicht arbeitet. Das übergeordnete System funktioniert, weil das parallele redundante Subsystem ohne Fehler arbeitet. Schlafende Fehler sind problematisch, weil das übergeordnete System bei Fehlern des aktiven Subsystems unvermittelt und überraschend ausfällt. Schlafende Fehler sind weiterhin problematisch, weil Sie nur durch spezielle Überprüfungen entdeckt werden.

QFD	Quality Function Deployment/Kundenorientierte Produktentwicklung, -herstellung, -vermarktung: „Die Sprache des Kunden wird in die Sprache des Unternehmens übersetzt." Es ist eine Qualitätsmethode zur Ermittlung der Kundenanforderungen und deren direkten Umsetzung in die notwendigen technischen Lösungen. Dies wird erreicht mittels des House of Quality (HoQ).
MORE	Management of Requirements (Anforderungsmanagement)
ORM	Operational Readiness Management (Betriebsbereitsschaftsmanagement)
PFD	Process Flow Diagramm (Prozesslaufdiagramm)
Robustes Design	Unter robustem Design wird ein Design verstanden, welches gegen Schwankungen von Störgrößen (z. B. Toleranzüberschreitungen einzelner Merkmale) unempfindlich reagiert, d. h. die geforderten und erwarteten Funktionen auch dann nachweislich erfüllt. Der Nachweis des robusten Designs obliegt der verantwortlichen Entwicklung, z. B. durch Design of Experiment.
Robuster Prozess	Analog hierzu wird unter einem robusten Prozess ein Prozess verstanden, welcher gegen Schwankungen von Störgrößen (z. B. Spannungsschwankungen, Isolationsdefekte an Lackdraht, nicht planparallele Stanzbleche) unempfindlich reagiert, d. h. das hergestellte Produkt nachweislich forderungskonform ausliefert, siehe VDA Band Robuster Produktionsprozess, -produktherstellung. Der Nachweis des robusten Prozesses obliegt der verantwortlichen Prozessplanung, z. B. durch Fähigkeitsnachweise.
SE	Systemelement
Validierung	Aus dem lateinischen validus (stark, wirksam, gesund). Validierung bedeutet bei der FMEA die Erbringung des Nachweises, dass eine gefundene Funktion tatsächlich durch das betrachtete Systemelement erfüllt werden kann. Erfüllt die Funktion die an das Produkt gestellten Anforderungen, z. B. Plausibilisierung eine Funktion?.
Verifizierung	Aus dem lateinischen veritas (Wahrheit). Verifizierung ist der Nachweis, dass ein vermuteter oder behaupteter Sachverhalt wahr ist. In der Praxis bedeutet das, die leicht realisierbare, bestätigende und überprüfbare Beglaubigung eines Sachverhaltes wie z. B. Länge, Breite, Gewicht.
VM	Vermeidungsmaßnahme
V/T	Verantwortlicher/Termin

1. Zunächst ist das Ziel mittels knapper Definition zu formulieren und zu beschreiben. Damit muss allen klar werden, was entschieden werden soll. Eine klare Zielformulierung hilft den Mitgliedern bei der folgenden Kriterienauswahl.

2. Die Auswahl der Kriterien erfolgt durch das Team und wird in Muss- und in Soll-Kriterien auf dem Formular notiert. Die Muss-Kriterien sind die „harte Grenze" bzw. die Mindestanforderungen an die Alternativen. Formulieren Sie die Kriterien so konkret wie möglich. Achten Sie darauf, dass die MUSS-Kriterien realistisch, erreichbar und messbar sind. Es ist wichtig, die Mindestanforderungen nicht zu hoch anzusetzen, da evtl. praktikable Lösungen schon im Vorfeld aus dem „Rennen" genommen werden müssen. Typische MUSS-Kriterien sind Kosten, Einhaltung von Gesetzen, Einhalten von Terminsituationen oder hausinterne Qualitätsrichtlinien.

3. Die SOLL-Kriterien stellen die Wünsche des Teams dar. Diese einzuhalten ist nicht zwingend, aber wünschenswert. Sie spiegeln oft die Unternehmensphilosophie wieder. In Unternehmen, die sehr kostenorientiert arbeiten, wird man dies sowie qualitätsorientierte Denkweisen auch als SOLL-Kriterium wiederfinden. Auch die SOLL-Kriterien sollen messbar sein.

4. Belegen Sie die SOLL-Kriterien mit einem Gewichtungsfaktor, um eine deutlichere Quantifizierung der Varianten zu erzielen. Gewichtet wird mit Zahlen von 1 bis 10. Das wichtigste Kriterium erhält die 10, alle anderen Gewichtungen werden in Relation dazu gebracht. Die Gewichtung ist eine Teamentscheidung.

5. Das Team entscheidet, ob die Varianten alle MUSS-Kriterien erfüllen. Im Formblatt wird dies durch ein „ +" oder „-" kenntlich gemacht. In die Felder „Erfüllungsgrad" ist eine kurze Beschreibung einzutragen, wie diese Alternative das Kriterium erfüllt. Sollte ein Kriterium nicht erfüllt sein, wäre diese Variante nicht weiter zu betrachten.

6. Bei den SOLL-Kriterien wird ähnlich verfahren. Hier werden die Erfüllungsgrade aller Varianten untereinander verglichen. Die Variante mit dem besten Erfüllungsgrad wird in der Bewertungsspalte mit 10 Punkten belegt. Alle anderen Varianten ordnen sich relativ dazu in die Bewertungen von 0 bis 10 ein. Auch hier ist in die Felder „Erfüllungsgrad" eine kurze Beschreibung einzutragen, wie die Variante das entsprechende Kriterium erfüllt.

7. Die Tabellen werden ausgewertet, indem die erreichten Punkte in den Gewichtsfaktoren ausmultipliziert und die erreichten Punkte addiert werden. Die Alternative mit der höchsten Gesamtpunktzahl erfüllt die gewählten Kriterien am besten.

Dem Team sollte klar sein, dass eine Variante, die mit hoher Punktzahl abgeschnitten hat, evtl. einen großen Nutzen bringt, aber ein ebenso großes Risiko beinhalten kann. Eine nachfolgende „kleine Risikoanalyse" (nächstes Kapitel) ist sehr sinnvoll. (Es muss ja nicht gleich eine komplette FMEA sein.)

11.6 Quellen

AIAG: Potential Failure Mode and Effects Analysis (FMEA), 4th Edition, June 2008, AIAG
    DGQ: Bd. 13–11 FMEA – Fehlermöglichkeits- und Einflussanalyse, 4. Aufl. 2008, ISBN
    3-410-32276-4

DGQ: Bd. 13–11 FMEA – Fehlermöglichkeits- und Einflussanalyse, 3. Aufl. 2004, ISBN 3-410-32962-5

Das Ingenieurbüro, Stefan Dapper, FMEA Schulungsunterlagen 2009

Dieter H. Müller, Thorsten Tietjen: FMEA-Praxis, 2. Aufl. 2003, ISBN 3-446-22322-3

DIN EN 60812: Analysetechniken für die Funktionsfähigkeit von Systemen – Verfahren für die Fehlzustandsart- und -auswirkungsanalyse (FMEA), November 2006

DIN EN 61508– Funktionale Sicherheit sicherheitsbezogener elektrischer/elektronischer/programmierbarer elektronischer Systeme. (2003). DIN e.V und VDE e. V.

Dr. Roland Franz Erben und Frank Romeinke „Allein auf stürmischer See – Risikomanagement für Einsteiger" Weinheim 2006, Wiley Verlag ISBN: 3527500731

Dr. Roland Franz Erben Vortrag „Risikomanagement als zentraler Baustein der Unternehmenssteuerung" auf APIS Benutzertreffen 2008 in Pforzheim

Erben, R. F.; Romeike, F.: Allein auf stürmischer See – Risikomanagement für Einsteiger, Weinheim 2003

Goble, D. W., & Brombacher, P. D. (1999). Using a Failure Modes, Effects and Diagnostic Analysis (FMEDA) to Measure Diagnostic Coverage in Programmable Electronic Systems. Eindhoven, the Netherlands: Eindhoven University of Technology.

Grebe, J. C., & Goble, D. W. (2007). FMEDA – Accurate Product Failure Metrics. Sellersville, PA 18960 USA: exida.

Otto Eberhardt; Vortrag Gefährdungsanalyse beim APIS Benutzertreffen 2008

Otto Eberhardt; „Gefährdungsanalyse mit FMEA" expert Verlag; 2. Aufl.; ISBN 987-3-8169-2813-3

FMEA – Leitfaden der Unternehmensberatung Dietz/Wallenhorst/Germany

FMEA – Was soll´s, ISBN 978-3-8322-7323-1, Shaker Verlag 2008

Gefährdungsanalyse mit FMEA – Dr. Otto Eberhardt – 2. Aufl. – Expert Verlag

Haller, L. (Hrsg.): Risikowahrnehmung und Risikoeinschätzung,

Haufe-Akademie Seminarunterlagen Problemlösungsprozess

Human-FMEA: Diplomarbeit von Helbling, Weinbeck, 10/2004

IEC/SC65A/WG14, w. g. (2005). Functional safety and IEC 61508. http://www.iec.ch/functionalsafety. IEC TR 61508-0.

IPA: diverse Vorträge von Dr. Alexander Schloske und Wolfgang Albrecht

ISO. (2009). ISO DIS 26262 BL15. Road vehicles – Functional Safety.

Krämer, W.; Mackenthun, G.: Die Panik-Macher, 3. Aufl., München 2001

Memory Jogger ™ 1994 www.goalqpc.com

Punch, M. (2007). Verifying the SIL of a Transport Braking System. Retrieved from Conel Hatch Infrastructure for Industry: http://www.dpi.nsw.gov.au/__data/assets/pdf_file/0014/181103/Marcus-Punch-Verify-SIL-of-Transport-Braking-System.pdf

QS-9000: FMEA – Fehler-Möglichkeits- und -Einfluss-Analyse, 3. Aufl. 10.2001, Carwin Ltd. (ersetzt: siehe AIAG)

Risknews 03/05

Otto Eberhard, Gefährdungsanalyse mit FMEA, 2003, ISBN 3-8169-2061-6

Service, N. T. (1980). US MIL-STD-1629: Procedures for Performing a Failure Mode, Effects and Criticality Analysis. Washington, DC: Departement of Defense.

Teia: www.teialehrbuch.de

VDA Bd. 4 (Sicherung der Qualität vor Serieneinsatz) Teil 3 (Produkt- und Prozess-FMEA) 2. Aufl., 2006 (Loseblattsammlung)

World Health Organization (WHO) (Hrsg.): EMF Risk Perception and Communication, Proceedings – International Seminar on EMF Risk Perception and Communication in Ottawa, Ontario/Canada, Genf 1998

www.Wikipedia.de

Sachverzeichnis

M. Werdich (Hrsg.), *FMEA – Einführung und Moderation*, DOI 10.1007/978-3-8348-2217-8,
© Vieweg+Teubner Verlag | Springer Fachmedien Wiesbaden 2012

Printed in the United States
By Bookmasters